中国特色学徒制试点
学徒岗位教材

马兽医学徒岗位手册

马　扬　马占军　主编

中国农业大学出版社
·北京·

内 容 简 介

本教材为新疆农业职业技术学院“中国特色高水平高职学校和专业建设计划”建设的学徒制教材。教材编写采用项目教学法和典型工作任务相结合的学徒制教学改革模式，针对当前马术俱乐部和马繁育场的兽医职业岗位工作内容，确定了三大部分内容：第一部分主要是引导马兽医学徒进入工作企业，认识职业岗位，适应职场环境；第二部分主要是针对学徒职业岗位进行分析，使学习者了解具体工作的目标和岗位工作要求；第三部分针对马兽医岗位技术工作内容，设置了10个学习项目、34个学习任务，遵循马兽医岗位学习和实践能力提升为培养主线，以马兽医岗位工作中实际问题的解决为目标，在企业师傅技术指导和学校教师理论提升的校企双元培养模式中，帮助学徒掌握马兽医基本岗位任务，以胜任马兽医岗位技术工作。

图书在版编目（CIP）数据

马兽医学徒岗位手册/马扬，马占军主编. --北京：中国农业大学出版社，2023.10
ISBN 978-7-5655-3095-1

Ⅰ. ①马… Ⅱ. ①马… ②马… Ⅲ. ①马病-防治-手册 Ⅳ. ①S858.21-62

中国国家版本馆 CIP 数据核字（2023）第 216147 号

书　　名　马兽医学徒岗位手册
Mashouyi Xuetu Gangwei Shouce

作　　者　马　扬　马占军　主编

策划编辑　田树君　张　玉　　**责任编辑**　田树君
封面设计　李尘工作室
出版发行　中国农业大学出版社
社　　址　北京市海淀区圆明园西路2号　　**邮政编码**　100193
电　　话　发行部 010-62733489，1190　　读者服务部 010-62732336
编辑部 010-62732617，2618　　出　版　部 010-62733440
网　　址　http：//www.caupress.cn　　**E-mail** cbsszs@cau.edu.cn
经　　销　新华书店
印　　刷　北京鑫丰华彩印有限公司
版　　次　2024年4月第1版　　2024年4月第1次印刷
规　　格　185 mm×260 mm　　16开本　　17.75印张　　357千字
定　　价　57.00元

编 写 人 员

主　编　马　扬　新疆农业职业技术学院

马占军　吉木萨尔县吉木萨尔镇农业（畜牧业）发展服务中心

副主编　徐文魁　昭苏县西域马业有限责任公司

马树勇　新疆野马文化发展有限公司

杨　振　昭苏县畜牧兽医发展中心

参　编　朱义忠　昌吉良源农牧业发展有限公司

李　毅　新疆农业职业技术学院

吕微蓉　昭苏县技工学校

前言

党的二十大报告提出，全面推进乡村振兴，坚持农业农村优先发展，扎实推动乡村产业、人才、文化、生态、组织振兴。马产业作为农业传统产业和乡村特色产业，其发展在我国历史悠久，马业基础得天独厚，发展潜力巨大。

《马兽医学徒岗位手册》为新疆农业职业技术学院“中国特色高水平高职学校和专业建设计划”建设的学徒制教材。教材编写采用项目教学法和典型工作任务相结合的学徒制教学改革模式，针对当前马术俱乐部和马繁育场的兽医职业岗位工作内容，确定了三大部分内容：第一部分主要是引导马兽医学徒进入工作企业，认识职场环境，适应职业环境；第二部分主要是针对学徒职业岗位进行分析，使学习者了解具体工作的目标和岗位工作要求；第三部分针对马兽医岗位技术工作内容，设置了10个学习项目、34个学习任务，遵循马兽医岗位学习和实践提升为培养主线，以马兽医岗位工作中实际问题的解决为目标，在企业师傅技术指导和学校教师理论提升的校企双元培养模式中，帮助学徒掌握马兽医基本岗位任务，以胜任马兽医岗位技术工作。

本教材是马产业相关专业的核心专业课程教材，针对马术俱乐部和马场职业兽医岗位内容，以岗位典型工作任务流程进行内容排序，明确马兽医岗位专业知识、基本操作要点，教材内容按照学徒进入企业学习进程进行编排：步入企业，认识岗位，学徒工作学习任务，对于学徒工作学习任务在介绍基础知识的同时，明确了学徒学习工作流程和工作内容，同时企业师傅的评价考核与学徒学习同步，促进了教、学、做合一，提高了学徒岗位学习效果和人才培养质量。

本教材可作为高等职业院校马匹调教与疾病防治、马匹驯养与疾病防治、马产业、马科学、马术等专业课程教材或培训教材，也可作为高校教师、马兽医工作者及马业从业者的参考用书。

本教材在编写过程中得到了合作企业、马术俱乐部和马场职业兽医技术人员的大力支持，参阅了大量国内外文献，并引用了部分资料，编者对这些文献的作者表示由衷的感谢。

编　者

2023 年 9 月

目　录

1 第一部分 步入企业

入职培训专题 1　我国马产业发展历程和趋势 / 3
入职培训专题 2　马术俱乐部组织架构及工作职责 / 10
入职培训专题 3　马术俱乐部经营模式 / 14
入职培训专题 4　马术俱乐部的管理文化 / 16

25 第二部分 认识岗位

入职培训专题 1　认识马兽医业务岗位 / 27
入职培训专题 2　岗位工作技术要求 / 30
入职培训专题 3　岗位业务能力要求和培养目标 / 31
入职培训专题 4　制订学徒培养计划 / 34

37 第三部分
学徒工作学习任务

项目一　马匹就诊登记 / 39
任务 1　马匹接近 / 42
任务 2　马匹登记 / 45
项目二　就诊马匹一般检查 / 48
任务 1　马匹保定 / 59
任务 2　马匹整体状况检查 / 62
任务 3　马匹表被状况检查 / 64
任务 4　马匹眼结膜检查 / 66
任务 5　马匹浅表淋巴结检查 / 68
任务 6　马匹体温、脉搏、呼吸数检查 / 71
项目三　马头颈部检查 / 74
任务 1　马头部检查 / 89
任务 2　马颈部检查 / 91
项目四　马胸部检查 / 94
任务 1　马胸廓检查 / 120
任务 2　马肺和胸膜腔检查 / 122
任务 3　马心脏检查 / 124
项目五　马腹部检查 / 127
任务 1　腹部检查 / 133
任务 2　马排粪动作及粪便感官检查 / 135
项目六　马脊柱及肢蹄检查 / 138
任务 1　马脊柱检查 / 142
任务 2　马肢蹄检查 / 144
项目七　马泌尿生殖系统检查 / 147
任务 1　马泌尿器官检查 / 156
任务 2　马外生殖器官检查 / 159
任务 3　马排尿动作及尿液感官检查 / 161
项目八　马神经功能检查 / 163
任务 1　马精神状态检查 / 177
任务 2　马运动机能检查 / 180
任务 3　马感觉机能检查 / 182
任务 4　马反射与自主神经机能检查 / 184

项目九　建立疾病诊断 / 186
任务 1　建立就诊马匹疾病诊断 / 217
任务 2　常见马病综合征诊断 / 219
任务 3　常见马病鉴别诊断 / 222
任务 4　处方开写 / 224
项目十　就诊马匹治疗 / 227
任务 1　投药技术 / 240
任务 2　注射技术 / 243
任务 3　导胃与洗胃技术 / 245
任务 4　穿刺技术 / 248
任务 5　子宫冲洗 / 250
任务 6　输液疗法 / 253

256 | 参考文献

259 | 附录

附录 1　马兽医学徒岗位标准 / 261
附录 2　马兽医学徒岗位课程标准 / 263
附录 3　马兽医岗位学徒师傅聘任标准与教学指导工作规范 / 268
附录 4　马兽医岗位学徒选拔标准与守则 / 271

The first part

The first part

第一部分

步入企业

The first part

The first part

入职培训专题 1
我国马产业发展历程和趋势

马为草食性家畜，马的祖先始祖马起源于北美，在 5 000 年前被人类驯服，成为人类生活生产重要的工具，曾是农业生产、交通运输和军事活动的主要动力。在古丝绸之路上马是运输古代中国出产的丝绸、瓷器等商品的主要驮畜之一，也是驾车的主要畜力。丝绸之路起始于古代中国，是连接亚洲、非洲和欧洲的古代陆上商业贸易路线，后来成为东方与西方之间在经济、政治和文化等诸多方面进行交流的主要通道。在这条古文明之路上，马不仅是一种文化符号和传播文明的载体，也是不同国家和民族之间建立联系、增进互信的桥梁。

目前全世界共有 350 多种马，集中在北纬 39°～42°，这是马匹最佳饲养及育种区。我国的马种质资源主要分布于北纬 23°～50°，东北、华北、西南和西北地区都有马品种分布。随着科技水平与社会生产力的提高和机械化普及，军马和农耕役用马大量退出，存栏量下降明显，我国养马业逐渐转化为现代马业，马在现实生活中所起的作用正在日益减少。

如今马匹的功能主要是用于赛马业、马术运动、骑乘马业和生产乳肉等马产品，现代马业已经成为一种综合文化、体育、经济和休闲于一体的新型第三产业。但在有些发展中国家和地区，马仍以役用为主。我国拥有适合马匹发展的先天地理环境和气候条件，马匹数量和马品种资源都相当可观。但由于马业市场化缓慢、经济效益比较优势不强等原因，我国马业目前正处于向现代马业转型的初期。

一、 世界马产业发展历程

（一） 传统马产业发展状况

人类真正驯化并利用了马匹之后，才逐渐认识到马所拥有的特点的重要价值——

速力。马的这种特点正可以用来弥补人类自身不足和社会发展的动力需要。马是自然进化中速度与力量结合的最完美形式。马还具有聪明、对人忠诚等特点。马的这些特点在过去主要用于役用并形成了传统马业。

1. 传统马业是以马匹速度和力量为特点的役用

战马是主导角色：过去几千年，马是社会生产力的重要组成成分。保卫国家、交通运输、放牧农耕都以马为主导。人类自从利用了马，历史发展才进入了快速路。马的多少代表国家的强盛，马与兵是国家实力的象征，于是就有了“千乘之国”“兵马乃强国之本”之说。

早在5 000多年前史书上已经有使用马驾车的记载，商朝时期就设立了马政，并且领先于世界其他国家。在周朝将马分为6类，即用于繁育的种马、军用的戎马、仪仗用的齐马、驿站用的道马、狩猎用的田马和用于服杂役的驽马。秦朝时期大规模经营过马场，汉朝时期在西北边区养马30余万匹，初唐时期在西北养马超过50万匹。在中唐盛期，专门从西域引入良马多匹用于改良军马。我国在约3 000年的封建社会里，马政系统已相当完善，所以马的地位一直很高，居“六畜”（马、牛、羊、猪、鸡、驴）之首。

新中国成立以后，为了恢复农业生产和保卫边防等需要，大批量地引进种马（主要从苏联引进）改良民马，培育军马，使马匹数量从1949年487.5万匹增加到1977年1 144.7万匹，居世界第一位。但受到军事现代化、农业机械化和交通现代化的影响，我国马匹不论从数量、质量和体质均明显衰退。2005年底我国马匹存栏量为739.96万匹，而到2017年底下降至343.64万匹，减少了53.56%，退居世界第五位。2021年我国马匹存栏量为372.5万匹，略有增长。

2. 传统马业马匹品种的培育和分化

由于社会功能的需要，经过人类长期有目的的培育而形成了约300个马品种。如以力量为主的有俄罗斯重挽马、比利时重挽马、英国夏尔马等；有以速度为主要培育目标的乘用马种，如英纯血马、阿拉伯马、阿哈马（又称阿哈尔捷金马，古称汗血马）等；在英国机械化不发达时期的煤矿业，还专门培育出了适于坑道运煤的体高1 m左右的设特兰矮马。在传统马业中，也有诸如赛马、围猎等娱乐内容，但这不是传统马业的主要功能，所占的比例甚小。

我国是世界上马品种资源最为丰富的国家之一，共有29个地方品种、13个培育品种，如蒙古马、德保矮马、焉耆马、岔口驿马、伊犁马、三河马以及河曲马等。只是我国马产业尚处于转型阶段，马匹品种登记、品种选育工作也处于起步阶段。

（二） 现代马产业形成和发展

马作为特殊家畜，既具有普通家畜的产品功能（如马肉、马奶、马油），又可开发马系列健康食品（饮品）、时尚用品、生物制品、日化用品、文化用品和医疗制品，更具有物质文化与精神文化传承的载体功能（如蒙古马和蒙古马文化）。现代马产业涉及农业、金融、教育、文化、体育等多领域，推动多业态的融合，具有巨大的社会价值和经济价值。许多发达国家（美国、日本、澳大利亚、英国和法国等）在举办各种商业赛马的同时，全面开发马产业的潜力，推动社会发展，美国、德国、英国、阿根廷、日本和俄罗斯等已形成了各具特色的现代马产业，成为国民经济重要的增长点和支柱产业之一，产业增加值达到千亿美元以上，提供上百万个就业岗位。

马业产品是指生产、加工、经营马肉、马奶及其生物制品等产品。马业产品是传统马产业的主要发展模式，但现代马产业也在不同程度上包含马业产品。俄罗斯培育了肉用马品种，用于生产马奶、马肉产品的马匹约有 25 万匹。以哈萨克斯坦为代表的中亚国家，马奶产品已经形成工厂化生产规模。澳大利亚每年有 4.5 万匹马用于向国际市场提供马肉产品，主要销往日本和欧洲。中国马匹数量多，马业产品原料丰富，年生产马肉 20.16 万 t，占世界总产量的 27.43%，居世界首位，此外还大量生产结合雌激素、孕马血清促性腺激素和精制生物马脂等生物制品。

在发展中国家，马产业是正在兴起的“朝阳产业”，随着社会经济发展和科技进步，马匹主要役用功能被逐步取代，以体育休闲与产品消费为主要特征，融合一二三产业的体育竞技、旅游休闲、马文化、马产品、饲草料和驯养调教等现代马产业孕育而起，创造着巨大的经济、社会、文化和生态价值。

二、 我国现代马产业发展现状

党的二十大报告提出：全面推进乡村振兴，坚持农业农村优先发展，扎实推动乡村产业、人才、文化、生态、组织振兴。马产业作为农业传统产业和乡村特色产业，其发展在我国历史悠久，马业基础得天独厚，发展潜力巨大。

现代马业包括赛马、马术、体育娱乐、旅游、健身等，集高端、自然、时尚等于一身，衍生出的产业服务链条十分丰富。美国现代马产业在政府的引导下高速发展，马匹存栏数从几十万匹发展到今天的 900 多万匹，马匹品种多、价值高，为美国提供就业岗位达 140 多万个，是美国就业人数最多的产业之一。澳大利亚马业是该国第三大产业，经济规模仅次于羊毛业和煤炭业，提供了近 13 万个就业岗位，也是澳大利亚就业人数最多的产业之一。英国、德国、法国、日本、爱尔兰等国，马业产值在 GDP 中均占有很高的份额，为社会提供了大量的就业机会。由此可见，在新时代农业农村工作中发展乡村特色产业，拓宽农民增收致富渠道，我国马产业具有市场潜力巨大、产业发展前景广阔的特点，现代马产业必将在我国全面建设社会主义现代化国家新征程中发挥重要作用。

1. 我国马术俱乐部发展状况

我国马术行业呈现高速增长态势。广州、深圳、北京、天津、西安、成都、呼和浩特、昭苏、博乐、鄂尔多斯、安平和右玉等地都兴建了具有国际水准的赛马场，可承办国际驭马文化节、国际那达慕、耐力赛等系列赛事，具有组织规模化、专业化和国家化赛事能力。马术比赛数量在过去几年增长了16倍，产值约95亿元，占全球的0.5%。我国马术俱乐部2016年有907家，2017年有1 452家，2018年发展到1 802家，以华东、华北、中西部地区居多，同时马术爱好者几年时间从10万人左右骤增至百万人，其中活跃的马术会员占到了52%。调查显示，全国马术俱乐部2017年度平均销售额637万元，销售总额92.49亿元。

2. 马业赛事发展

2016年5月国家《体育发展“十三五”规划》中提出，积极培育马术等“具有消费引领特征的时尚运动项目”；另外，2020年东京奥运会马术比赛为马上运动产业迎来前所未有的发展机遇。2018年4月《关于支持海南全面深化改革开放的指导意见》提出，鼓励发展沙滩运动、水上运动、赛马运动等项目，支持打造国家体育旅游示范区。此外，“2018上海浪琴环球马术冠军赛”“2018新浪杯未来之星马术大赛”“中华民族大赛马·2019海南沙滩10 km耐力赛及青少年马术挑战赛”等赛事接踵举行。

3. 文化休闲产业发展为马产业发展带来新动能

当前我国休闲产业尚处于起步阶段，有着巨大的市场潜力和广阔的发展前景。文化产业是中国经济的朝阳产业，也是推动中国经济转型升级的重要动力。马文化休闲旅游产业符合地方经济转型升级的需要，促进地方经济、社会和文化的发展。马的形象、马文化是草原文化、民族文化的重要标志。随着文化产业的发展，马文化和马产业蓬勃发展，成为体育、文化事业的重要内容之一，为此，我国少数民族地区要顺应休闲经济发展需要，积极开展民族和区域特色马文化研究，发展民族马文化休闲产业，全面推动文化、体育和旅游的融合发展，以更好地推进民族地区的经济发展。例如“2018中国丝绸之路·库尔勒香梨节”之赛马大会10月2日在新疆库尔勒召开，开赛当天库尔勒市旅游接待人次和收入同比增长237.5%和75.48%。

4. 国内消费市场巨大，需求强劲

从马文化到马产业，带动吃、住、行、游、购、娱，加上赛、教、养、趣的特点，具有我国地域特点、民族特点的“马产品”成为创造经济效益的标志性产品。《2018年胡润财富报告》指出，中国千万资产高净值人群主要集中在北京、广东、上海、香港、浙江，平均年龄40岁，未来3年最想尝试的运动是骑马和帆船。随着赛马、马术运动的推广和发展，赛马马术设施的生产开发、马匹养护和管理、骑乘用具及周围产品的开发利用等已成为极具增长性的新型产业，将会迎来更快的发展。

马匹护理、马房用品、马匹调教用品等都将形成新的产业，赛马、马运动、马管理等也会形成热门专业和专门教学课程。同时，一些马文化产品，比如专业书籍、杂志、图册、特色纪念品、工艺品、挂件，甚至主题电影、情景剧等大型马文化产品也将逐步推广发展。

中国马术协会也推出了中国马术优青计划-精英直播赛（北京）、2020 年第九届中国马术大赛（锡林浩特）、2020 年中国速度赛马公开赛（呼和浩特）等一系列赛事。2020 年 9 月，北京国际马术文化周暨天星调良马术公开赛开幕，北京第一条城市马道投入使用。

跟国外相比，中国现代马产业主要是博彩赛马、体育马术、休闲娱乐、马业产品等几种模式，产值不高，对国民经济的贡献较小。未来我国发达地区将成为现代马产业新增长极，但传统特色区域仍然具有相对优势，需从资源储备、文化底蕴等先决要素入手，找出现代马产业发展的突破口和增长点。目前，京津冀、长三角、粤港澳大湾区、海南自贸区、武汉等经济相对发达、人口密集、市场空间较大的地区，在马术竞赛、赛马运动、健身休闲等领域均领先于国内其他地区，马术爱好者、马术俱乐部相对集中，在未来一段时间内必将成为我国现代马产业新的增长极。马产业发展应依托自身绝对优势，在传统赛马、民族马术、文创与旅游以及产品等方面形成相对优势，追求做精、做深、做长，以树立品牌、培育市场为目标，使之成为我国乡村振兴新发展格局中不可或缺的组成部分。

三、 世界马产业发展经验借鉴

1. 健全法律体系

国外在发展现代马产业的过程中，通过制定健全的法律体系，对马产业的生产经营活动进行严格的规范管理，保障了现代马产业的良好发展。日本制定了《赛马法》和《中央赛马会法》，构建了赛马业的基本法律框架，此后多次对两部法律进行修改完善，保证赛马的公正性，促进了日本赛马业的统一管理和规范运营。俄罗斯制定了《联邦马业和马场发展法》《育种成绩法》《联邦牲畜良种繁育法》《保护牲畜基因法》等一系列法律规范，明确规定实行登记制度，公民饲养或经营马匹需要在地方管理机构登记，并从基因、数量和繁育条件等方面对纯种马匹的持有者做出明确规定，以扶持繁育本国优良马种。

2. 政府大力扶持

国外重视现代马产业的发展，通过政策、税收、补贴、公共产品等手段，加强对现代马产业的统筹协调和引导扶持。俄罗斯大力支持涉及增加社会福利产品的养马业，通过定期发放许可证，调控企业的经营活动以及纯种马匹的出口。英国重视马产业人才的教育培训，全国各地都设有赛马学校和培训基地，为马产业发展培养高素质人才，此外还成立了马匹卫生信托基金，对马病诊断、马兽医工作方面的研究进行资助。

3. 行业组织规范管理

国外充分发挥行业组织的作用，通过制订马产品的质量标准、品种信息登记、种马鉴定及测试、品种选育等方面的标准，对现代马产业进行规范和自律。法国马会负责组织法国所有的赛马比赛和训练，对养马场制订了科学的管理体系，在兼顾马匹使用价值的同时，还根据遗传需要保留了品种的多样性。英国掌管赛马业的主要机构是赛马委员会，由来自不同协会的会员组成，分别负责制订赛马政策、计划、人员培训安排等。日本赛马会是赛马管理、科研、福利机构的综合体，负责制订训练计划、注册章程以及颁发考核执照。德国马术协会是世界上规模最大的马术协会，同时负责马术赛事与马种繁育两大方面的工作。美国、英国、澳大利亚等现代马产业发达国家由品种协会对赛马实行品种信息登记，依据登记证书管理赛事、拍卖马匹和保护马种资源。

四、 我国马产业发展建议

（一） 我国马产业存在的问题

我国马产业发展存在不充分、不平衡的矛盾。根据近年来我国马产业的表现情况来看，马产业虽然体量巨大，但存在非常突出的问题。首先，虽然马产业的规模较大，但马产业空间区域发展极不平衡，区域发展差异巨大，马产业流通性较弱。自然资源环境的特点严重限制了马产业的空间分布格局。其次，现有的育马、马产品加工企业规模普遍较小，赛马场、马术俱乐部的带动作用不强，马业的信息化服务建设滞后，因而导致马术俱乐部体育赛马、马产品加工、生物制品开发、饲料加工等与马产业相关的产业组织的发展相对不足。

我国马兽医行业亟待发展，主要问题表现在：一是从事运动马匹疾病的预防与治疗的兽医人员缺乏；二是从事运动马匹疾病的预防与治疗的兽医人员的知识技术体系不是很先进；三是诊断与治疗所使用的药品和器械十分匮乏；四是有关运动马匹疾病预防、诊断与治疗方面的资料以及资料来源十分匮乏；五是与世界马产业发展先进国家的马兽医发展现状比较有很大差距。

（二） 我国马产业今后发展建议

1. 加强政府规划和扶持

政府部门要加强统筹指导，借鉴国外先进经验，制订和完善现代马产业发展的长远规划，明确产业发展方向、产业布局与重点，出台马产业及其相关产业的准入目录、马产品质量标准等相关规章制度和政策措施。建立政府主导、市场运作的多元化投资机制，加大财政扶持力度，建立马产业发展专项资金，对养殖户和加工企业实行补贴或税收优惠，加大对良种引进和基础设施建设等方面的资金投入。引导和鼓励金融机构增加对马产业的贷款，在产业政策导向、金融资金、土地规划等方面扶持现代马产业发展，拓宽渠道吸收社会资金，鼓励各地成立养马协会和专业合作社，成员由农牧民、加工企业和服务机构组成。

2. 健全行业法律法规

法律法规是现代马产业发展的坚实保障，只有依法保障，才能促进现代马产业的高质量发展。国外通过制定法律来规范赛马业，中国规定不得开展具有商业性质的博彩赛马，赛马政策没有放开，但是政府开始重视发展赛马运动这项高端第三产业，开展商业性赛马赛事必须在相关法律法规和政策的允许下才能进行。对体育赛马运动，同样要通过健全相关法律，保障公民发展马匹养殖的合法权益，保护优良品种，规范马匹管理。依法保护中国纯种马种源，规定纯种马的所有者必须承担在保护纯种马数量、基因、繁育等方面的责任，依照法规在当地管理机构进行登记，获得纯种马匹身份证才能进行纯种马匹交易，并且还有义务向国家相关研究机构提交纯种马匹的资料报告和翔实数据。

3. 加大产业科研和产品开发力度

马产业科研主要包括马的品种繁育和改良、马病检测和防治、马产品研发研制等。应加大科技创新力度，以产学研体系建设为平台，开展技术创新和科学研究，积极推广良种繁育、科学饲养技术、饲草饲料等方面的科研成果和生产实用技术的应用。进一步拓宽马产品开发的种类，深化产品加工深度，对传统的马产品如马肉、马奶要形成特色、树立品牌、提高产品价值；对于精制马脂要积极开发马脂化妆品、日用化工产品和工业用品，扩展其应用领域；对结合雌激素、孕马血清，要开发科技含量高、附加值高的科技产品，提高马业综合效益。

4. 加强专业人才培养

制约中国现代马产业发展的一个重要因素就是专业人才短缺。应借鉴国外马产业人才培养的经验，制订人才优惠政策，将引进和培训相结合。开展校企合作，充分发挥高校资源优势和企业经营优势，开设赛马经济、马术运动管理、马产业开发等专业，培养市场急需的马种繁育、产品开发、市场运作的专业人才。积极争取国家项目及政策支持，建立马术培训基地，加大对非学历层次的人才培养力度，进行系统的技术培训及资质认证，加强有关疾病防治、饲养、繁殖、育种、骑乘、教练等专业知识的培训，提高从业者的专业素质。

5. 健全马产业发展服务体系

完善马匹疫病防治、兽医保健、马术运动、骑乘休闲、马匹福利体系建设，确保安全高效生产；建设技术推广服务体系，开展技术培训，帮助农牧民掌握科学饲养技术，降低养殖成本，提高养殖技术含量和效益；建立和培养马业发展的技术创新与成果转化人才队伍。

入职培训专题 2
马术俱乐部组织架构及工作职责

一、 马术俱乐部组织架构

马术俱乐部的主要组织结构：分别是教练部、营销部、办公室、兽医部、马工部，各部门对俱乐部总经理负责。俱乐部总经理全面负责俱乐部整体工作的把握和部署，负责审定部门各阶段工作计划，部署和安排本部门各项工作有计划开展，负责监督俱乐部员工业务。

教练部由一个总教练、马术教练和助理教练组成，主要负责会员的培训教学，日常马匹的调教及马匹健康状况评价和反馈；营销部负责会员、散客骑乘体验等经营项目的开展，与商家、团队、旅行社对接合作，开展俱乐部新型营销项目，提升经营收入，制订和实施主题活动的营销策划方案，马具销售和马术课程费用的统计；办公室主要负责马术俱乐部的日常管理和运营，对马术俱乐部各个科室和部门进行管理和协调，负责草料等马匹饲料的采购，每月对马术俱乐部的财务进行报账和统计；兽医部确保全俱乐部马匹健康及护蹄修蹄工作，以预防为主治疗为辅，做好兽药合理适量购进计划，制订或提出生产规划、技术方案；马工部管理俱乐部所有马厩及马匹数量、分布，制订马房卫生标准并明确清扫标准、完成时间、人员分配，负责保管检查草料是否发霉、变质，按不同马匹的种类和运动量饲喂草料（图 1-1）。

二、 马术俱乐部部门职责

（一） 俱乐部总经理

（1）全面负责俱乐部整体工作的把握和部署。

（2）负责审定部门各阶段工作计划，部署和安排本部门各项工作按计划开展。

（3）负责监督俱乐部员工业务，管理人员思想教育和营销知识的培训，指导和帮

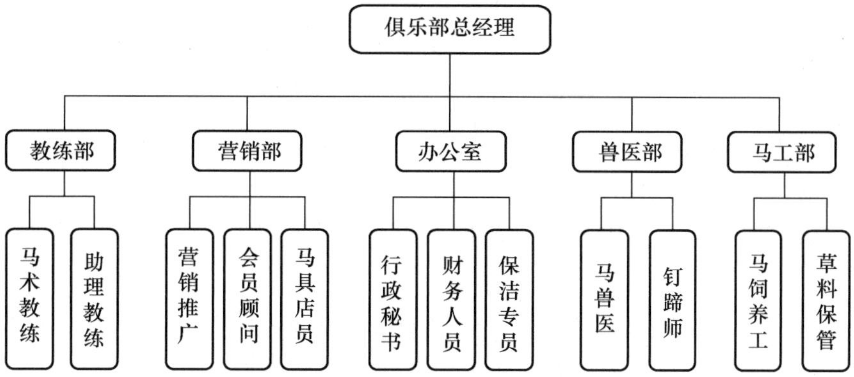

图 1-1　马术俱乐部组织结构图

助本部门员工的工作，不断强化和提高员工的素质。

（4）负责审定、分配营销策划业务，并监督检查完成情况。

（5）负责组织市场调研、预测和市场发展趋势，并针对市场变化和竞争需求提出应对营销策略。

（6）负责俱乐部营销策划工作，对各项业务的洽谈、合同和协议签订工作的管理、协调、指导、监督、审核等各项。

（7）负责指导俱乐部各岗位制订切实可行的专业计划（营销、训练、繁育、配种、定胎、马匹调教、草料、饲养等），并监督各岗位按照年度计划有序实施。

（二）教练部

（1）制订人员、马匹训练计划，包括人才培养计划、骑手训练计划、马匹调教计划，每日训练安排；

（2）每天根据天气、人员、马匹情况对训练工作进行安排，包括人员、骑乘的马匹、场地、所佩戴的装具、着装的统一；

（3）在训练时对骑手、马匹的安全负总责；

（4）在教学时，要关注到每一位参训骑手的学习情况，包括骑手对骑乘要领的掌握，马匹对骑手、场地的适应情况，根据骑手及马匹的学习进度及时对计划做出调整，以便于达到最佳教学效果；

（5）在日常训练中对骑手进行爱护马、尊敬马的思想教育工作，培养骑士精神；

（6）定期组织学员与其他马场进行交流学习，找出自身存在的不足和差距，取长补短；

（7）制订组织学员外出学习专业马术教学、训练的培训计划，上报至部门经理审批，批准后带队外出学习进修。

（三）营销部

（1）制订和实施俱乐部所有节假日、主题活动的营销策划方案；

（2）负责俱乐部经营项目宣传资料内容撰写；

（3）负责会员、散客骑乘体验、喂食体验及骑马照相体验等经营项目的开展；

（4）与商家、团队、旅行社对接合作，开展俱乐部新型营销项目提高经营收入；

（5）主持参与俱乐部相关经营项目的市场调研、资料收集、分析与预测，不断提出经营发展的设想，指出发展方向；

（6）找出部门经营工作中存在的问题和弊病，及时提出改进方案，呈报经理后跟踪整改；

（7）严格落实俱乐部经理对本部门营销工作提出的各项要求；

（8）负责马术俱乐部教练每月基础课时的核定及教练费的分配工作；

（9）分类汇总马术俱乐部会员及游客的反馈意见、建议，及时呈报经理进行决策；

（10）负责马具店货品的摆放、管理、销售、盘点及卫生清扫工作。

（四） 办公室

（1）掌握部门主要工作的进展情况，负责制订本部门年度、月度工作目标、工作计划；监督指导各部门工作计划的落实，按期推进办公室工作计划，并及时上报经理批示；

（2）负责俱乐部的日常管理工作（如食堂管理、宿舍管理和环境卫生管理）和综合服务工作（行政后勤、安全保卫和消防管理），确保后勤保障到位、工作顺畅和环境优雅；

（3）参与重大事项的调研工作，拟定调研报告并上报俱乐部经理批示；

（4）负责公司行政事务的上传下达；负责通信、交通、接待等工作的对接和协调；

（5）负责本部门员工队伍建设，组织定期或不定期的人员的考证、考核、考察，提出对下属人员的调配、业务技能培训，撰写培训大纲、培训计划，做好培训记录；

（6）定期对俱乐部员工组织开展思想教育、安全生产教育；

（7）制订并完善部门规章制度，检查、督导本部门工作的执行情况；

（8）协助俱乐部经理协调下属员工之间、本部门与相关部门之间的关系；

（9）统筹负责部门档案文书管理，负责相关会议的组织，整理撰写俱乐部会议纪要，以及会议决议的督办事项，维护及保持部门的外联工作及公共关系建立；

（10）负责俱乐部财务管理工作和资金使用调度，负责办公、劳保等日常运营所需的各类物品的申购和发放；

（11）完成领导交办的其他工作。

（五） 兽医部

（1）随时观察马匹营养健康状况，做到有病及时发现，及时治疗，确保全俱乐部马匹健康，贯彻“预防为主，治疗为辅”的方针；

（2）做好兽药合理适量购进计划，保障购进兽药安全、高质量、药效强；

（3）按照不同药品用法用量治疗疾病，药物使用方法：口服，肌内、静脉、穴位、关节腔注射等；

（4）每年进行全俱乐部马匹的2次疫苗注射和3次驱虫，及时开展疾病防治；

（5）监管好马工，协助并指导马工控制不同马匹饲喂量，清理草槽、料槽、饮水机卫生，与其他相关人员配合做好各自的工作；

（6）能调配、驯养、指导骑手护理马匹；

（7）做好修蹄和护蹄工作；

（8）做好马匹繁育档案，做好家族系谱、照片（电子版、纸质版）等建档工作；

（9）积累丰富临床经验，能够开展手术（如切除、缝合、阉割等）；

（10）治疗治愈疑难杂症；

（11）能够随时观察怀孕母马的孕期状况、掌握待产期时间，有马驹接产的经验，能够独立接生马驹；

（12）制订或提出生产规划、技术方案、撰写水平较高适用性较强的技术培训教材。

（六）马工部

（1）熟悉马场所有马厩及马匹数量、分布；搞好各种马匹的日粮配比和饲料配方的制订工作；

（2）每天清晨全员点名时，安排当天的工作，包括人员具体清扫所属马房、清扫标准、完成时间、人员分配等；

（3）制订马房卫生标准：马粪及垫料清理干净，铺垫干净垫料，马厩内软、硬地面清扫区分开，马厩栏杆擦拭无灰尘、走廊清扫冲洗干净无垃圾、马房门及窗户擦拭无灰尘，将马粪和污染垫料堆放在手推车里，倾倒在指定位置；

（4）每日监督检查马房，是否将马粪尿清扫彻底，污染垫料是否及时更换，重新铺垫；

（5）管理马房所有扫把、铁锨、手推车等清扫工具，督促员工爱护公共财产，制订工具月度需求计划，物品以旧换新；

（6）及时处理马房漏水，水管、暖气管道、马厩饮水器不出水等突发情况，能修理的工具及时修理，不能修理的及时报修；做好照明设备维护和异常申报工作；

（7）定期对马工进行技能培训和考核评比；

（8）及时组织马工进行装卸草料、垫料工作，做好饲草料的贮藏管理工作；

（9）完成领导交办的其他工作。

入职培训专题3
马术俱乐部经营模式

一、 马术俱乐部经营类型

按照马术俱乐部提供市场的主要服务产品，可将现有马术俱乐部分为比赛主导型马术俱乐部、马术文化型马术俱乐部、马匹培育型马术俱乐部和会员骑乘型马术俱乐部等类型。

1. 比赛主导型

比赛型马术俱乐部以参加比赛为主，该类马术俱乐部不仅参加政府主办的马术运动比赛和马术俱乐部之间联合进行主办的比赛，而且该种马术俱乐部还参加民间举办的马术运动比赛。此类俱乐部内部不接受会员，不进行课程教学；俱乐部参加比赛的选手是聘用外边人员，俱乐部内部没有固定的比赛选手。在比赛时期，俱乐部会从社会上招聘骑手，并进行简单短暂的培训，然后代表该俱乐部去参加比赛，俱乐部给予相应的报酬。

2. 马术文化型

文化型马术俱乐部是由比赛型马术俱乐部进一步发展演化而来，马术文化型马术俱乐部在前期也是通过比赛和招募会员来增加俱乐部收入，凭着收入的提高和地理位置的优越性，该种马术俱乐部逐渐完善俱乐部的设施，并通过招募其他行业入驻马术俱乐部，逐渐形成了吃、住、行、游玩、观赏、体验等为一体的文化型马术俱乐部，收费方式也改为门票型收费，取代了传统的通过会员以年费和月费的收费方式。经营业务有良种马匹观赏、马术表演、马匹买卖、游客骑乘和旅游观光等项目。

3. 马匹培育型

主要以伊犁马、汗血马、外国引进马匹等通过杂交的形式，逐步培育出我国的改良品种，成为我国特有马种，在我国有着更强的适应能力。培育型马术俱乐部内也配备着马术教练，主要是进行马匹驯养和调教，这种马术俱乐部不接受会员，也不允许外人入内参观，主要经济来源是马匹的外销和政府的支撑，马术俱乐部内设施简陋，没有很多必要性的设施。马匹的销售主要是各大马术俱乐部和民间爱马人士及政府采购。

4. 会员骑乘型

会员骑乘型马术俱乐部就是我们在市场中所常见的一类马术俱乐部，这种马术俱乐部主要是为会员提供一整套的服务，为会员提供满意的马术方面的服务。此类型俱乐部会员的保有量平均都在一万以上，并且在该马术俱乐部中，场地设施器材等完备优良。此类型俱乐部是我国马术运动水平提高和发展的主要力量，随着我国社会主义现代化国家建设，人民生活质量的提高，会员骑乘型马术俱乐部将成为城市马术体育和休闲运动的主导。

二、 马术俱乐部主要经营项目

马术俱乐部消费人群主要集中在小于或者等于 20 岁的青少年，其马术基础薄弱，主要需求是提高骑乘者的骑乘技术，因此开展最多的项目就是马术教学；其次是场地障碍赛、马术夏令营、绕杆赛、盛装舞步、绕桶比赛等。

文化型马术俱乐部经营业务有良种马匹观赏、马术表演、马匹买卖、游客骑乘和旅游观光等项目，形成了吃、住、行、游玩、观赏、体验等为一体的文旅休闲综合经营项目。

入职培训专题 4
马术俱乐部的管理文化

马术俱乐部文化是俱乐部在长期经营过程中逐步形成的群体意识，它包括共同的价值观、俱乐部精神、俱乐部经营理念、俱乐部形象等方面。俱乐部企业文化的核心是共同的价值观。

一、 马术俱乐部文化的作用

（1）导向作用　潜移默化地使俱乐部的员工接受共同价值观，把思想和行为引导到实现俱乐部的目标上来。

（2）凝聚作用　员工产生对工作的责任感、自豪感和使命感，增强对集体的认同感和归属感。

（3）激励作用　俱乐部宗旨和经营理念是良好的激励因素。

（4）约束作用　俱乐部的文化氛围能以无形的、非正式的、非强制性的方式，对思想和行为进行约束。

（5）美化作用　优秀的俱乐部企业文化，不仅能美化工作场所，还美化工作本身，使员工求知、求美、求乐、求新的愿望得到满足。

（6）协调作用　协调内部员工之间、部门之间的关系，完成工作目标；协调俱乐部和社会的关系，实现“双赢”。

马术俱乐部文化如果没有形成一个核心价值观从而形成核心价值体系，就会导致俱乐部内部管理混乱，这说明部门与部门之间的职责不明确，岗位分工没有界限，人际和部门沟通差，俱乐部文化没有浸润员工精神意识。

二、 马术俱乐部考勤制度

（一） 出勤要求

（1）员工必须准时上、下班，并按俱乐部规定进行出勤打卡，不得找人替打。违者给予当事双方经济处罚。

（2）员工因工作无法到公司进行上、下班打卡登记，需提前向办公室负责考勤人员进行说明，以便其补充登记。

（3）员工不得无故迟到、早退、请假或旷工，违者视其情节轻重给予警告或经济处罚。

（4）各部门指定专人负责考勤登记，考勤分出勤、迟到、早退、事假、病假和旷工，每月最后一个工作日将考勤表汇总至办公室。

（二） 出勤时间

（1）俱乐部每周5个工作日：周三至周日。

（2）每日工作时间为：9:00—13:00和17:00—21:00。

（三） 考勤制度

（1）部门员工因事、病请假，须提前1天向部门主管申请批准，部门主管以上员工需向主管领导提出申请批准。

（2）如遇突发事件不能及时到岗，须在上班后1小时内电话通知有关负责人。

（3）员工请假时间不超过1天（含1天）可由部门主管批准；1天以上的须报请总经理批准。部门经理以上员工需向主管领导提出请假申请。

（4）请病假3天者，须提供区（县）级以上医院证明，请事假须提交假条给部门负责人。

（5）员工超过上班时间10分钟到岗视为迟到；未到下班时间离岗视为早退；半天无故不到视为旷工1天。

（四） 考勤

（1）员工享受国家规定的法定假日。

（2）员工因工作需要加班，可由主管领导视工作需要，进行调休。

（3）员工享受国家规定的婚假。

（4）员工享受带薪直系亲属丧假7天。

（5）员工享受带薪工资病假1天。

（6）员工请事假并获得批准，扣发当天伙食补贴。

（7）员工在一个月内连续或累计请病、事假3天以上（含3天），按日薪扣发相应天数的岗位工资。

(8) 迟到 1 次从当月工资中扣发 20 元；迟到 2 次从当月工资中扣发 50 元；旷工半天扣发 1 天基本工资和岗位工资；旷工 1 天扣发 2 天基本工资和岗位工资；旷工 2 天扣发 3 天基本工资和岗位工资；月旷工 3 天以上者（含 3 天）当月工作考核不合格，扣发当月绩效工资。

(9) 一经发现有代替打卡现象，扣发双方当事人双方当天岗位工资。

三、 马匹饲养管理制度

马匹的饲养管理在于选择和使用适合于每匹马的饲草饲料、日粮设计配方、具体的饲喂技术和方法等。

1. 饲喂标准

一匹成年马每天日粮（包括粗饲料和精饲料）一般为其体重的 2.5%左右，其中粗纤维含量以 16%为宜，可消化蛋白质含量以 8.5%～10%为宜，矿物质和盐分若干。运动用马通常实行的是精料型饲养，以高营养浓度的精料为主要营养来源，再饲喂一定量的粗饲料加以平衡。

2. 饲喂程序

先喂粗饲料让马的胃获得一定程度的饱感，加水的同时再喂精饲料让马慢慢咀嚼，从而延长采食时间，有助于马匹对饲料的消化。

3. 饮水安全

一匹成年运动用马，在一般舍饲情况下，日需水量 10～50 kg。大运动量的出汗可能会使水的需要量达到正常的 2～3 倍。马饮水的温度不能低于 6 ℃，一般以 9～11 ℃为宜，切勿饮喂带冰的水。

四、 马厩卫生防疫制度

日常要加强马厩的防疫、消毒卫生管理，杜绝疫病的传播。

(1) 每间马房要定期（至少每周一次）消毒。

(2) 合理安排生产区内各走道、生活区清洁消毒；生产区、生活区由专人负责定期消毒。

(3) 马厩两端设消毒盆，消毒盆内要保持消毒水的有效浓度。

(4) 用过的医疗废弃物如针头、药瓶、疫苗瓶要集中处理、烧毁。

(5) 每次用过的针管要集中蒸煮一次，每周六下午下班时马工将自己的针管做好标记交给兽医，由兽医负责针管的蒸煮消毒。

(6) 注意消毒药的浓度比例（特殊疫情时浓度加倍）。

(7) 马工自觉搞好规定范围内的清洁卫生，定期清除野草、杂物、疏通水沟，定期做好灭鼠、灭蚊、灭蝇工作。

五、 马匹的调训制度

（一） 接近马匹

（1）观察马的表情和行为表现，主要观察其耳、眼、口、鼻、躯干和四肢的行为表现。如频频转动，表现注意和惊恐；尾夹于两后腿之间，后躯出现方向性转动，则表现要跳踢；目光敌视，头高举，表现扑咬；两耳动作频频，向四周探听情况，表示疑惑不安。

（2）接近马匹时，由马体前侧方接近，不要从正前方或后面去接近。先给以温和的招呼声或呼马名、马号，慢慢地接近，可用手抚摸鼻梁、抚摸或轻拍颈部、肩部和背部表示爱护和安慰。注意不要触碰马的敏感部位及危险性较大的部位，如耳、眼、腹下、肷部、阴囊、肛门及四肢下部等，更不能突然向前或从后面接近，以免引起马匹不安或蹴踢。如果给马喂小食品吃，不要用手指拿着喂，要将小食品放在手掌心喂给，以防误咬手指。

（二） 给马戴笼头

（1）接近马匹，站在马头颈的左侧，右手将缰绳缠于马的颈部，以防马匹走动。

（2）双手握住笼头两侧，将鼻革套在马嘴上。

（3）右手将项革从马头右侧轻轻越过两耳后面的项部，送到左侧，扣于颊革金属扣上。

（4）扣紧笼头各部位金属扣。

（5）最后检查笼头松紧是否合适。笼头戴上后不能太紧或太松，太紧马不舒服，太松易脱落不安全，其松紧度以鼻革位于马的口角与眼的中间部位（面脊的前方），在鼻革下能插入 2 横指为宜。

（三） 拴马

拴马的最好方法是使用笼头和缰绳，在任何时候都必须使用活扣拴马，以便在发生意外时缰绳易于解开。

（四） 徒手举肢

提举肢蹄主要用于马匹抠蹄、装蹄、检查和治疗肢蹄疾病。

1. 提举前肢

举左前肢时，举蹄者站于马体的左前方，面向马体后方，先给马以温和的声音或呼马名，使马引起注意，然后逐渐接近马体；用右手自马的头颈至肩部顺序抚摸，再沿肢的后外侧向下抚摸，触摸到球节处，握住系部将肢抬起；如果马不抬腿，可用左肩轻推马的肩部，使马体重心移到对侧肢，左手随即将蹄向后方提起，使其腕关节屈曲，蹄底向上保定住，右手则可进行抠蹄操作。举右前肢时，与举左前肢的方位相反，方法相同。

2. 提举后肢

举右后肢时，举肢者按举右前肢的要领，右手摸到鬐甲部后，继续向后抚摸，再从后肢的外侧向下抚摸，触摸到飞节的稍下方或球节处时，将后肢向前方提起。手握系部或蹄部，肩部略靠马体，左手则可进行抠蹄操作。举左后肢时与举右后肢的方位相反，方法相同。

3. 马体刷拭与抠蹄

马体刷拭与抠蹄是舍饲马的一项非常重要的日常工作，主要是对马匹的被毛、鬃毛、尾毛和蹄部进行刷拭护理。刷拭马体不仅可以保持马体清洁、促进皮肤的血液循环、按摩肌肉筋腱、消除疲劳、预防疾病，而且经常刷马使马匹更加与人亲和，并容易早期发现伤病等。经常坚持抠蹄，可保持蹄部卫生，防止发生蹄叉腐烂等蹄病，同时通过抠蹄可使马匹养成良好的徒手举肢的习惯。

4. 刷拭用具

体刷：用于除去附在马体表及鬃毛和尾毛上的尘垢。

水刷：用于梳洗鬃毛和尾毛。

长毛刷：用于除去马身上附着的干泥土、垫料和马粪等污垢，不能用于刷拭马体敏感部位。

汗水刮：用于洗浴后除去马身上的水或刮除多余的汗水。

橡胶刷：用于除去马身上的干泥土污物和脱落的马毛等。

毛刷刨（铁篦子）：有胶制和铁制 2 种，用以清除毛刷上的马毛和尘土，不能直接用于马体。

梳子和剪刀：用于修剪鬃毛、尾毛、距毛和耳边毛等。

蹄钩：用于抠去马蹄底部的粪尿和泥土等污物。

蹄油：抠蹄和清洁蹄壁后涂于蹄壁和蹄底部。

海绵块：用于清洁马的眼部、鼻部、口和肛门周围。

刷拭用具最好装在一个小塑料桶或袋内，用后必须清洗干净放好。

5. 刷拭方法

刷拭马匹通常在刷拭区域或选一安全、干净的地方进行，并给马匹戴上笼头拴好。运动用马在调教、训练前和后都要进行刷拭。

调教训练前可简单刷拭，目的是除去马匹在马厩内所附着的垫料和粪尿等污物，使马匹外观整洁。方法是用体刷迅速刷净马体，梳理鬃毛和尾毛，用海绵块清洁马的眼部、鼻孔和肛门部，抠去蹄底的污物等。马匹调教、训练后，对马体要进行全面刷拭。最有效的刷拭时间是训练后马体尚处于温热状态，此时毛孔扩张，而污垢附于马体表面。

其方法是，先用长毛刷除去马身上的泥土等污物，再用体刷用力刷拭马的全身。刷拭要按一定的顺序进行，一般是先左后右，由前到后，从上到下，依次刷拭。首先从马头开始，刷完马头后，再刷马的颈部、前肢、躯干、臀部和后肢。刷马的左侧时用左手持刷，右手拿毛刷刨，刷右侧时用右手持刷，左手拿毛刷刨，但刷后肢的后侧时则用相反的手持刷。每刷三四次将刷子在毛刷刨上刮二三下，去掉刷子上的脱毛和尘土，然后再刷。刷时手臂要伸长，先逆毛刷出，再顺毛拉回。逆毛刷可使马毛蓬松，擦起尘土和皮垢，顺毛刷可以刷掉已经松弛起来的皮垢和尘土。逆毛刷时不要用力太大，顺毛刷时则要用力。对背部和胸肋部可做划弧式刷拭，对腰部要轻刷，不宜用力过重；对肷部、腰角处及颜面部都要顺毛刷，用力要轻；刷拭敏感部位要柔和。

每次刷马，都要刷到马体没有尘土为止。刷完马体后，用水刷和梳子梳洗鬃毛、体毛和尾毛。用海绵块或干净毛巾清洁面部（包括耳、眼、口、鼻）和肛门等处。清洁面部和肛门不能使用同一块海绵或毛巾，可准备 2 块不同颜色的海绵或毛巾，一块用于清洁面部，另一块用于清洁肛门部。用时拧干海绵或毛巾中的水使其保持柔软干净和潮湿。清洁面部从眼部开始，眼部清洁后将海绵或毛巾洗净拧干再清洁口鼻部；清洁肛门处时，如果马匹老实可站在马的后面，如马不老实可站在马的一侧，尽可能高地举起马尾，轻轻地把肛门周围和尾根下无毛处的皮肤清洁干净。最后再用另一块干净湿毛巾先逆毛再顺毛将全身擦一遍。

6. 洗浴

淋浴、水洗或游泳均可视具体条件而定。在天气晴朗无风，水温在 15 ℃以上时才能给马洗浴，洗后先用汗水刮刮去马体上特别是腹下的水，再用毛巾擦之后在阳光下无风处晒干或牵遛到毛干后方可入厩。气温水温偏低、大风天气、有病马或训练后出汗未干的马不能洗浴，但训练后的热马可用凉水冲洗四肢下部有良好的冷敷作用。

7. 抠蹄

抠蹄可在马体刷拭前或后进行，用蹄钩抠去蹄底脏物或石子，用水洗净马蹄。抠蹄时，要用蹄钩尖从蹄踵向蹄尖方向抠，以避免钩尖损伤蹄叉。清洁蹄叉时，要检查有无蹄叉腐烂，同时检查蹄铁是否松动。为防止抠出的脏物掉在地上，可在蹄下面放一个筐或桶承接抠出的污物。

8. 涂蹄油

在特殊场合为使马蹄好看，可在整个蹄壁外面薄涂一层蹄油，但经常涂蹄油会影响蹄壁吸收水分导致蹄质干燥。

（五） 调教索训练

调教索训练就是通过给马做圆圈运动，使马匹达到一定目的锻炼，也是调教和训练马的一种方法。可采取用调教索和电动遛马机 2 种方法进行。

1. 用调教索活动马

这种方法是人不骑在马背上，骑手用一条长的调教索连在马的调教笼头上，一手握调教索控制着马，另一手持调教鞭，站在场地中间让马在骑手的周围作圆圈运动，此方法可用于训练年轻马和预备训练。调教索训练可各种步法交替进行，并定时变换方向以使马身躯两侧肌肉达到均匀锻炼。

2. 用电动遛马机活动马

这种方法是将马匹放进特制的一个带电动旋转架的沙圈内作圆圈运动以达到某种训练的目的。一次可放入 4～6 匹马，从左右两个方向，选择不同的转动速度进行快慢步的圆圈运动，这种方法主要用于马匹训练前的热身运动，以及对紧张训练后的热身马使其平静下来或消除汗液。做慢步运动或马匹不训练时做四肢的伸展运动等。

六、 马厩日常管理制度

（1）马厩日常管理总的原则是尽可能设法满足马匹的生理需要，给马匹创造舒适的厩舍环境条件。

（2）马厩单间的厩床全部铺垫 15～20 cm 厚的垫料（锯末、刨花或稻草等），每天清晨要清厩一次，清除厩床上的粪便及尿污垫料，清扫地面，工作时间内要随时清除粪便，保持厩内清洁。

（3）夏季需装灭蚊蝇设备或给马匹穿着马衣，以减少蚊蝇等昆虫对马的骚扰。

（4）对饲槽、水槽（水桶）要每天刷洗保持清洁。

（5）为给马匹创造安静舒适的环境，严禁无关人员在马厩内嬉戏喧哗和吵闹，以利于马匹休息。

（6）马厩在任何时间都应有人看管，不允许长时间马厩内空无一人，以防马匹逃出或发生意外。

七、 职业素质规范

（1）牢固秉承“顾客至上，服务第一”的服务宗旨，树立一切以游客和会员为中心的优质的服务意识，遵守服务规范，创造最佳服务，服务过程中使用礼貌用语，不得恶言相向。

（2）一视同仁地接待每一位游客，不优亲厚友，不以貌取人，不对游客品头论足。主动、热情、耐心、周到，文明经商，礼貌待客，不与游客发生争执，辱骂游客。

（3）公平交易、童叟无欺、计量商品要准确足秤、不强买强卖、不欺瞒游客、不刁难游客，发生差错时应主动道歉，补齐补足。正确引导游客消费，以诚待客，维护商业信誉。

（4）宣传介绍商品，不夸大优点，不隐瞒缺点。

(5) 耐心解答游客、会员提出的询问，并使用礼貌用语，若自身无法解答游客、会员询问，不能以“不知道”等拒绝性语言回答游客，应尽量满足游客的需求，不恶言相向。

八、 仪容仪表规范

(1) 服务人员（包括马术教练、兼职员工、实习员工等）的着装应统一，佩戴工号牌上岗工作，并保持服装整洁。

(2) 头发梳理整齐，不留怪异发型，女服务人员留有披肩发的，必须将头发扎起系在脑后，不得披头散发，女服务人员可化淡妆，禁止浓妆艳抹。

(3) 工作时间不可佩戴有色眼镜。

(4) 注意个人卫生，保持口气清新。及时清洁和修剪指甲，不可藏有污垢，不能留长指甲。

(5) 服务人员只可佩戴结婚戒指、耳环，不可佩戴夸张的首饰等饰品。

(6) 工作时应定岗定位、站姿坐姿端正，双手自然交叉于体前、精神集中、不托腮、不抱肩、不叉腰、不倚靠货架等。

九、 服务工作规范

(1) 工作人员需着装端正，不在经营点位上吃东西（包括嚼口香糖）、聊天、嬉笑、打闹、看书、看报、绣十字绣、打牌、织毛衣、玩手机、看视频、听音乐等，不得抱肩、叉腰、插兜、前趴后仰、哼小曲、照镜子、梳头、剪指甲、随地吐痰、乱扔垃圾等，不得做其他与工作无关甚至影响俱乐部品牌形象的事情。

(2) 不因忙于其他工作而影响接待游客、会员。

(3) 不在工作时间内离开工作岗位，不在场地和项目区内玩耍，不在工作岗位上用餐。

(4) 不挑拨离间、聚众闹事以及与游客、会员争吵、打架、斗殴。

(5) 不在游客、会员面前谈论项目或俱乐部经营状况。

(6) 不出现面对食物说话、咳嗽、打喷嚏等不雅行为。

(7) 贵重物品应随身携带或放置于货物、储物柜中，不能放于游客可见区域或随意乱放。

(8) 收银处应摆放“钱币、物品请当面点清”的提示牌，避免引起不必要的误会或投诉。

(9) 用餐时间需派值班人员在营业场所接待游客、会员，尽量做到轮换用餐，不允许一边用餐一边接待游客、会员。

(10) 未经俱乐部允许，不得在营业场所之外的公共区域内摆货架、摊位、提示牌等。

（11）不私下谈论、批评游客，不窃笑或大声喧嚷、争论，自觉服从俱乐部现场管理，不得无故辱骂、威胁俱乐部现场管理人员，不得聚众闹事等。

（12）接待游客、会员投诉应认真登记，并进行初步的询问和了解游客具体情况及要求。

（13）开展投诉调查，对游客提供的事件进行核实。根据国家管理制度（如游客权益）与俱乐部的有关规定进行初步判断，征求游客意见的同时进行协商。

（14）涉及退换或理赔事件的，需要上报俱乐部经理审批并提出自己的处理意见。

（15）对投诉应在综合调查后的审批意见指导下，衔接有关部门和财务管理人员，落实到具体的处理工作中，最后将该投诉时间的所有资料整理存档，便于对部门和个人进行考核。

学习收获

<table>
<tr><td>学习时间</td><td colspan="3"></td></tr>
<tr><td>学习地点</td><td colspan="3"></td></tr>
<tr><td>学习项目</td><td></td><td>培训人</td><td></td></tr>
<tr><td colspan="4">学习简记</td></tr>
<tr><td colspan="4">体会

评价：</td></tr>
</table>

第二部分

认识岗位

The second part

The second part

The second part

The second part

入职培训专题1
认识马兽医业务岗位

一、 马兽医岗位设置

在马业企业中马匹疾病的危害对于马匹性能发挥和生命健康十分重要。马兽医在马术俱乐部、马场、马术运动赛事中（包括障碍赛、速度赛、耐力赛、盛装舞步、西部马术等）的马匹防疫管理，预防、治疗马匹疾病方面是不可或缺的。同时，按照《动物防疫法》要求马兽医要配合动物防疫机构控制和扑灭马匹疫病，提高马匹健康福利和运动性能，保障马业企业经济效益和持续盈利能力，而且马匹保健对于保护与马匹接触的人类健康同样意义重大。

在马术运动赛事中，马兽医不仅是一个兽医，还充当裁判的角色。马兽医不仅要治好马的疾病，保护马的健康，还需要掌握马术运动赛事规则，因为在运动马产业中马匹是作为运动员参加马术比赛的。

1. 俱乐部和马场兽医

受消费水平和各城市经济发展水平影响，我国马术俱乐部主要分布在华北、东北和华东等地区，其中东北和华北地区占比达到38%，而华东地区占比30%以上。据统计，2021年国内马术俱乐部有2 222家，会员达66.65万人，平均每个俱乐部存栏马匹为30匹左右。因此，很多马术俱乐部或育马场没有专职马兽医，一般由骑手或马工兼职从事简单的马兽医工作，从业水平和技术能力参差不齐。存栏100匹以上的马术俱乐部都配备有专职马兽医。北京、上海、广东等地马术俱乐部数量达全国的30%以上，很多马术俱乐部由骑手或马工兼职从事简单疾病诊疗及治疗方案落实，疑难和复杂疾病由多个俱乐部联合聘请社会专职马兽医从事诊疗服务，因此服务质量和专业能力较强。

马兽医成长路径一般是在专业学校获得毕业证后，经1～2年工作后考取执业兽医师资质，以学徒-助理医师-医师-资深医师为职业成长路径。

2. FEI（国际马术联合会）赛事兽医

FEI的官方认证兽医分为2个等级，即Permitted Treating Vet（认证兽医）简称PTV，以及Official Veterinarians（官方兽医）简称OV。其中OV中的一人担任National Head Veterinarians（国家首席兽医）简称NHV。

FEI兽医职业成长路径为PTV→OV，耐力赛为PTV→OV→EOVs（Endurance Official Vet，耐力赛官方兽医），或者PTV→OV→EVTs（Endurance Veterinary Treatment Officials，耐力赛官方治疗兽医）。

二、 马兽医岗位要求

（一） 俱乐部和马场兽医

1. 初级

取得大学专科以上毕业证书，从事马兽医助理工作6个月以上，经考核合格。

2. 中级

从事马兽医专业技术工作，在工作期间考核合格，初级岗位任职2年以上。

3. 高级

从事马兽医专业工作6年以上，在工作期间考核合格，中级岗位任职2年以上。

（二） FEI赛事兽医

1. PTV

必须是所在国注册兽医师；必须懂英语，包括读写；得到2个兽医的推荐，其中一个必须是OV；了解FEI兽医相关章程及药物管理条例等；通过PTV在线考试，并每4年一次复试。

2. OV

首先必须是PTV；必须经过NF的培训，NF即National Federation（国家兽医协会）；至少5年运动马的医疗经验；必须懂英语，包括读写；在兽医主持工作中担任至少两种角色并参与至少3场比赛；通过至少2张评估表来证明其比赛经验足够；最近2年参加过FEI的兽医课程。

3. NHV

由NF指定，满足以下条件：是OV；公认具有丰富经验和职业道德；熟悉FEI章程；与NF可进行有效联系；具有可以担当FEI常规培训的指导能力。

三、 马兽医职责

（1）对本俱乐部马匹进行定期检测，并根据疾病发生情况和当地马匹防疫部门的防疫规划制订本俱乐部马匹防疫计划。

（2）对本俱乐部马匹运动性能、疾病发生情况进行统计，和马房管理者一起制订符合本场的马匹饲喂调教制度。

（3）为本场制订严格的马匹、马房、人员等消毒制度并进行监督指导。

（4）对马匹生理健康状况进行观察，每日巡查并与马工沟通，及时发现马匹异常情况，做到对马匹疾病早发现、早隔离、早诊断、早治疗。

（5）在马病诊疗过程中，做到诊断准确，用药及时，病历等记录完整。并针对不同病情，对重大马匹疫病上报当地马匹防疫机构。

（6）对本俱乐部马工、骑师、马房管理人员进行必要的兽医知识培训，提高运动马从业人员的管理水平，降低马匹群体发病率。

（7）对本俱乐部马匹的兽用药品进行采购、保管和使用，对过期药品进行销毁处理，并记录建档备查。

（8）研究有关运动马赛事规则，对于本俱乐部管理人员提出符合有关赛事规则的调训方案，提高本俱乐部马匹运动性能。

（9）本俱乐部马兽医不能私自对外进行诊疗活动。

入职培训专题 2
岗位工作技术要求

1. 马匹就诊登记

能够按照规范接近马匹，熟悉马匹性能，熟练掌握马匹就诊时的登记记录内容。

2. 就诊马匹一般检查

能够依据马匹临诊检查和治疗目的，采取适宜的马匹保定措施，能够进行马匹整体状况检查，通过对马匹表被状况检查和马匹眼结膜检查以及马匹浅表淋巴结检查，大致判定马匹可能罹患疾病的机体系统，能够熟练进行马匹体温、脉搏、呼吸数测定，收集马匹生理常数，判定马匹整体的健康状况和生理状态，对疾病性质进行初步判定。

3. 就诊马匹系统检查

能够进行马头颈部检查和马胸廓部检查，对于呼吸系统和消化系统疾病可能发病器官进行检查和判定；能够进行马脊柱及肢蹄检查，对于马匹运动系统的疾病发病部位进行诊断并收集相应检查结果；熟悉马泌尿生殖系统检查的主要内容；掌握马神经功能检查，对于相应器官的疾病能够进行检查和症状收集；能够进行马兽医实验室马匹血液、尿液和生化检验。

4. 就诊马匹疾病诊断

熟悉常见马病综合征的临床表现，结合马匹一般检查和系统检查的结果能对常见马病进行鉴别诊断。结合马匹检查结果，应用鉴别诊断和论证诊断方法对就诊马匹建立疾病诊断。依据检查过程和诊断结果撰写病历并能够开写治疗处方。

5. 就诊马匹治疗

熟知投药治疗、注射治疗、导胃与洗胃治疗、穿刺治疗、子宫冲洗、输液疗法的适用范围和注意事项，掌握治疗方法的操作技能，做到动作规范、操作熟练，工作过程井然有序，有条不紊，检查结果有记录，治疗过程有处方，操作中保障人和马安全。

入职培训专题3
岗位业务能力要求和培养目标

一、 马兽医岗位业务能力评定标准

（一） 初级兽医标准

（1）协助医疗主管，搞好俱乐部马房内外消毒灭菌工作，熟知消毒药名称、比例；

（2）严格按照医疗主管的治疗方案，如外伤、四肢伤、腰背伤、呼吸道、肠道疾病进行协助治疗，记录好治疗过程；

（3）理论知识强，熟练掌握药品的药理、药性与配伍禁忌，监管好药品；

（4）协助医疗主管指导饲养员对受伤马匹进行饲喂、停料或减量，根据马匹具体状况确定；

（5）协助医疗主管做好发病马匹治疗、监督和记录工作；

（6）初级兽医200匹马一年的死亡率不得超过5%（10匹），备注：其中不包括意外、流产、流行病、传染病、老死而导致死亡的马匹；

（7）爱岗敬业，遵守公司各项规章制度，认真勤快、完成领导交办的其他工作。

（二） 中级兽医标准

（1）做好兽药合理适量购进计划，保证兽药安全、高质量、药效强；

（2）依据不同药品用法用量治疗疾病，注射使用方法不同：肌内、静脉、穴位、关节腔注射等；

（3）搞好各种马匹的饲料配比和饲料配方的制订工作；

（4）搞好俱乐部马匹的疾病防治和驱虫工作；

（5）随时观察马匹营养健康状况，做到有病及时发现，及时治疗，确保俱乐部马匹健康，贯彻“预防为主，治疗为辅”的方针；

（6）做好马匹繁育档案，照片的电子版、纸质版按规定存档；

(7) 监管好饲养员日常工作，有一定的写作能力；

(8) 协助并指导饲养员及其他相关人员做好各自的工作；

(9) 中级兽医 200 匹马一年的死亡率不得超过 4%（8 匹），备注：其中不包括意外、流产、流行病、传染病、老死而导致死亡的马匹；

(10) 从事马兽医专业技术工作，担任初级兽医 2 年以上。

（三） 高级兽医标准

(1) 临床经验丰富，能够开展外科手术、治疗治愈疑难杂症；

(2) 能调配调养马匹；

(3) 能够培训初级兽医，指导中级兽医；

(4) 高级兽医 200 匹马一年的死亡率不得超过 3%（6 匹），备注：其中不包括意外、流产、流行病、传染病、老死而导致死亡的马匹；

(5) 制订或提出生产规划、技术方案、撰写过水平较高且适用性较强的技术培训教材；

(6) 从事马兽医专业工作 6 年以上。

二、 马兽医岗位能力培养目标

（一） 职业素养

(1) 服从兽医部负责人的工作安排，能适应马术俱乐部企业管理要求。

(2) 具有良好的语言表达能力、较强的团队合作精神和社会交往能力。

(3) 能独立开展马匹的登记和临床检查。

(4) 熟悉马匹健康和疾病状态表现。

(5) 爱护马匹，爱护公物，尊重他人，热爱劳动。

(6) 能完成企业安排的其他岗位工作任务，吃苦耐劳，积极向上，乐于助人。

（二） 专业知识

(1) 了解马术俱乐部的组织结构、经营管理方式和企业文化。

(2) 熟知马匹就诊登记方法和登记内容。

(3) 熟知马匹健康状况和疾病状态表现及一般检查的主要内容。

(4) 熟悉马匹系统检查的主要内容和工作程序。

(5) 熟悉马匹疾病诊断的主要方法和内容。

(6) 熟悉就诊马匹治疗方法的主要内容和注意事项。

（三） 专业技能

(1) 能熟练完成就诊马匹登记。

(2) 能熟练进行马匹一般检查，并判定疾病部位和性质。

(3) 熟练进行马匹系统检查并收集整理系统检查结果。

(4) 能规范进行马匹疾病诊断，初步建立病马疾病诊断结果。

(5) 按照兽医处方规范进行病马疾病治疗。

(四) 岗位综合能力

(1) 依据马匹一般检查和系统检查结果判定马匹疾病部位和性质。

(2) 依据兽医诊断方法和系统综合征分析，确立病马初步诊断结果。

(3) 按照兽医处方进行药物调剂、器械准备、马匹保定和治疗实施。

入职培训专题4

制订学徒培养计划

一、 学徒培训场所

马术俱乐部兽医部、马场兽医室、马匹医院、马匹诊所等。

二、 学徒师资配备

（一） 专业指导教师

（1）具有本科及以上兽医、马科学专业毕业证书。

（2）具备3年以上的马兽医工作经验。

（3）具有3轮的马兽医相关课程的教学经验。

（二） 企业师傅

（1）具有大学专科及以上畜牧兽医或兽医专业毕业证书。

（2）具备3年以上的马兽医工作经验。

（3）作为师傅，指导2～3名徒弟，完成马兽医岗位知识技能的学习。

（4）能尽职尽责全过程进行学徒学习指导和成绩评定。

三、 学徒岗位职业安全要求

（1）学生入职前，需经岗前培训与岗位培训，考核合格后方可上岗。

（2）在工作过程中要正确接近和保定马匹，防止马匹和人员受伤。

（3）在工作前清洁整理兽医室，检查和归置保定及诊疗器械。

（4）爱护马匹，防止马匹受伤，检查和治疗中爱护马匹，熟悉其习性。

（5）诊疗过程结束后，将马匹牵引返回其相应马房，并及时告知马工护理事项。

（6）每次诊疗工作结束，对兽医室进行清洁打扫和消毒，清洁整理消毒诊疗器械，将诊疗器械按规范存放于指定位置，检查水电和门窗。

四、培训所需设备条件

保定架、保定绳、鼻捻棒、听诊器、体温计、心率带、笼头、胃管、注射器、穿刺针、输液器、镊子、毛剪、外科剪刀、子宫冲洗器等。

五、学徒行为规范要求

(1) 服从部门主管的工作安排和企业其他工作任务安排。
(2) 遵守企业各项规章制度，与企业员工和睦相处。
(3) 尊重企业师傅，按照师傅要求开展学习和工作，及时完成任务。
(4) 能够独立完成马匹检查和诊断所需场地、器械等条件准备。
(5) 能够独立完成马匹治疗中药物调剂、药品准备、器械准备和治疗实施。
(6) 在工作场所轻声细语，不惊扰马匹，影响他人，对马匹温柔关怀。
(7) 热爱劳动，勤于学习，保持工作环境和个人仪表整洁规范。

六、学徒学习目标

(一) 专业知识目标

(1) 了解马术俱乐部的组织结构、企业文化和经营管理。
(2) 了解马匹健康状况和疾病状态表现。
(3) 熟知马匹一般检查和系统检查内容和方法。
(4) 熟知马匹建立诊断和系统综合征表现。
(5) 熟知马匹疾病治疗内容和方法及注意事项。

(二) 技术技能

(1) 能正确接近马匹并完成病马登记。
(2) 能熟练保定马匹进行临床一般检查。
(3) 能熟练进行病马系统检查。
(4) 能熟练进行病马疾病诊断和综合征分析。
(5) 能规范进行马匹治疗和预后判断。

(三) 岗位从业能力

(1) 能适应马术俱乐部企业管理环境、生活环境、岗位工作环境。
(2) 服从企业管理，按照兽医部负责人的安排开展工作。
(3) 热爱劳动，工作积极，敬业奉献，敢于担当。
(4) 具有较强的团队精神，具有良好的人际沟通能力。
(5) 具有较强的语言表达能力和逻辑分析能力。

（6）能独立完成马匹登记和接近保定。

（7）能够独立完成马匹临床检查。

（8）能够结合马匹检查结果进行疾病诊断。

（9）能够完成病马的疾病治疗任务。

七、培养方式

根据职业特点和培训单元具体情况，培训方式可采取师傅带教、岗位训练和集中培训相结合，具体包括课堂教学、技能训练、操作实验、模拟演练、仿真操作和达标测试等方法。

八、考核方式

考核分为理论知识考试、操作技能考核、理论结合技能考核这 3 种形式，考核实施可采用其中多种形式对多项目进行考核。考核实行百分制，总成绩达 60 分及以上为合格。

九、学程设置

学程设置 20 周。

十、学徒学习成果

学习结束后可考取国家动物疫病防治员行业资格证、中国马业协会马术教练资格证以及国家执业兽医师资格证。

学习收获

<table>
<tr><td>学习时间</td><td colspan="3"></td></tr>
<tr><td>学习地点</td><td colspan="3"></td></tr>
<tr><td>学习项目</td><td></td><td>培训人</td><td></td></tr>
<tr><td colspan="4">学习简记</td></tr>
<tr><td colspan="4">体会

评价：</td></tr>
</table>

The third part

The third part

第三部分

学徒工作学习任务

The third part

The third part

项目一
马匹就诊登记

【专业知识准备】

一、 熟悉马匹习性

马的祖先大约在 5 500 万年前出现，并且经过持续的进化形成现今的马。马在动物学中的分类是：脊椎亚门哺乳纲奇蹄目马科马属，现存家马和普氏野马 2 个亚种。6 000 年前人类驯化了马匹，截止到 2021 年据联合国粮食及农业组织数据，世界上现存有 696 个家马品种。

1. 习性特点

马属于群居动物，体型高大，是草食性家畜，性情比较温顺，马很少主动地去攻击人类和其他马匹。年轻的马在一起，常常会互相追逐、踢、咬，这不是个体间的争斗，而是在嬉闹。马具有时刻警惕与反抗的本能，马如果感到危险而无法逃避时，就会用前蹄扒刨，嘴啃咬，后肢踢等方式对其认为的威胁对象进行攻击而摆脱危险。

在马兽医工作中应当高度重视自己人身安全，做好马匹行为识别，有效建立与诊疗对象的友好联系，在确保人和马两者安全的前提下，再开展马兽医岗位工作。马对外界刺激高度敏感，胆小易惊，马记忆力很好，但是理解力很差。

2. 马的视觉

马对于颜色不敏感，其视觉只有 0.6，但红色能使马匹兴奋，白色能引起马匹紧张，在和马匹接触过程中应当避免穿着红色和白色等使马匹敏感的衣物。由于马对于颜色的视觉认知，相同颜色的马匹更易聚集在一处。马的暗视能力比人强大，在黑暗处发现马匹或引起其敏感的异物会打响鼻。马对漂浮物如气球、旗帜等，以及竹竿、雨伞等细长物体有恐惧感。马的视野不能够看到后躯状况，在其后退时对距离毫无判断能力，马的后踢是因为恐惧，所以人站在一匹马的后面是很危险的。

3. 马的听觉

马的耳部位于头的最高点，转动角度很大，过高的音量或音频对于马都是一种逆境刺激，使马感到很痛苦。马的听觉十分灵敏，马很容易被突然出现的异响惊吓到，如农用车辆发动机噪声、鞭炮、打桩机作业时噪声、喇叭声、雷声等。因此，在与马匹接触过程中应当避免对马匹粗暴呵斥和大声喧哗。

4. 马的嗅觉

马的嗅神经非常敏锐，在马匹诊疗过程中，当马匹对于诊疗器械有恐惧防备心理，为了使其“脱敏”，可以让马匹先嗅闻诊疗器械，使其适应。马可通过嗅觉信息识别兽医诊疗人员，因此马兽医应与每一匹诊疗处理的马匹建立友善的信任联系，避免暴力操作和呵斥形成刻板记忆，在后续病马诊疗过程中，马兽医虽然更换衣物和形貌，马匹依然可通过嗅觉识别出，引起其不适体验，而对马匹后续诊疗造成恐惧，导致人马伤害。

二、 观察马匹行为姿态

在病马诊疗护理过程中，对于马匹习性和行为姿态的熟悉，可以有效地建立人与马联系，马兽医通过观察马匹行为姿态，了解马匹认知和其心理活动过程及神经兴奋状态，对于有效护理马匹和保障人马安全具有十分重要的现实作用。

1. 攻击

马匹对于马兽医先示威如前肢刨地或用蹄踏击地面，并眼放凶光，耳向后耸立，皱唇；而后马匹将迅速采取攻击行为，用其嘴咬，前肢扒刨，调转后躯踢、弹。因此发现此种预兆，是被诊疗接近的马匹的敌意表现和行为，要及时规避，并要求马主人安抚马匹，并协助给予马匹确实保定或采用镇静药品。

2. 紧张

马对于接近的人和马匹头颈高扬，眼圆睁，耳向前耸立，鼻翼扇动。表示其处于紧张注意状态。

3. 恐惧

马匹对于马兽医持有的器具或动作，先有注意表情，而后竖耳、鸣鼻、狰狞目视，全身紧张，肌肉颤动，尾根紧收，身体向后坐，提示其处于惊恐状态，极度回避诊疗操作或器具，极易发生攻击性行为，以使其逃避伤害。

4. 激动不安

马兽医观察马匹时，其表现骚动不安，来回运动，前蹄刨地，嘶鸣，提示马匹处于急躁不适状态，可能有神经系统疾病或异性马匹吸引，或者马匹处于发情状态，或者有外界不良刺激，引起马匹的不适、恐惧记忆。

5. 信任友好

马兽医接近马匹时，其表现不动或以头轻缓触人，俯首亲昵动作，耳向前放松，表明其处于温顺状态，其与马兽医有良好联系，对马兽医信任有好感。

6. 沉郁疲劳

马兽医观察马匹其头颈下垂，神疲体倦，两眼无光，四肢轮替伫立，预示马匹机体疲劳，大脑神经功能处于抑制状态，当马匹过度疲劳时，会发生四肢浮肿，并且其食欲下降。

7. 蹇唇似笑

当异性气味引起马匹愉悦和快感时，或其他特异性气味（如灌药）刺激引起其不适时，马匹会发生蹇唇似笑的表现，即其上唇上卷。发生痉挛性腹痛时，马匹也有蹇唇似笑的表现。

8. 腹部疼痛

如果马兽医在接触马匹时，观察到马匹眼部、肩部、股部等处出汗，前蹄刨地，频频回头顾腹，马匹食欲废绝，提示马匹有腹部疼痛。腹痛严重时，马匹会表现卧地滚转、犬坐、背部着地仰卧朝天等。

三、 病马登记

登记的目的在于了解患病马匹的个体特征，包括病马所属单位名称或马主人姓名、性别、年龄、毛色、特征、发病日期及就诊日期等项目，以上信息逐项登记在病历中，作为识别和查找病马的参考（表 3-1-1）。

1. 种类

马匹的种类不同，所患的疾病和疾病的性质也可能不同，如良种马的肠阻塞多取急性经过且预后不良。

2. 品种

品种与马匹的抵抗力及体质类型有一定关系，如放牧马较观赏马抵抗力强。重型挽马对疼痛反应较为迟钝，以致患腹痛症时其临床表现的特点与轻型马有一定的差异。

3. 性别

性别关系到生理和解剖特性，因此在某些疾病的发生上具有重要意义，如母马在分娩前后有特定的围产期疾病；雄性比雌性更易患尿道结石。

4. 年龄

有些疾病与马匹的年龄密切相关，不同年龄阶段的马匹有固有的常发病，如幼驹腺疫、幼驹肺炎和痢疾等，老年马匹的过劳与肺气肿，均与年龄因素有关；此外，根据不同年龄的发育状态，在确定药量以及判断预后上也值得参考。

5. 毛色

既是个体特征的标志之一，也关系到疾病的趋向，如青毛马好发黑色素瘤。

表 3-1-1　马匹就诊病历登记表

编号：

马名		编号		厩号		
品种		性别		年龄		
毛色		别征				
其他特征						
发病日期			就诊日期			
初步诊断						
最后诊断						
疾病转归			年　月　日	兽医师：		
病史	既往史					
	现病史					
饲喂调教情况						
马工问诊						
临诊检查记录	体温	℃	脉搏	次/min	呼吸	次/min
	整体状态	体格发育				
		营养程度				
		精神状态				
		姿势与体态				
		运动与行为				
	一般检查	被毛与皮肤				
		皮下组织				
		眼结膜				
		浅表淋巴结				

日期	体温	脉搏	呼吸	治疗措施	症状表现及转归	记录人
	早中晚	早中晚	早中晚			

此外，作为个体的标志，应注明畜名、号码、烙印和特征等标志，为便于联系，更应登记马匹的所属单位或管理人员的姓名及住址与联系方式等。

任务 1　马匹接近

【任务目标与质量要求】

明确马匹接近的工作要求，熟悉马匹习性，能够判断马匹行为体态的动机倾向，按照工作要求接近马匹，按照工作程序抚触马匹，接近后牵行马匹到不同的诊查区域，并进行规范的马匹拴系，防止由于拴系不当导致马匹出现脱缰或羁绊及惊吓等情况。

【学习产出目标】

（1）熟知马匹习性特点，感官知觉认知特点，对马匹与人接触的认知和习性防御有明确的认识。

（2）熟知马的行为姿态，掌握马匹攻击、紧张、恐惧、激动不安、信任友好、疼痛等行为表现，能够进行准确的行为判定。

（3）牵行马匹到相应的诊查位置。

（4）熟练应用单活扣、猪蹄扣、易解扣等拴系马匹，拴系缰绳长度适合相应的控制目的。

【工作程序与方法要求】

1. 马匹接近

依据马匹习性，缓近轻触。马不愿意与生人接近，接近时若动作粗暴，马会逃跑，甚至对来人攻击伤害。第一次接近陌生马匹，应先向马工或马主人了解马的性情，了解其有无恶癖，日常熟悉哪些口令，不可贸然接近。

接近马匹时要有信心，这一点很重要，因为马匹能够觉察操作者的紧张情绪，常变得更难控制。接近时首先要大胆、沉着，不要紧张和犹豫，不然会引起马的不安而产生刨、蹴踢、咬等攻击行为，接近前向马匹发出呼唤和口令，使其熟悉马兽医的到来和善意。接近过程中注意观察马的表情和动作，特别是注意观察耳部和眼部姿态，防止其攻击。

大多数马习惯于人从其左侧或近处接近。接近马时，要直视马匹眼睛，并保持视线从高向低，先发出声音信号，如“得儿、得儿”或其熟悉的口令，让马意识到人的接近。从左侧方缓慢坚定的接近马匹，伸出右手轻触马匹左侧颈部，并沿着其被毛方向顺向抚触，使马匹熟悉马兽医的声音、触摸、气味，建立人马联系和信任，使马匹放松戒备状态。

2. 马匹抚触

初次接触马匹，应当延长马兽医抚触马匹时间，并逐步由颈部抚触，进而抚触其鬃毛、鬐甲、肩部、前背部，并变换抚触马匹的手法和力度，可用挠、拍、捋毛等手法或马匹刷拭加深和马的联系和信任。

杜绝从危险部位接近，特别是马的后躯部接近，也不可从马匹头部正前方接近，因为马匹无法直接观察到人的接近和动作，从而无法了解人的意图，不利于迅速建立人马联系。

接近抚触马匹时不要突然触碰它的敏感部位：耳、腹、肷、睾丸、蹄和肛门等部位，只有当马匹熟悉马兽医的抚触并建立信任，才可逐步触摸检查这些部位，并不断用口令安慰马匹。

3. 马匹牵行

在进行马匹跛行诊断时，需在马匹左侧平行牵引，若面对马匹牵拉其不能明确看见牵引人员，就无法了解牵引意图。牵行的马匹应装配水勒，牵行人员应站在马匹左侧并与马颈中部平行，右手执缰绳与水勒连接处，左手将缰绳折叠于手中并持缰绳末端。注意：不论在任何情况下，不可将缰绳缠绕在手中或手臂之上。有刨人恶癖的马匹，应将马头低牵，有踢人恶癖的马匹应将马头高举。

马行进过程中，如果马匹奔跑过急，可用右手拉紧缰绳，并用右侧肩部压紧马匹肩部，同时用右手拉紧水勒，阻碍其前行，控制马匹运动。如果马匹出现刨人或不听驱策，不受控制奔跑的情况，应立即放开缰绳或水勒避免危险，后续可再通过马工、马主人等多人合力并借助器械、缰绳等控制马匹。

4. 马匹拴系

在检查马匹时，马兽医完成接近马匹工作后，可将马匹牵行到兽医室进行检查或光线充足的区域进行兽医检查。马匹拴系时，一般应用双环结或者安全绳加单活扣及易解扣，将马匹拴系在单柱或双柱上。为控制马匹运动区域，可以适当调整缩短缰绳拴系长度。

【工作任务实施记录与评价】

1. 制订接近马匹工作程序评价

师傅指导记录	接近马匹工作程序评价	评价成绩
		年　月　日

2. 制订马匹接近、牵行、拴系时马匹不受控情况的处理方案评价

师傅指导记录	马匹控制方案合理性评价	评价成绩
		年　月　日

3. 马匹接近和牵行检查记录评价

马匹编号	诊查原因	接近评定	抚触评定	牵行区域	拴系方法
检查质量评价				评价成绩	
				时间	

4. 学徒关键职业能力、职业品质及工匠精神评价

项目	A	B	C	D
工作态度				
吃苦耐劳				
团队协作				
沟通交流				
学习钻研				
认真负责				
诚实守信				

任务2　马匹登记

【任务目标与质量要求】

马匹登记与病历书写包括整个诊疗过程中全部资料的记载。书写病历时，对症状要如实描述，力求全面客观，按主次症状分系统、顺序地记录，避免零乱和遗漏；词句力求简明确切，字迹清楚，避免涂改；对疑难病症，一时难以确诊的可先填写初步诊断或印象诊断，确诊以后再填最后诊断。

【学习产出目标】

（1）熟知马匹登记的主要内容和登记的目的，能够结合病历内容进行全面准确的登记。

（2）明确具体的马匹接近检查的步骤和方法。

（3）牵行马匹到相应的检查区域。

（4）准备马匹就诊登记记录病历和有关材料。

（5）准确详细记录马匹基本信息和就诊检查信息。

【工作程序与方法要求】

1. 问诊

问诊在病马登记后与临床检查前，通常应进行必要的问诊。问诊的主要内容包括：既往史，现病历，平时的饲养、管理、使役和利用情况。这在探索病因，了解发病情况及其经过具有十分重要的意义。当疾病表现有群发、传染与流行现象时，详细调查发病情况、既往史、检疫结果、预防措施等有关流行病学资料，对综合分析、建立诊断具有重要的意义。

2. 整体及一般检查

（1）整体状态的观察，包括体格发育、营养状况、精神状态、姿势与行为等。

（2）被毛、皮肤及皮下组织的检查。

（3）眼结膜的检查。

（4）浅表淋巴结和淋巴管的检查。

（5）体温、脉搏和呼吸数的测定。

3. 系统检查

系统检查包括消化系统检查、呼吸系统检查、泌尿系统检查、生殖系统检查、心血管系统检查、神经系统检查等。

4. 实验室检查或特殊检查

患马应用一般检查和系统检查后，无法对疾病做出诊断或诊断困难时，应进行实验室检查或特殊检查，包括血液检查、粪尿检查、B超检查、X线检查和心电图检查等，从而对疾病做出确切诊断。

【工作任务实施记录与评价】

1. 马匹就诊登记内容分析评价

师傅指导记录	马匹就诊登记内容分析评价	评价成绩
		年　月　日

2. 就诊马匹信息收集和判定评价

师傅指导记录	就诊马匹信息收集和判定评价	评价成绩
		年 月 日

3. 填写就诊马匹病历记录评价

马匹编号	就诊信息	病史登记	临诊登记	体征登记	症状登记
检查质量评价				评价成绩	
				时间	

4. 学徒关键职业能力、职业品质及工匠精神评价

项目	A	B	C	D
工作态度				
吃苦耐劳				
团队协作				
沟通交流				
学习钻研				
认真负责				
诚实守信				

项目二

就诊马匹一般检查

【专业知识准备】

一、 马匹保定

（一） 马匹徒手保定

1. 皮肤牵引保定

对未保定马所做的所有检查和处理都要站在马的旁边进行，检查中位于马的肩部并靠近马。如进行穿刺或注射，对马制动的最简单保定方法是抓住颈部皮肤和拧住耳朵。

2. 蒙眼保定

结合其他简单的保定方法，蒙住畏惧打针的马的眼睛，使其无法观察到操作过程，降低对于检查和治疗的抗拒。

3. 马驹保定

耳部拧转保定，使马驹退至马厩一角，抓住两耳。拦胸提尾保定，可用一手搂住胸前部，另一手将尾抓向马驹背侧。

（二） 马匹器械保定

1. 鼻捻子保定

如需要进一步保定，使用鼻捻子（鼻捻棒）是有效的。但应注意，许多马主人尤其是良种马的主人不愿意对他们的马使用鼻捻子，故鼻捻子只当必需时才使用。鼻捻子拧好后，要用缰绳在鼻捻棒上做几个索结，拿鼻捻子的人要站在马肩一侧。在某些病例，上鼻捻子后或插胃管时马试图用前肢攻击。对这样的马，将马毯的里儿朝外像围餐巾那样系于颈部，可防止其攻击。这种方法不但可使大多数马安静，而且可防止马进攻时伤及检查者。

一般用于上唇。使用时应先将鼻捻棒的绳套套于右（左）手指间或腕部，从马右（左）前方接近，左（右）手握着笼头，右（左）手抚摸马的鼻梁部并移至鼻端，握住上唇，左（右）手放开笼头，握取鼻捻棒，并将其移至上唇，迅速捻转木棒，使绳套紧缚上唇，以控制马匹的防御性活动。一般指定一人握住木棒保持住，鼻捻棒也可用于下唇或耳。

2. 笼头和口勒保定

笼头和口勒是分别装在头部及两颊部的 2 种器具，也是最简单和最实用的保定器械。

（1）笼头保定　笼头是马匹最常用的械具，它有控制马匹活动的作用。笼头有麻制笼头、革制笼头和编织笼头。

如果没有现成的笼头，可以用一条比较结实的软绳编制一个简易的笼头。编制方法：先在长绳的一端挽一个小绳圈，将其搭在的颈上部，绳的另一端对折，并把对折头穿过小绳圈，再将对折绳形成的绳圈套在马头前部，抽紧绳头游离端，并于交织处打结固定即可。

用公马链勒住鼻的背侧。用后一种方法时，注意不要将缰绳勒得太紧，必要时可短促地抽动缰绳。由于有的马拒绝用鼻捻子，可将公马链装在上唇下。将链与笼头的右侧相连，经上唇下方再穿入笼头左侧的 D 形环。

（2）口勒保定　口勒（又称嚼子）对马的控制作用较笼头更强，常用于性情刚烈的马匹。口勒能控制马匹前进、后退和左右回转。口勒的衔多是金属制成的锁链，也可用比较结实的绳索和皮革制成简易口勒或用缰绳代替口勒。

（三）马匹柱栏保定

1. 六柱栏保定

保定时，先关闭两前柱间的横档（铁杆、铁链或皮带），将马由六柱栏的前后柱间牵入后，再关闭两后柱间的横档。把缰绳系于门柱铁环上，分别用扁绳压住鬐甲前部及兜起胸、腹部，防止马匹跳起或卧下。必要时将头部及尾部用细圆线固定。

必须注意，绳端打结既要牢靠又要打成活结，以便随时迅速解脱。鬐甲部及腹下固定用扁绳，一定要各自分开捆绑，保证安全。解除时，先解脱固定扁绳，再开放前柱间横档，将马由前方牵出。

2. 两柱栏保定

柱栏保定法适用于削、装蹄及其他诊疗操作的马的保定。中兽医又将该方法称为天平架保定法，在我国民间广泛使用。

保定时，先把马绳拴于前柱或横梁铁环上，用颈绳将颈部系在前柱的右侧（方法同单柱保定）。再装围绳，即将围绳（长约 9 m）一端的铁环套在后拄拐钉上，把绳从左侧拉向前方，绕过前柱，经左侧返回至后柱并将绳末端固定于此，最后装胸、腹吊绳。装胸前吊绳时，在马的左胸侧将吊绳铁钩经横梁上方挤到右侧，趁铁钩在胸下悠荡之势伸手将其抓住，把吊绳中段套入铁钩内，以左手拉动吊环，使铁钩由胸下经右侧绕过横梁而到左侧马背的上方，用力收紧吊绳，将马吊起至四蹄平坦着地为度，并把吊绳游离端打结在马背与铁钩之间。腹（后）吊绳装在腹部，方法同前。

（四） 马匹倒卧保定

用一条长 12～15 m 的柔软的圆绳，于绳的正中间做一个双套结，并使之形成两个绳套，绳套要一长一短，每个绳套上穿一个直径 10 cm 的铁环。

将马牵至沙地上（软地），将绳套用木棒固定在倒卧对侧的颈基部，由两名助手各持一根绳的游离端向后牵引，通过两前肢间和两后肢间，分别从两后肢跗关节上方，由内向外反折向前，与前绳做一交叉，两游离端分别穿入颈基部绳套上的铁环内，再反折向后拉紧，并将跗关节的绳套移到系部。然后，两助手向后牵引绳的游离端，与此同时，牵马的助手向前牵马，前后分别向前向后拉紧绳，马失去平衡而倒卧地上。

马倒卧后，助手立即用膝部压住马的颈部的项韧带，手握住笼头，使马枕部着地，口端斜向上方。此后进行肢的保定与转位。

双抽筋倒马法解除保定时，先解开固定的四肢，再拔出颈部绳套的小木棍，绳子即可完全松开，马即可站立。

二、 马匹整体状况检查

接触病马进行检查的第一步，就是观察病马的整体状态。应着重判定其体格与发育，营养程度，精神状态，姿势与体态，运动与行为的变化和异常表现。

（一） 体格与发育

体格与发育状况一般可根据骨骼与肌肉的发育程度来确定。

一般依据视诊观察的结果，可区分体格的大、中、小或发育良好、发育中等与发育不良。体格发育良好的马，其体躯高大，结构均匀，肌肉结实，给人以强壮有力的印象。发育不良的多是病马，表现为体躯矮小，结构不匀称，特别是幼龄阶段，常呈发育迟缓或发育停滞，一般可提示营养不良或消耗性疾病。发育中等没有特殊的临床意义。

（二） 营养程度

营养程度通常根据肌肉的丰满度，被毛的状态和光泽，也可作为重要参考。

临床上一般可将营养程度划分 3 级来表示：营养良好、营养中等、营养不良。马表现肌肉丰满，皮下脂肪充盈，被毛光泽，躯体圆满而骨骼棱角不突出，是营养良好的标志；营养不良则表现为消瘦，被毛蓬乱、无光，皮肤缺乏弹性，骨骼表露明显

(如肋骨)。另外，营养过剩即肥胖症，一般是由于运动不足引起。

(三) 精神状态

主要观察病马的神态。根据其耳、眼的活动，面部表情及各种反应、动作而判定。检查时以视诊进行。精神正常的马对外界刺激反应能力强、行动灵活，表现为头耳灵活，眼光明亮，反应迅速，行动敏捷，被毛平顺并富有光泽。幼驹则显得活泼好动。精神异常的马对外界刺激反应敏感或迟钝，包括兴奋和抑制 2 种。

1. 兴奋

对外界刺激表现惊恐不安，狂躁不驯。轻者左顾右盼，惊恐不安，竖耳刨地；重者不顾障碍地前冲、后退，狂躁不驯或挣脱缰绳。严重时可见攀登饲槽、跳越障碍，甚至攻击人畜。

2. 抑制

对外界刺激反应弱或无反应。一般表现为头低耳耷，眼半闭，行动迟缓或呆然站立，对周围淡漠而反应迟钝；重者可见嗜睡或昏迷。根据精神抑制的反应程度不同，可分为：

(1) 沉郁　表现离群呆立，萎靡不振，低头耷耳，对刺激反应迟钝。

(2) 嗜睡　表现闭眼似睡或站立不动或卧地不起，对强刺激才能起弱反应。

(3) 昏迷　是重度的意识障碍，表现卧地不起，呼唤不醒，对刺激无反应或仅有局部的反应。

(四) 姿势与体态

姿势与体态是指马在相对静止间或运动过程中的空间位置及其姿态表现。主要观察病马的姿势特征。健康的马多站立，常交换歇其后蹄，偶尔卧下，但听到吆喝声时会站起。异常的姿势包括：

1. 全身僵直

表现为头颈挺伸，肢体僵硬，四肢不能屈曲，尾根挺起，呈木马样姿势(如破伤风)。

2. 异常站立

病马两前肢交叉站立而长时间不改换(如脑室积水)；病马单肢悬空或不敢负重(如跛行)。

3. 站立不稳

躯体歪斜或四肢叉开，依靠墙壁而站立。

4. 骚动不安

腹痛症时，马可表现为前肢刨地，后肢踢腹，回视腹部，伸腰摇摆，时起时卧，起卧滚转或呈犬坐姿势或呈仰腹朝天等。

5. 异常躺卧姿势

马呈犬坐姿势而后躯轻瘫（如肌红蛋白尿症）。

6. 步态异常

常见有各种跛行，步态不稳，四肢运步不协调或呈蹒跚、踉跄、摇摆、跌倒，而似醉酒状（如脑脊髓炎症）。

（五） 运动与行为

健康的马有其特定的行为。在患病情况下，常出现一些异常的行为，如强迫运动、共济失调、跛行等。

1. 强迫运动

对神经系统的疾病的诊断较为重要。主要表现为：

（1）盲目运动　对外界刺激缺乏反应，不注意障碍物。一般在脑髓损伤或机能障碍时发生，见于脑炎初期。

（2）马房运动　按一定方向做圆圈运动，其直径不变。常见小脑、视丘及大脑某中枢区损伤所造成，见于五氯酚钠中毒。

（3）时针运动　以任何一肢为轴，按时针方向旋转是前庭神经麻痹或小脑疾病的特征，如脑脓肿等。

（4）暴进暴退　突然向前猛进，不可抑制，或连续后退甚至倒地。见于纹状体、视丘的疾病，如马脑脊髓丝虫病等。

2. 共济失调

出现运动中四肢配合不协调，呈醉酒状，行走欲跌，走路摇摆或后肢高抬、用力着地、步态似涉水样。

（1）静立性共济失调　表现头部摇晃，体躯左右摆动或偏向一侧，四肢广开踏地，力图保持平衡。常提示小脑、小脑脚、神经前庭或迷路受损。

（2）运动性共济失调　表现步态笨拙、涉水样步态。见于大脑皮层、小脑、前庭或脊髓损伤，如醉马草中毒。

3. 跛行

因肢蹄（或多肢）的疼痛性疾病而引起的运动机能障碍，称为跛行。运动过程中如患肢着地，负重时因疼痛而表现跛行称为支跛；当患肢抬举屈曲、迈步伸展时有障碍者，称悬跛；兼而有之者称混合跛。跛行多因四肢的骨骼、关节、肌腱、蹄部或外周神经的疾病而引起。

三、 马匹表被状况检查

检查表被状态，主要应注意其被毛、皮肤、皮下组织的变化以及表在的外科病变的有无及特点。检查时，宜注意其全身各部皮肤的病变，甚至蹄、系凹间等部位。

（一） 被毛的检查

主要通过视诊观察被毛的清洁、光泽、脱落情况。

1. 健康马

被毛平顺而富有光泽，每年春秋两季适时脱换新毛。

2. 病马

表现为被毛蓬松粗乱，失去光泽，易脱落或换毛季节推迟，常为营养不良的标志，可见于慢性消耗性疾病（如鼻疽、传染性贫血、内寄生虫病、结核病等）及长期的消化紊乱；营养物质不足、过劳及某些代谢紊乱性疾病时也可见之。

局限性脱毛处宜注意皮肤病或外寄生虫病，如头颈及躯干部有多数脱毛、落屑病变，当伴有剧烈痒感（马匹经常向周围物体上摩擦或啃咬甚至病变部皮肤出血、结痂或形成龟裂）时，应提示螨病（疥癣）的可能，因相互感染以致在群中常造成蔓延而大批发生。为确诊，应刮取皮屑（宜在皮肤的病、健部交界处）进行镜检。

此外，马尾根部脱毛并经常向周围物体上摩擦，宜考虑蛲虫症。病马尾部及后肢被毛被粪便污染，是下痢的标志。

（二） 皮肤的检查

主要通过视诊和触诊进行。

1. 温度

通常用手背或手掌触诊耳根、颈部及四肢，病马可表现为：

（1）皮温升高　全身性皮温升高，见于热性病；局限性皮温升高，如皮炎。

（2）皮温下降　全身性皮温下降或四肢冷厥，见于大失血和心力衰竭等；局部皮温下降，见于局部循环障碍等；皮肤温度不均，见于发热初期，腹痛性疾病等。

2. 湿度

可通过视诊和触诊进行。

（1）多汗　皮肤湿度增高。热汗，多见于发热性疾病等；冷汗，见于马胃破裂及虚脱等。

（2）少汗　皮肤湿度下降（干燥）见于大量失水性疾病。

3. 弹性

检查部位多在马颈部。使检查部位皮肤形成褶皱，放手后观察皮肤复原的情况。健康马放手后立即恢复原状，患病时皮肤弹性降低，恢复缓慢，如螨病等。

4. 丘疹、水疱和脓疱

检查时要特别注意被毛稀疏处、眼周围、唇等处。

四、 马匹皮下组织的检查

发现皮下或体表有肿胀时，应注意肿胀部位的大小、形状，并触诊判定其内容物性状、硬度、温度、移动性及敏感性等。常见的肿胀类型及其特征有：

（一）水肿

触之呈生面团样感，是皮下组织内蓄积过多的液体所引起的。

1. 按水肿发生的范围

可分为全身性水肿和局部性水肿。

2. 按水肿发生的原因

可分为淤血性水肿、肾性水肿、炎性水肿和营养性水肿。

（1）淤血性水肿　身体下垂部分和末梢部分水肿，如心脏衰竭。

（2）肾性水肿　皮下疏松结缔组织丰富的眼睑，胸下及四肢下部，如肾病、肾炎。

（3）炎性水肿　局限在病变区，水肿部位皮温升高，如恶性水肿。

（4）营养性水肿　多在胸下、腹下及四肢，见于重度贫血、低蛋白血症。

（二）气肿

气肿是空气或其他气体积于皮下而形成的，边缘轮廓不清，触之呈捻发音。

1. 窜入性气肿

无炎症现象，如气管破裂后引起的皮下气肿。

2. 腐败性气肿

伴有皮温升高，敏感，如气肿疽。

（三）脓肿、血肿及淋巴外渗

外形多呈圆形突起，呈局限性肿胀，触之呈波动感，必要时穿刺取内容物鉴别。

（四）放线菌肿

触之坚实，凹凸不平。

（五）疝

触诊可以摸到疝轮，用力触压可复性疝，疝内容物可以还纳回腹腔。马常发生脐疝、腹壁疝。

（六）其他肿物

如骨质增生、肿瘤等应注意区别。

五、马匹眼结膜检查

（一）方法

通常检查者站立于马头一侧，一手握住马笼头，另一手食指第一指节置于上眼睑中央的边缘处，拇指放在下眼睑，其余三指屈曲并放于眼眶上面作为支点。食指向眼窝略加压力，拇指则同时拨开下眼睑，即可使结膜露出而检查。开左眼用右手，开右眼用左手。

（二） 检查内容

主要检查色泽、分泌物及肿胀。

1. 色泽的检查

健康马的眼结膜呈淡红色，颜色的病理变化可表现为：

（1）苍白　为贫血特征。

（2）潮红　是眼结膜下毛细血管充血的征兆。树枝状充血见于局部血液循环障碍，心脏衰弱；弥漫性充血见于发热性疾病。

（3）发绀　呈蓝紫色，是血液中含 CO_2 过多或形成大量变性血红蛋白。见于呼吸困难，血液循环障碍及血红蛋白变性的疾病。

2. 观察分泌物的量及性质

（1）浆液性　稀如水、透明，如轻度眼炎。

（2）黏液性　较黏稠、半透明，如结膜炎。

（3）脓肿　黄色黏稠不透明，如化脓性结膜炎、热性传染病。

3. 肿胀

眼结膜因黏膜下浆液浸润而发生肿胀，表现面积增宽，向外突出并带有光泽。

（1）炎性肿胀　常见有增温疼痛等症状，如马流感等。

（2）淤血性肿胀　不多见，无增温现象，如肾炎等。

六、 马匹浅表淋巴结检查

检查体表淋巴结多用触诊，主要是触诊淋巴结的大小、硬度、温度、敏感性和移动性。健康的马可摸到颌下淋巴结、肩前淋巴结、股前淋巴结。

（一） 方法

1. 颌下淋巴结的检查

检查者站在马头左侧，用左手握住马缰绳，右手的食指、中指和无名指并列伸入下颌间隙内，向左侧下颌骨内侧由后向前触摸，即可触到卵圆形的淋巴结。检查右侧淋巴结时应交换位置和手。

2. 肩前淋巴结的检查

左侧肩前淋巴结的检查是用左手抓住缰绳固定头部，右手手指并拢伸直在肩关节上方 15 cm 左右的肩胛骨前缘，用力伸入肩胛骨下方，然后手指紧贴皮肤向检查者身旁滑动，可触到一个长椭圆形的淋巴结。检查右侧淋巴结时应交换位置和手。

3. 股前淋巴结的检查

检查者站在左侧胸前方，面向身躯，右脚在前（向畜体尾侧），左脚在后，左手放在胸腰交界处，右手手指并拢伸直，手掌面向皮肤放在左侧腹壁上，于膝关节上方 12～15 cm 处，沿阔筋膜张肌的前缘，手指紧贴皮肤向检查者身旁滑动，可触到长椭圆形的淋巴结。检查右侧淋巴结时应交换位置和手。

（二） 检查主要内容

检查时必须注意淋巴结的大小、硬度、温度、敏感性及其与周围组织的关系（活动性）。病理变化主要有：

1. 急性淋巴结肿胀

表现淋巴结体积增大，并有热痛反应，常较硬，活动性减弱，化脓后可有波动感。见于急性鼻疽等。

2. 慢性淋巴结肿胀

多无热、痛反应，较坚硬，表面不平，且不易向周围移动。见于慢性鼻疽等。

3. 淋巴结化脓

除肿胀、增温、疼痛外，还有先硬后软的波动感，皮肤变薄，破溃后流出脓汁。见于马腺疫。

七、 马匹体温、 脉搏、 呼吸数检查

（一） 体温测定

测定体温对判断疾病的性质、种类和预后有重要意义。马匹的正常体温在37.5～38.5 ℃，在发生传染病时，通过测温可及早发现病马，及时防治，避免传染。马匹的体温昼夜温差在1 ℃以内，早晨体温略低，下午略高，相差0.2～0.5 ℃。

1. 测定方法

一般采取直肠测温的方法。测温前必须将体温计的水银柱甩至35 ℃以下，用消毒棉擦拭并涂以滑润剂，站在马臀部一侧，一手掀起马尾巴，一手把体温计缓慢插入肛门内，夹子拉紧后夹在臀部被毛上，保持3～5 min后取出，擦净体温计上的粪便、污物，查看水银柱的度数。性情暴劣的马，须在马主人或助手帮助下进行保定测温。剧烈运动或经曝晒的病马，须休息半小时后再测温。

2. 体温升高

(1) 引起体温升高的原因　感染性因素包括细菌感染、支原体感染、立克次体感染、螺旋体感染、真菌感染和寄生虫感染等，上述各种病原体所引起的感染，均可出现发热。非感染性因素包括抗原一抗体反应，如风湿病、血清病、药物热等；无菌性坏死产物的吸收，包括机械性、物理性和化学性损害（手术后组织损伤、内出血、大面积烧伤、五氯酚钠中毒和血肿等）；组织坏死与细胞破坏（癌症、白血病、溶血反应、淋巴瘤等）；内分泌与代谢障碍，包括甲状腺功能亢进（产热过多），重度脱水（散热过少）等；体温调节中枢功能失调，如中暑、重度镇静药物中毒、脑部疾病；皮肤散热减少，包括广泛性皮炎，慢性心功能不全，临床上表现为低热；植物性神经功能紊乱，属功能性发热，临床上表现为低热。

(2) 体温升高的表现　体温高于正常范围，并伴有各种症状的称为发热。发热时伴有的一系列综合症状，称为热候，如恶寒战栗、皮温分布不均、末梢冷厥、呼吸脉搏增数、消化紊乱以及精神沉郁、白细胞数增多等。

①根据体温升高的程度，可将体温升高分为 4 个水平。

最高热：升高 3 ℃以上称为最高热，提示某些严重的急性传染病如传染性胸膜肺炎、炭疽、脓毒败血症、马传染性贫血等，以及日射病和热射病。

高热：升高 3 ℃称为高热，见于急性传染病和大面积炎症。

中等热：升高 2 ℃称为中等热，通常见于消化道、呼吸道的一般性炎症和慢性传染病，如胃肠炎、支气管炎、慢性鼻疽等。

微热：体温升高 1 ℃称为微热，仅见于局限性炎症及轻微的病程，如感冒、口腔炎和慢性卡他性炎症等。

②根据发热病程的长短，可分为急性发热、慢性发热和一过性热。

急性发热：发热期持续 1 周至半月，超过 1 个月称为亚急性发热，见于多种急性传染病。

慢性发热：表现为发热缠绵，持续数月至一年，多提示为慢性传染病。

一过性热：称为暂时热，仅见于体温暂时性升高。

(3) 热型　把每日上、下午检温的结果记录在特制的体温曲线表格内，然后连成曲线，称为热曲线。根据热曲线的波形，在临床上可分为稽留热、弛张热、间歇热等几种热型。

稽留热：体温恒定地维持在 39～40 ℃及以上的高水平，达数天或数周，24 h 内体温波动范围不超过 1 ℃。常见于大叶性肺炎、马传染性贫血、胸膜肺炎、斑疹伤寒及伤寒高热期。

弛张热：又称败血症热型。体温常在 39 ℃以上，波动幅度大，24 h 内波动范围超过 2 ℃，但都在正常水平以上。常见于小叶性肺炎、败血症、风湿热、肺结核、化脓性炎及某些非典型性传染病等。

间歇热：体温骤升达高峰后持续数小时，又迅速降至正常水平，无热期（间歇期）可持续 1 天至数天，如此高热期与无热期反复交替出现。常见于血孢子虫病、急性肾盂肾炎等。

不规则热：体温曲线无一定规律，可见于结核病、支气管肺炎、渗出性胸膜炎等。

3. 体温下降

由于病理性因素引起体温低于正常体温的下界，称为体温过低或低体温。低体温主要见于老年、中毒、严重的营养不良、严重贫血、某些脑病（如脑积水和脑肿瘤）、大失血等疾病的濒死期。有明显的低体温，同时伴有发绀、末梢冷厥、高度沉郁或昏迷、心脏微弱和脉搏不感于手，多提示预后不良。

（二） 脉搏测定

脉搏通常与心跳的频率一致，主要通过触诊的方法来测定，检查脉搏可以获得关于心脏活动机能与血液循环状态的情况。马匹正常脉搏为 20～42 次/min。

1. 测定方法

马脉搏检查主要通过触诊的方法来测定颌下动脉或尾动脉。检查者站在马头一侧，一手握住笼头，另一手拇指置于下颌骨外侧，食指、中指伸入下颌支内侧，在下颌支的血管切迹处，前后滑动，发现动脉管后，用手指轻压即可感知，待马安静后再测定。一般应检测 1 min，当脉搏过弱而不感于手时，可用心跳次数代替。

2. 病理变化

（1）脉搏增数　脉搏病理性增多，是心动过速的结果。病理因素有以下几种：

①发热性疾病，这是过热的血液和毒素刺激的结果，一般体温每升高 1 ℃，可引起脉搏次数相应增加 4～8 次/min 不等。

②心脏病时，机能代偿的结果使心跳加快而脉搏增多。

③呼吸器官疾病，由于有效呼吸面积减少，O_2 和 CO_2 交换障碍，引起心波动加强，而脉搏次数增多。

④各型贫血或失血性疾病（包括严重的脱水）。

⑤伴有剧烈疼痛性疾病，可反射性地引起心跳加快。

⑥某些药物中毒或药物的影响。

（2）脉搏减数　脉搏次数减少，是心动徐缓的指征。主要见于心脏传导机能障碍、能够引起颅内压增高性的疾病（脑水肿，脑肿瘤等）、胆血症（实质性肝炎或胆道阻塞性病变）、某些中毒或药物中毒（洋地黄中毒或迷走神经兴奋药）。

（三） 呼吸数测定

呼吸数是每分钟呼吸运动的次数，即呼吸频率，是急性呼吸功能障碍的敏感指标。检查主要通过视诊和听诊的方法来测定，健康马匹的呼吸数为 8～16 次/min，且随年龄、性别和生理状态而异。

1. 测定方法

测定每分钟的呼吸次数，以次/min 表示。一般可根据胸腹部起伏动作而测定，检查者站在马的侧方，注意观察其腹肋部的起伏，一起一伏为一次呼吸。在寒冷季节也可观察呼出气流来测定。测定呼吸数时，应在马匹休息、安静时检测。一般应检测 1 min。观察马鼻翼的活动或将手放在鼻前感知气流的测定方法不够准确，必要时可用听诊肺部呼吸音的次数来代替。

2. 病理变化

（1）呼吸数增多　引起呼吸数增多的常见病因是：呼吸器官本身的疾病，当上呼吸道的轻度狭窄及呼吸面积减少时可反射地引起呼吸加快，如上呼吸道的炎症、各型肺炎及胸膜炎以及主要侵害呼吸器官的各种传染病（马鼻疽、肺疫等）；多数发热性疾病（包括发热性传染病及非传染病），热源菌、毒物刺激；心力衰弱及贫血、失血性疾病，导致呼吸活动受阻的各种病理过程，如膈的运动受阻（膈的麻痹或破裂），腹压升高（胃肠鼓胀时），胸壁疼痛性病（如肋骨骨折等）；剧烈疼痛性疾病，如马四肢的带痛性病及腹痛症；中枢神经的兴奋性增高，如脑充血、脑及脑膜炎的初期等；某些中毒，如亚硝酸盐中毒引起的血红蛋白变性。

（2）呼吸数减少　临床上比较少见，通常的原因是引起颅内压显著升高的疾病（如慢性脑室积水、马的流行性脑脊髓炎的后期），某些中毒病及重度代谢紊乱等。呼吸数的显著减少并伴有呼吸形式与节律的改变，常提示预后不良。

当上呼吸道高度狭窄而引起严重的吸入性呼吸困难时，由于每次吸入的持续时间显著延长，可相对的使呼吸次数减少。此外，常伴有吸入期明显的狭窄音，且病马表现痛苦甚至呈窒息状。呼吸数的显著减少并伴有呼吸形式与节律的改变，常提示预后不良。

体温、脉搏、呼吸数等生理指标的测定，是临床诊疗工作的重要常规内容，对任何病例，都应认真地实施。而且要随病程的经过，每天定时的进行测定并记录。

为此，一般常将体温、脉搏、呼吸数的记录，一并绘成一份综合曲线表，据以分析病情的变化。一般说来，体温、脉搏、呼吸数的相关变化，常是并行一致的，如体温升高，随之脉搏、呼吸数也相应增加；而体温下降，则脉搏、呼吸数随之而减少。如此，在病程经过中，见有体温及脉搏、呼吸数曲线逐渐上升，一般可反映病情的加剧；而三者的曲线逐渐平行地下降以至于达到或接近正常，则说明病势的逐渐好转与恢复。

当然，在特殊情况下，体温曲线与脉搏曲线的变化可能并不一致。如高热的病马，其体温曲线突然急剧下降，同时由于脉数增多，脉搏曲线又反而上升，因此，可在曲线表上见到体温曲线与脉搏曲线相互交叉的现象。这种交叉的现象，一方面，由于高热的急剧下降甚至降到常温以下，可能并非病情真正地突然好转，反而说明是机体反应能力的显著衰竭；另一方面，同时脉搏次数的显著增多，又反应心脏机能状态的进一步恶化。因此，体温与脉搏曲线的相互逆行变化（曲线表上的交叉），多为预后不良的征兆。

任务 1　马匹保定

【任务目标与质量要求】

制订适宜诊查目的的马匹保定方法，能够熟练准备相应的保定器械和设备，能够熟练接近马匹保证人马安全，马匹保定器械使用熟练，保定马匹确实，马匹倒卧保定方法正确，马匹倒卧过程中安全无损伤风险，对保定工作中马匹的骚动不安情况能够及时处理，确保马匹诊查工作安全实施。

【学习产出目标】

（1）熟知马匹保定各种方法的要求和保定效果，能够按照诊查目的和马匹习性特点，选取适合的马匹保定方法，安全有效。

（2）选择适宜的马匹保定方法。

（3）准备马匹保定方法所需的器械和设备。

（4）实施马匹保定，安全有效。

（5）解除马匹保定过程迅速安全。

【工作程序与方法要求】

1. 选择保定方法

按照就诊马匹诊查目的，选定适宜的保定方法，询问马工或马主人就诊马匹的习性和特点，马匹对保定的抗拒情况，详细了解马匹以往治疗情况，以选择适合马匹和保定条件的保定方法，确保人和马安全，操作有效，方法得当，保定易于解除，尽量不使马匹当前和今后产生畏惧。

2. 准备保定器具和场地

按照选择的保定方法，清理保定场地，了解牵引马匹至保定场地路程是否安全，是否会造成马匹惊吓，马匹牵引中是否易于受控，可由马工或马主人完成牵引马匹至保定场地的工作，尽量选择马匹熟悉的场地和人员完成，准备保定器具并检查是否完好，先期调试设备器具。

3. 实施马匹保定

由马工或马主人协助配合，开展马匹保定，保定过程应缓和，时刻注重马匹对保定的反应。保定实施过程中，遇马匹骚动和抗拒，应停止操作，待马匹安静后继续完成保定，如马匹对选择的保定方法抗拒不适无法完成保定，应立即更换其他保定方法，也可应用药物进行制动。马匹保定应确实，保障诊查过程顺利完成。

4. 解除马匹保定

马匹诊查工作完成后，应及时解除马匹保定。解除保定过程应迅速安全，随时观察马匹的反应和挣扎，及时变换解除保定措施，保证人马安全。保定解除，待马匹安静后，由马工或马主人牵引马匹到相应区域，防止在解除保定后马匹对陌生人和物的反应过激，做好马匹控制工作。

【工作任务实施记录与评价】

1. 马匹保定方法和器具使用评价

师傅指导记录	马匹保定方法和器具使用评价	评价成绩
		年　月　日

2. 马匹保定评价

师傅指导记录	马匹保定过程和效果评价	评价成绩
		年　月　日

3. 马匹保定解除及场地清洁评价

马匹编号	保定方法	使用器具	诊查措施	保定效果	场地清洁
检查质量评价				评价成绩	
				时间	

4. 学徒关键职业能力及职业品质、工匠精神评价

项目	A	B	C	D
工作态度				
吃苦耐劳				
团队协作				
沟通交流				
学习钻研				
认真负责				
诚实守信				

任务 2　马匹整体状况检查

【任务目标与质量要求】

能够按照马匹健康检查的基本要求，开展体格与发育、营养程度、精神状态、姿势与体态、运动与行为的变化和异常表现的检查和评价，熟悉马匹的正常状态和行为，对于体格发育、营养程度、精神状态、姿势与体态、运动与行为的变化和异常表现的评价标准和依据十分熟悉，能对异常情况进行记录和描述，并初步推断损伤或疾患发病部位和系统。

【学习产出目标】

（1）熟知体格发育、营养程度、精神状态、姿势与体态、运动与行为的变化和异常表现。

（2）能够评价马匹体格和发育状况及营养程度。

（3）能够评价马匹精神状态，区分不同状态程度。

（4）能够评价马匹姿势与体态的具体表现，推断可能疾病情况。

（5）能够评价运动与行为的变化和异常表现。

【工作程序与方法要求】

1. 接近观察马匹

制订视诊检查马匹的程序，接近马匹后，刺激马匹对于声音、人和物接近的神经反射机能，在马匹正前方、正后方、左前方、左后方观察马匹的整体状况，由马工或马主人牵引马匹行进，观察马匹的行进姿态，观察马匹静立姿态，询问了解马匹发病以来整体状况变动情况。

2. 观察马匹体格发育、营养程度

了解马匹品种和饲喂状况，结合马匹品种发育评价就诊马匹体格与品种类型的符合程度，就诊马匹四肢、脊柱、体高、体长发育状况和程度，依据肌肉丰满程度和骨骼显露程度进行马匹体况评分，判定马匹的饲喂状况和营养供给吸收状况，综合判定马匹的机体当前发育状况。

3. 评价马匹精神状态

依据马匹头、眼反射和外界刺激，判定马匹感知觉功能和大脑机能状态，按照兴奋和抑制状态的表现，进行观察症状与评定依据间的比较和判定，对马匹抑制状态能够区分沉郁状态、嗜睡状态和昏迷状态，并对马匹大脑抑制状态进行综合评定。

4. 评价马匹姿势与体态

熟悉马匹正常静立和行进中的四肢运动状况，脊柱和尾、头颈伴随运动和静立时的状况，对马匹运动和静立时表现全身僵直、异常站立、站立不稳、骚动不安等表现能够进行判定，并能推断出发生姿势和体态异常的具体原因，结合评价和推断进行他动运动和运动评价。

5. 评价马匹运动与行为的变化

依据马匹运动与行为的正常表现，进行就诊马匹的慢步、快步、跑步、采食、逍遥运动时的姿态和表现观察，推断马匹强迫运动表现的盲目运动、马场运动、时针运动、暴进暴退等行为异常与可能病因，评价马匹共济失调时的表现类型，并推断病因。

【工作任务实施记录与评价】

1. 马匹整体状况分析评价

<table>
<tr><th>师傅指导记录</th><th>马匹整体状况分析评价</th><th>评价成绩</th></tr>
<tr><td rowspan="2"></td><td rowspan="2"></td><td></td></tr>
<tr><td>年　月　日</td></tr>
</table>

2. 就诊马匹精神状态检查评价

<table>
<tr><th>师傅指导记录</th><th>就诊马匹精神状态检查评价</th><th>评价成绩</th></tr>
<tr><td rowspan="2"></td><td rowspan="2"></td><td></td></tr>
<tr><td>年　月　日</td></tr>
</table>

3. 就诊马匹姿势、体态检查评价

<table>
<tr><th>马匹编号</th><th>全身僵直</th><th>异常站立</th><th>站立不稳</th><th>骚动不安</th><th>异常姿势</th></tr>
<tr><td></td><td></td><td></td><td></td><td></td><td></td></tr>
<tr><td></td><td></td><td></td><td></td><td></td><td></td></tr>
<tr><td></td><td></td><td></td><td></td><td></td><td></td></tr>
<tr><td></td><td></td><td></td><td></td><td></td><td></td></tr>
<tr><td></td><td></td><td></td><td></td><td></td><td></td></tr>
<tr><td rowspan="2">检查质量评价</td><td colspan="3" rowspan="2"></td><td>评价成绩</td><td></td></tr>
<tr><td>时间</td><td></td></tr>
</table>

4. 就诊马匹运动与行为检查评价

师傅指导记录	马匹运动与行为状态评价	评价成绩
		年 月 日

5. 学徒关键职业能力、职业品质及工匠精神评价

项目	A	B	C	D
工作态度				
吃苦耐劳				
团队协作				
沟通交流				
学习钻研				
认真负责				
诚实守信				

任务3　马匹表被状况检查

【任务目标与质量要求】

制订马匹表被状况检查的程序，从头颈部至后躯部，能够正确抚触马匹检查被毛、皮肤、皮下组织的变化及皮肤是否完整有无创口，检查就诊马匹四肢末端及蹄部、系凹部及尾根部，能够对被毛、皮肤、皮下组织的正常形态、色泽和触感进行判定，推断相应病理变化和病因。

【学习产出目标】

（1）熟知马匹被毛、皮肤、皮下组织的视诊状态和触诊判定，能够进行异常病理状态的描述并判定具体病变特征。

（2）判定马匹被毛的色泽、长度、完整度是否正常。

（3）判定马匹皮肤温度、湿度、弹性和具体皮肤病变表现。

（4）评定马匹皮下组织水肿、气肿、脓肿、淋巴外渗、血肿、疝等具体触感。

（5）依据马匹皮肤放线菌肿、骨质增生、肿瘤等触诊依据进行检查评定。

【工作程序与方法要求】

1. 整体表被状况观察

依据马匹整体状况视诊检查方法，先从马匹左前侧前驱至右侧后躯尾臀部检查，后自马匹右侧尾臀部至右侧头颈部检查马匹体表状况，对被毛逆立、色泽变化、毛长、脱毛等进行观察评定，推断病因。

2. 接近抚触马匹

自马匹左侧头颈部抚触开始，在确保人马安全前提下，自左侧前部至臀尾部，再自右侧臀尾部至右侧头颈部，详细检查鬃、尾、腹下、蹄部、系凹等不易直接诊查部位，详细触摸质感温度，可借助相应器械进行有关部位敏感度检查。

3. 皮肤病变诊查

依据皮肤温度触诊判定皮温异常状态，感知马匹皮肤湿度判定多汗、少汗，触诊马匹皮肤弹性和质地，依据皮肤游移度判定马皮肤健康状态和脱水程度，观察触诊马匹皮肤被毛稀疏部位、丘疹、水疱、脓疱等。

4. 皮下组织病变诊查

详细诊查马匹皮下组织异常部位，判定肿胀质地、温度、湿度，记录肿胀部位、性质、温度，区别水肿与气肿，对疝、脓肿、淋巴外渗、血肿等病变能够进行临诊区别，必要时可穿刺其内容物判定。对皮肤肿瘤、放线菌肿、骨质增生等病变能够通过质地、形状进行区别。

【工作任务实施记录与评价】

1. 就诊马匹表被状况检查评价

师傅指导记录	马匹表被状况检查分析评价	评价成绩
		年　月　日

2. 马匹皮下组织检查及病变检查评价

师傅指导记录	马匹皮下组织状态检查评价	评价成绩
		年　月　日

3. 就诊马匹皮肤及皮下组织检查评价

马匹编号	被毛检查	温度检查	湿度检查	肿胀检查	赘物检查
检查质量评价				评价成绩	
				时间	

4. 学徒关键职业能力、职业品质及工匠精神评价

项目	A	B	C	D
工作态度				
吃苦耐劳				
团队协作				
沟通交流				
学习钻研				
认真负责				
诚实守信				

任务4　马匹眼结膜检查

【任务目标与质量要求】

按照马匹眼结膜检查方法，进行马匹确实保定后，检查马匹上下眼睑、巩膜、结膜、角膜和瞬膜，对眼结膜的肿胀、颜色异常、反射异常、分泌物等病征能够进行判定和病理变化推论，对眼结膜颜色的苍白、潮红、发绀、黄染等变化能结合全身机能变化进行推理，对眼部分泌物状态能够进行判定和病理推理。

【学习产出目标】

（1）熟知马匹眼结膜检查的具体方法和内容，对眼结膜的肿胀、颜色异常、反射异常、分泌物等可能病理变化能够进行判定。

（2）熟练应用马眼结膜检查保定方法，能够进行马眼结膜检查。

（3）对马眼结膜颜色变化进行判定。

（4）对马眼部分泌物进行判定。

（5）对马眼部和眼结膜病理变化与全身体征能进行结合分析。

【工作程序与方法要求】

1. 眼部检查保定

按照就诊马匹诊查目的，选定适宜的保定方法，询问马工或马主人就诊马匹的习性和特点，对马匹保定的抗拒情况，详细了解马匹以往治疗情况，以选择适合马匹和保定条件的保定方法，确保人马安全，操作有效，方法得当，保定易于解除，尽量不使马匹当前和今后产生戒惧。

2. 眼结膜检查

按照选择的保定方法，清理保定场地，了解牵引马匹至保定场地路程是否安全，是否会造成马匹惊吓，马匹牵引中是否易于受控，可由马工或马主人完成牵引马匹至保定场地的工作，尽量选择马匹熟悉的场地和人员完成，准备保定器具并检查是否完好，先期调试设备器具。

3. 眼结膜肿胀和分泌物检查

由马工或马主人协助配合，开展马匹保定，保定过程应缓和，时刻注重马匹对保定的反应，保定实施过程中，遇马匹骚动和抗拒，应停止操作，待马匹安静后继续完成保定，如马匹对选择的保定方法抗拒不适无法完成保定，应立即更换其他保定方法，也可应用药物进行制动。马匹保定应确实，保障诊查过程顺利完成。

4. 解除马匹保定

马匹诊查工作完成后，应及时解除马匹保定，解除保定过程应迅速安全，随时观察马匹的反应和挣扎，及时变换解除保定措施，保证人马安全，保定解除待马匹安静后，由马工或马主人牵引马匹到相应区域，防止在解除保定后马匹对陌生人和物的反应过激，做好马匹控制工作。

【工作任务实施记录与评价】

1. 马匹眼结膜检查保定和检查方法评价

<table>
<tr><th>师傅指导记录</th><th>马匹眼结膜检查保定和检查方法评价</th><th>评价成绩</th></tr>
<tr><td rowspan="2"></td><td rowspan="2"></td><td></td></tr>
<tr><td>年　月　日</td></tr>
</table>

2. 马匹眼结膜检查结果分析评价

师傅指导记录	马匹眼结膜检查结果评价	评价成绩
		年 月 日

3. 眼结膜检查结果与机体状况综合分析评价

马匹编号	苍白	潮红	发绀	黄染	分泌物
检查质量评价				评价成绩	
				时间	

4. 学徒关键职业能力、职业品质及工匠精神评价

项目	A	B	C	D
工作态度				
吃苦耐劳				
团队协作				
沟通交流				
学习钻研				
认真负责				
诚实守信				

任务5 马匹浅表淋巴结检查

【任务目标与质量要求】

制订马匹浅表淋巴结检查的方法和检查要点，以颌下淋巴结、肩前淋巴结、股前淋巴结检查为主，对浅表淋巴结的位置进行确定，检查淋巴结的大小、硬度、温度、敏感性和移动性，结合机体的体温、脉搏、呼吸数及其他相关症状，进行就诊马匹健康状况评价，要求准确定位马匹浅表淋巴结，掌握健康马匹浅表淋巴结的大小、硬度、温度、敏感性和移动性，可判定就诊马匹浅表淋巴结健康状况。

【学习产出目标】

（1）熟知马匹浅表淋巴结的具体位置，相应淋巴结收集器官病变的原理，马匹淋巴循环和免疫屏障，熟悉浅表淋巴结大小、硬度、温度、敏感性和移动性。

（2）确定马匹浅表淋巴结位置。

（3）诊查就诊马匹浅表淋巴结，对其大小、硬度、温度、敏感性和移动性进行判定。

（4）结合淋巴结诊查结果，进行马匹淋巴结反应器官、系统病理变化分析。

（5）进行马匹机体健康状况分析，推断可能疾病。

【工作程序与方法要求】

1. 接近保定马匹

按照马匹浅表淋巴结诊查目的，选定适宜的保定方法，询问马工或马主人就诊马匹的习性和特点，对马匹保定的抗拒情况，详细了解马匹以往治疗情况，确保人与马安全，操作有效，方法得当，保定方法要便于对颌下淋巴结、肩前淋巴结、股前淋巴结检查。

2. 确定马匹淋巴结位置

保定马匹头部，触诊感知马匹下颌淋巴结，视诊其大小变化，有无破溃流脓。轻柔触诊检查马匹肩前淋巴结，同时检查马匹体温、脉搏、呼吸数，收集有关检查结果。做好马匹保定，确保人马安全，防止马匹骚动，检查马匹股前淋巴结，对淋巴结周边组织和睾丸、臀部等周围组织进行检查，以综合判定淋巴结，收集病理变化。

3. 检查浅表淋巴结性状

检查马匹下颌淋巴结，对其大小、硬度、温度、敏感性和移动性进行综合分析和判定，要明确得出结论，同时观察马匹眼结膜颜色和鼻腔分泌物，检查马匹口腔和咽部有无病变。检查马匹肩前淋巴结，对其大小、硬度、温度、敏感性和移动性进行分析，检查马匹前肢和鬐甲有无病变，注意鬐甲反射敏感度。检查马匹股前淋巴结，检查其大小、硬度、温度、敏感性和移动性，结合其检查结果进行马匹粪便检查和直肠检查，收集马匹健康状况。

4. 结合浅表淋巴结检查评价机体健康状况

依据马匹浅表淋巴结收集马匹相应组织病理状态信息，反映马匹相应疾病，进行马匹健康状况评价，淋巴结大小反映是否有炎症发生，淋巴结硬度反映组织机化状况，淋巴结温度与体温进行综合判定反映机体炎症程度，敏感性与疼痛相关，是炎症急性化的表现，淋巴结移动性反映其与周围组织的粘连程度，游移度下降反映慢性炎症过程。

【工作任务实施记录与评价】

1. 相应淋巴结检查保定方法选择和效果评价

师傅指导记录	马匹保定方法和效果评价	评价成绩
		年 月 日

2. 马匹浅表淋巴结位置确定和检查评价

师傅指导记录	马匹浅表淋巴结定位评价	评价成绩
		年 月 日

3. 马匹淋巴结检查及结果评价

马匹编号	大小	硬度	温度	敏感度	移动性
检查质量评价				评价成绩	
				时间	

4. 学徒关键职业能力、职业品质及工匠精神评价

项目	A	B	C	D
工作态度				
吃苦耐劳				
团队协作				
沟通交流				
学习钻研				
认真负责				
诚实守信				

任务6　马匹体温、脉搏、呼吸数检查

【任务目标与质量要求】

制订马匹体温、脉搏、呼吸数检查测定方案，按照每隔 2 h 测定 1 次，绘制马匹生理常数测定表格，绘制马匹体温变化曲线图。熟练使用体温计和听诊器，应用呼吸检查方法评定呼吸次数、节律、类型。对就诊马匹体温、脉搏、呼吸数的生理常数表现能够进行明确的判定，结合其病理示病可能性进行马匹机体健康状况评定。

【学习产出目标】

(1) 熟知马匹体温测定方法，能够绘制体温变化曲线，熟知马匹正常体温，熟知发热、体温下降等临床示病意义。

(2) 测定马匹脉搏数，并依据马匹年龄、品种、体况进行结果判定。

(3) 测定马匹呼吸数，判定呼吸频率、节律和类型的临诊示病意义。

(4) 依据马匹体温、脉搏、呼吸次数日变化动态，评定马匹健康状况。

(5) 进行马匹生理常数综合分析，推断可能疾病。

【工作程序与方法要求】

1. 测定就诊马匹体温

选取体温计，检查体温计水银柱和刻度及连接固定绳的牢固程度，对体温计进行消毒后甩至 35 ℃以下并润滑，接近马匹做好相应保定，站在马匹左侧后肢臀尾部，一手向上抬举固定马尾，另一手轻拍马匹臀部促进其排粪，待排粪后缓慢插入体温计至其 4/5 处，将体温夹固定在马匹臀尾部被毛处，测定 5 min 后取出体温计并用酒精棉球擦拭后读数。

2. 测定就诊马匹脉搏

保定马匹后，在马匹左侧头颈部站立，用左手检查马匹右侧颈下部颈静脉沟处，触诊感知马匹颈动脉搏动，判定脉搏大小、快慢、节律和异常状况，然后站立在马匹右侧头颈部，用右手检查马匹左侧颈下部，触诊感知马匹颈动脉搏动，两相对照。可用计时器计时 30 s 或用检查者呼吸一次的时长进行马匹脉搏计数判定。当脉搏过弱而不感于手时，可用心跳次数代替。

3. 测定就诊马匹呼吸次数

保定马匹后，站在马匹左侧，观察马匹胸腹部起伏动作以测定马匹呼吸次数，一起一伏为一次，马匹骚动不安或逍遥运动时，可保定马匹用纤细的草茎或树叶放置在马鼻孔周边，依据气流吹动草茎的摆动情况，进行呼吸数计数。寒冷季节可根据马匹鼻孔呼出白色水蒸气情况进行马匹呼吸数计数。根据马匹肷腹部起伏动作和呼吸时胸腹协同运动，进行马匹呼吸类型和节律的判定。

4. 结合生理常数检查结果评定马匹健康状况

依据马匹体温日变动情况，绘制体温变动曲线，以判定马匹热型，依据热型推断马匹罹患可能的疾病，对体温下降马匹结合呼吸次数、脉搏次数和可视黏膜的颜色变化进行综合判定，确定马匹衰竭和休克的病状。呼吸节律和类型与呼吸系统疾病和脑病关系密切，可依据检查结果进行疾病推理。脉搏的大小洪数与心脏功能和血液循环状态密切相关，要结合体温和呼吸次数测定进行综合评价。

【工作任务实施记录与评价】

1. 体温测定和体温曲线绘制评价

师傅指导记录	马匹体温测定和分析评价	评价成绩
		年　月　日

2. 马匹脉搏测定和结果评价

师傅指导记录	马匹脉搏测定和结果评价	评价成绩
		年　月　日

3. 马匹呼吸次数测定和结果评价

马匹编号	次数	节律	类型	呼吸困难	咳嗽
检查质量评价				评价成绩	
				时间	

4. 学徒关键职业能力、职业品质及工匠精神评价

项目	A	B	C	D
工作态度				
吃苦耐劳				
团队协作				
沟通交流				
学习钻研				
认真负责				
诚实守信				

项目三
马头颈部检查

【专业知识准备】

一、 头部检查

头部检查包括头部外形、耳、眼、鼻、鼻旁窦、喉囊、咳嗽、呃逆、上呼吸道杂音及口腔等内容。

（一） 头部外形观察

检查者位于马匹头部的正、侧面进行观察，正常马匹头部外形轮廓匀称，耳鼻端正，给人以舒适的感觉。

幼驹表现头大、颈短的不匀称结构，多提示为骨质营养不良与发育迟滞的佝偻病。

因单侧肌肉松弛而引起的耳、眼睑、鼻翼、口唇的下垂，表现为头面部歪斜，一般为神经麻痹的特征。

头面部的皮下浮肿，致使外形改变，在马如呈典型的河马头状，多提示为血斑病。

由于骨质疏松、肿胀，也可引起鼻面的膨隆、变形，可见于骨软症或头窦蓄脓症。头窦蓄脓症时，叩诊窦部呈浊音，并有敏感反应，且多伴有单侧的大量脓性鼻液；骨软症时，叩诊局部呈过清音，并伴全身其他各部骨骼变化，如下颌支肥厚及四肢关节粗大等形态改变，同时多见有四肢运动障碍。

头部局部脱毛、落屑如伴有剧痒（常向周围物体上摩擦）时，则提示为疥癣病。

头部皮温升高，可见于热性病；如鼻端、耳根冷感，是末梢循环障碍的结果；腹痛病马如有鼻寒耳冷，应提示为痉挛性腹痛。

（二） 耳的检查

健康马匹多为直立耳，耳歪斜多为视力或听力障碍。

（三） 眼的检查

健康马匹眼睑开闭活动自如，眼球明亮，无分泌物，瞳孔对光反应变化敏感，视力正常。马呈淡粉色，眼睑肿胀并伴有畏光流泪，是眼炎或结膜炎的特征。在马如有周期性的反复发作病史，提示为周期性眼炎（夜盲症）。

轻度的结膜炎，并伴有大量的浆液性的分泌物，可见于流行性感冒。

眼球凹陷，见于重度消耗性病，尤其是当有急性失水时更为明显，如急性胃肠炎而引起的腹泻。

眼球震颤，表现为有节律的，呈垂直的或水平的回转，常见于癫痫及脑炎。

正常瞳孔，在强光照射下（手电筒）迅速缩小，除去照射即恢复。瞳孔病态变化的缩小或扩大，对光反应消失，前者见于颅内压中等程度升高时，如脑膜炎、脑出血、慢性脑室积水等；后者见于严重脑膜炎、脑脓肿或脑肿瘤，由于动眼神经麻痹，瞳孔扩大。两侧瞳孔同时扩大，对光反应消失，刺激眼球不动是病情危重表现。

眼结膜是可视黏膜的一部分，除注意其黏膜本身变化外，着重观察其颜色，借以了解全身的血液循环状态。

（四） 鼻的检查

鼻的检查包括鼻的一般检查、呼出气的检查及鼻液的检查。

1. 鼻的一般检查

（1）鼻腔外部　检查鼻的外部皮肤被毛，注意鼻孔周围组织，鼻甲骨形态的变化及鼻的痒感。

①鼻孔周围组织。鼻孔周围组织可发生各种各样的病理变化，如鼻翼肿胀、水疱、脓肿、溃疡和结节等。这些变化可起因于皮肤或口腔，也可因鼻黏膜的疾患而继发。

鼻孔周围组织肿胀，可见于血斑病、纤维素性鼻炎、异物刺伤等；许多传染病如炭疽和气肿疽等发生时，常表现为鼻孔周围组织有局限性或弥散性肿胀。

鼻孔周围的结节、水疱、脓疱及溃疡，可见于马痘、脓疱性口膜炎。长期持续性流鼻液时，鼻液流过的皮肤处失去色素，形成一条白色的斑纹，称为鼻“分泌沟”。鼻液的长期刺激，有时还可引起烂斑，见于慢性鼻炎、副鼻窦炎等。

②鼻甲骨形态的变化。鼻甲骨增生、肿胀，见于严重的软骨病及肿瘤。鼻甲骨凹陷、肿胀、疼痛则多见于外伤。

③鼻的痒感。鼻部及其邻近组织发痒时，病马常在槽头、木桩上擦痒或用自己的前肢搔痒，见于鼻卡他、鼻腔寄生虫病、异物刺激及吸血昆虫的刺螫等。长期擦痒可使鼻部皮肤擦破，甚至引起炎症。

（2）鼻黏膜检查　对马匹较为重要，一方面，因其鼻孔宽大，鼻翼可以活动，能视诊鼻道达较深深度；另一方面，马匹检查鼻黏膜，在鼻炎、流行性感冒和鼻疽等的诊断上具有重要意义。

检查鼻黏膜的方法，主要利用视诊和触诊。视诊光线以白昼光线最好，必要时可用开鼻器、反光镜、头灯或手电筒进行检查。

检查时，要适当保定病马，将头略为抬高，使鼻孔对着阳光或人工光源。用手指或开鼻器适当扩张鼻孔，使鼻黏膜充分显露，即可观察之。

检查鼻黏膜时，应注意其颜色、有无肿胀、水疱、溃疡、结节和损伤等。如疑为鼻疽病时，检查者宜戴口罩、眼镜、手套等进行防护。

①颜色。马的鼻黏膜正常为红色，较深部的鼻中隔因有很多静脉血管和血管间隙，故略呈淡蓝红色。鼻黏膜湿润而光泽，表面略有颗粒。鼻中隔的表面有细小的点状凹陷，为腺体的开口。鼻孔底部中央黏膜与皮肤连接处，为泪腺外口，大如扁豆。

在病理情况下，鼻黏膜的颜色也有发红、发绀、发白、发黄等变化。潮红可见于鼻卡他、流行性感冒、鼻疽、发热及各种全身性疾病。而出血斑点，则见于败血病、血斑病、马传染性贫血和某些中毒。其他颜色变化的临床意义与其他可视黏膜相同。

②肿胀。弥漫性肿胀，见于鼻卡他。此时鼻黏膜表面光滑平坦，颗粒消失，闪闪有光，触诊有柔软和增厚感。鼻黏膜肿胀也见于马腺疫、流行性感冒、鼻疽和血斑病等。

③溃疡。浅在性溃疡，偶见于鼻炎、马腺疫、血斑病等。马匹的深在性溃疡，如喷火口状，边缘不齐，溃疡底深并盖以白膜，有时严重的溃疡可造成鼻中隔穿孔，为鼻疽的特征。

④结节。鼻疽结节，初呈浅灰色，以后呈黄白色，由小米粒大至黄豆大，周围有红晕，境界清晰，多分布于鼻中隔黏膜。

⑤瘢痕。鼻中隔下部的瘢痕，多为损伤所致，一般浅而小，呈弯曲状或不规则状。鼻疽性瘢痕较厚，多呈星芒状。

⑥肿瘤。比较少见。鼻腔的肿瘤呈疣状凸起；单发或多发，大如蚕豆或更大，蒂短或无蒂，与基部黏膜紧密相连。肿瘤表面光滑闪光，或呈不规则的结节状，或呈污秽不洁的菜花样，质地柔韧。这种病马常有衄血、鼻腔呼吸狭窄音和呼吸困难症状。在临床上可见有鼻息肉、乳突瘤、纤维瘤、血管瘤和脂肪瘤。癌及肉瘤则甚为少见。鼻腔肿瘤的确切诊断，须做病理组织学检查。

2. 呼出气的检查

呼出气的检查，应注意两侧鼻孔的气流强度是否相等，呼出气的温度是否有变化，呼出气的气味是否异常。

（1）两侧气流的强度　健康马匹两侧鼻孔呼出气的气流相等。当一侧鼻腔狭窄，一侧鼻旁窦肿胀或大量积脓时，则患侧的呼出气流较小，并常伴有呼吸的狭窄音及不同程度的呼吸困难；若两侧鼻腔同时存在病变，则依病变的程度和范围不同，而两侧鼻孔气流的强度也可不一致。检查时，可用双手置于鼻孔前感知，或当寒冷季节直接观察呼出的气流而判断。

（2）呼出气的温度　健康马匹的呼出气稍有温热感。当体温升高时，呼出气的温度也有所增高，见于热性病。呼出气的温度显著降低，可见于严重的脑病、中毒或虚脱。

（3）呼出气的气味　健康马匹的呼出气，一般无特殊气味。当肺组织和呼吸道的其他部位有坏死性病变时，不但鼻液有恶臭，而且呼出气也带有强烈的腐败性臭味；当呼吸道和肺组织有化脓性病理变化时，如肺脓肿破溃，则鼻液和呼出气常带有脓性臭味；若有呕吐物从鼻孔中流出时，则常带有酸性气味；此外，在尿毒症时，呼出气可能有尿臭气味；酮血病时，可能有丙酮气味。当发现呼出气有特殊臭味时，应注意判断臭气是来自口腔还是来自鼻腔。

3. 鼻液的检查

健康马匹一般无鼻液，冬日天寒有些马匹可有微量浆性鼻液，若有大量鼻液，则为病理征象。如鼻腔、气管有分泌物，马常分别以喷鼻和咳嗽的方式排出。

当呼吸器官患病时，除单纯的胸膜炎不流鼻液外，上呼吸道的疾病、支气管和肺的疾病，都有数量不等、性质不同的鼻液。因此，鼻液是呼吸器官疾病的常见症状，鼻液的检查对呼吸器官疾病的诊断具有重要意义。检查鼻液时，应注意其数量、性状、一侧性或两侧性，有无混杂物及其性质。

（1）鼻液的量　鼻液量的多少，取决于疾病发展的时期、程度、病变的性质和范围。

大量鼻液：当呼吸器官有急性广泛性炎症时，通常有大量鼻液。这是黏膜充血、水肿、黏液分泌增多，毛细血管的渗透性增高，浆液大量渗出所致。可见于急性鼻炎、急性咽喉炎、肺脓肿破裂、肺坏疽、肺炎溶解期和某些传染性疾病，如马腺疫、流行性感冒、急性开放性鼻疽等。当重度咽炎或食道阻塞时，可有大量唾液和分泌物经鼻反流，应与鼻液鉴别区分。

少量鼻液：当呼吸器官有慢性或局限性呼吸道炎症时，鼻液量少，见于慢性鼻炎、慢性支气管炎、慢性鼻疽和慢性肺结核等。

鼻液量不定：鼻液量时多时少，以患副鼻窦炎和喉囊炎病马最为典型。其特征为当病马自然站立时，仅有少量鼻液，而当运动后或低下头时，则有大量鼻液流出。此外，在肺脓肿、肺坏疽和肺结核时，鼻液的量也不定。

（2）鼻液的性状　可因炎症的种类和病变的性质而有所不同。一般分浆液性、黏液性、脓性、腐败性和血性。

浆液性鼻液：浆性鼻液无色透明，稀薄如水。见于急性鼻卡他、马腺疫初期、流行性感冒等。

黏液性鼻液：呈蛋清样或粥状，有腥臭味。因混有大量脱落的上皮细胞和白细胞，故呈灰白色，为卡他性炎症的特征。见于急性上呼吸道感染和支气管炎等。

脓性鼻液：黏稠混浊，呈糊状、膏状或凝结成团块，具脓臭或恶臭味。因感染的化脓细菌的不同而呈黄色、灰黄色或黄绿色，为化脓性炎症的特征。见于化脓性鼻炎、副鼻窦炎、肺脓肿破裂和马腺疫等。

腐败性鼻液：呈污秽不洁的带灰色或暗褐色，具尸臭或恶臭味。常为坏疽性炎症的特征。见于坏疽性鼻炎、腐败性支气管炎和肺坏疽等。

血性鼻液：鼻液带血时，呈红色。血量不等，或混有血丝，凝血块或为全血。鲜红色滴流者，常提示鼻出血；粉红色或鲜红而混有许多小气泡者，则提示肺水肿、肺充血和肺出血。大量鲜血急流，伴有咳嗽和呼吸困难者，常提示肺血管破裂，可见于肺脓肿等。当脓性鼻液中混有血液或血丝时，称为脓血性鼻液，见于鼻炎、肺脓肿、异物性肺炎和马鼻疽等。在炭疽、出血性败血病、血斑病和某些中毒性疾病时，可呈现血性鼻液。鼻肿瘤时，鼻液呈暗红色或果酱状为其特征。

铁锈色鼻液：为大叶性肺炎和传染性胸膜肺炎一定阶段的特征。这是渗出的红细胞中的血红蛋白，在酸性的肺炎区域中变成高铁血红蛋白所致。在病程经过中往往只在短时期内见到，故应注意观察才能发现。

(3) 混杂物　鼻液中的混杂物，按其性质和成分可分为以下几种：

气泡：鼻液中常常带有气泡，呈泡沫状。白色或因混有血液而呈粉红色或红色。小气泡提示来自深部细支气管和肺。见于肺水肿、肺充血、肺气肿和慢性支气管炎等。大气泡，表示来自上呼吸道和大支气管。

唾液：鼻液中混有大量唾液和饲料碎粒，乃至饮水经鼻道流出。这是吞咽或咽下障碍引起食物反流所致。见于咽炎、咽麻痹、食道炎、食管痉挛和食管肿瘤等。

呕吐物：各种马匹呕吐时，胃内容物也可从鼻孔中排出。其特征为鼻液中混有细碎的食物残粒，呈酸性反应，并带有难闻的酸臭气味，常提示来自胃和小肠。当马患急性食滞性胃扩张、幽门痉挛、十二指肠阻塞或小肠扭转时，在表现有腹痛症状的同时，有时可能伴有呕吐动作，甚至胃内容物经鼻道逆流而出，俗称鼻流“粪水”，常表明疾病严重，预后谨慎。此外，鼻液中可能混有寄生虫的虫体，如肺线虫等。

(4) 一侧性或两侧性　单侧性的鼻炎或鼻腔鼻疽、副鼻窦炎、喉囊炎和肿瘤时，鼻液往往仅从患侧流出；如为双侧性的病变或喉以下器官的疾病，则鼻液多为双侧性。

(5) 鼻液中弹力纤维的检查　弹力纤维的出现，表示肺组织溶解、破溃或有空洞存在。见于异物性肺炎、肺坏疽和肺脓肿等。

（五） 鼻旁窦的检查

鼻旁窦（鼻旁窦）包括额窦、上颌窦、蝶窦和筛窦，经鼻颌孔直接或间接与鼻腔相通。临床检查主要为额窦和上颌窦。一般检查方法多用视诊、触诊和叩诊，也可用X线检查。此外，还可应用圆锯手术探查和穿刺术检查。

1. 视诊

注意其外形有无变化。额窦和上颌窦区隆起、变形，主要见于窦腔积脓、软骨病、肿瘤、外伤和局限性骨膜炎。

2. 触诊

注意敏感性、温度和硬度。触诊必须两侧对照进行。窦部病变较轻时，触诊往往无变化。触诊敏感和温度增高，见于急性窦炎、急性骨膜炎。局部骨壁凹陷和疼痛，见于外伤。窦区隆起、变形，触诊坚硬，疼痛不明显，常见于骨软症、肿瘤和放线菌病。

3. 叩诊

健康马匹的窦区叩诊呈空盒音，声音清晰而高朗。若窦腔积液，或为瘤体组织充塞，则叩诊呈浊音。叩诊时宜先轻后重，两侧对照进行，如此可以提高叩诊的准确性。

（六） 喉囊的检查

喉囊（咽囊）仅马匹有，是耳咽管的膨大部分，故也称耳咽管憩室。喉囊位于耳根和喉头中间，在腮腺的上内侧，下颌支的后方。

在病理情况下，喉囊如有渗出物或积脓时，喉囊区明显肿胀隆起，通常为一侧性。触诊有热和疼痛反应，质地柔软而似气垫状，或有弹性和波动感，压之缩小，偶发拍水音。在触诊时同侧鼻孔往往流出鼻液或鼻液量增加。囊内若有大量积液时叩诊可出现浊音。若有大量气体产生时，则叩诊呈鼓音。当炎症严重时，则邻近器官并发炎症，致颈前区肿胀，咽上和颌下淋巴结肿大。喉囊严重肿胀时，可引起吞咽和呼吸困难，此时多并发咽峡炎，频频咳嗽，头颈伸直，活动不自如。

二、 咳嗽的检查

咳嗽是一种保护性反射动作，能将呼吸道异物或分泌物排出体外；咳嗽也为病理状态，当咽、喉、气管、支气管、肺和胸膜等器官受到炎症、温热、机械和化学等因素的刺激时，通过分布于各个器官的舌咽神经和迷走神经分支传达到延脑呼吸中枢，由此中枢再将冲动传向运动神经，而引起咳嗽动作。咳嗽动作是在深吸气之后，声门关闭继以突然剧烈呼气、气流猛冲开声门，而发出特征性声音。

咳嗽为呼吸器官疾病最常见的症状。在呼吸器官疾病中，除单纯的鼻炎、副鼻窦炎外，喉、气管、支气管、肺和胸膜的炎症都可出现强度不等、性质不同的咳嗽。通常喉及上部气管对咳嗽的刺激最为敏感，因此，喉炎及气管炎时，咳嗽最为剧烈。此外，当肺充血和肺水肿时，肺泡和支气管内有浆液性或血性漏出物，也可引起咳嗽。

在特殊情况下，咳嗽可因呼吸器官以外迷走神经末梢受到刺激而引起。例如外耳道、舌根和腹部器官受刺激时可以反射性地发生咳嗽。有人曾指出，肝脓肿偶尔可以引起咳嗽。

检查咳嗽时，应注意其性质、频度、强度和痛感。

（一） 性质

一般分为干咳和湿咳。

1. 干咳

干咳的特征为咳嗽的声音清脆，干而短，疼痛较明显。表示呼吸道内无分泌物或仅有少量的或黏稠的分泌物。典型的干咳，见于喉、气管异物和胸膜炎。在急性喉炎的初期、慢性支气管炎等也可出现干咳。

2. 湿咳

湿咳的特征为咳嗽的声音钝浊、湿而长，表示呼吸道内有大量、稀薄的分泌物，往往随咳嗽从鼻孔流出多量鼻液。见于咽喉炎、支气管炎、支气管肺炎、肺脓肿和肺坏疽等。

（二） 频度

可分为单发性、连续性、经常性和发作性数种。

1. 单发性咳嗽

骤然发咳，仅 1～2 声，表示呼吸道内有异物或分泌物（痰），异物除去则咳嗽息止。

2. 连续性咳嗽

特征为咳嗽连续不断。一次发咳达十几声甚至数十声。常常带有痉挛性质，故也称痉挛性咳嗽。见于急性喉炎、传染性上呼吸道卡他、弥漫性支气管炎、支气管肺炎、幼驹肺炎等。咳嗽保持相当长的时间，数周、数月，甚至更长者，称为经常性咳嗽，此与经常性刺激有关，见于慢性支气管炎、慢性肺气肿、肺结核等，有时也可见于肿瘤压迫返回神经末梢。

3. 发作性咳嗽

特征为具有突然性和暴发性，咳嗽剧烈而痛苦，且连续不断，表示呼吸道内有强烈的刺激，见于呼吸道异物和异物性肺炎。

（三） 强度

咳嗽的强度，视肺的弹性、呼气的强度和速度而定，也和发病的部位和病变的性质有关。当肺组织的弹性正常，而喉、气管患病时，则咳嗽强大有力。反之，当肺组织有浸润、毛细支气管有炎症或肺泡气肿而弹性降低时，则咳嗽低弱或嘶哑，称为哑咳，见于细支气管炎、支气管肺炎、肺气肿等。此外，低弱的咳嗽也见于某些疼痛性疾病，如胸膜炎、胸膜粘连和喉炎、气胸等。当全身极度衰弱、声带麻痹时，咳嗽极为低弱，甚至几乎无声。

（四） 痛咳

咳嗽伴有疼痛或痛苦症状者，称有痛咳。其特征为病马头颈伸直，摇头不安，前肢刨地，且有呻吟和惊慌现象，见于呼吸道异物、异物性肺炎、急性喉炎、胸膜炎等。

三、 上呼吸道杂音

健康马匹呼吸时，一般听不到异常声音。在病理情况下，病马常伴随着呼吸运动而出现特殊的呼吸杂音。因为这些杂音都来自上呼吸道，故称为上呼吸道杂音。上呼吸道杂音包括鼻呼吸杂音、喉狭窄音、喘鸣音、啰音和鼾声。

1. 鼻呼吸杂音

（1）鼻腔狭窄音　又称鼻塞音。这是鼻腔狭窄所致。其特征为病马呼吸时产生异常的狭窄音，吸气比呼气更加响亮，并有吸气性呼吸困难。

鼻腔狭窄音一般分为干性和湿性 2 种：干性狭窄音，是口哨声。提示鼻腔黏膜高度肿胀，或有肿瘤和异物存在，使鼻腔变狭窄。当呼吸时，气流通过狭窄的孔道而产生声音。见于慢性鼻炎、马腺疫、血斑病、鼻疽、严重的软骨病和鼻腔肿瘤等。湿性狭窄音，呈呼噜声。表示鼻腔内积聚多量黏稠的分泌物。当气流通过时发生振动而引起声音。见于鼻炎、咽喉炎、异物性肺炎、肺脓肿破溃、马腺疫等。

（2）喘息声　为高度呼吸困难而引起的一种病理性鼻呼吸音，但鼻腔并不狭窄。其特征为鼻呼吸音显著增强，呈现粗大的“赫赫”声，多在呼气时较为清楚。此时病马伴有呼吸困难的综合症状。喘息声常见于发热性疾病、肺炎、胸膜肺炎、严重的急性胃扩张、肠臌气和肠变位的后期。

（3）喷鼻　为鼻黏膜受到刺激，反射性地引起突然呼气，震动鼻翼而发出的声音。健康马可因生人，不习惯的声音，吸入灰尘和刺激性气体而引起喷鼻，但经常性的喷鼻则为病理征象，见于鼻卡他、鼻腔异物等。

（4）呻吟　为深吸气之后，经半闭的声门做延长的呼气而发生的一种异常声音。呻吟常表示疼痛、不适，见于马腹痛病及其他疼痛性疾病。

2. 喉狭窄音

在正常情况下，喉及气管可以听到类似“赫赫”的声音。这是气流冲击声带和喉腔产生漩涡运动所致。

在病理情况下，当喉黏膜发炎、水肿或有肿瘤和异物存在时可导致喉腔狭窄变形，在呼吸时即可产生异常的狭窄音。其性质类似口哨声、呼噜声甚至拉锯声。有时声音相当强大，以致在数十步之外都可听见。见于喉水肿、咽喉炎、炭疽、马腺疫等。喉狭窄音是一种最常见的上呼吸道杂音，应注意与来自鼻、咽和气管的杂音鉴别。

3. 喘鸣音

喘鸣音为一种特殊的喉狭窄音。这是返回神经麻痹而引起喉头和声带麻痹的结果。其特点为吸气时产生喉狭窄音，通常称为喘鸣症。主要见于马匹。检查时，如狭窄音轻微，可利用强制运动，如突然后退、骑乘，或将一前肢缚起，做跛行运动，才能使声音更为显著。也可应用特殊的捏喉法检查。即以一手平置于喉的一侧，以另一手的指端在其对侧向内压迫。若喉头麻痹时则产生吸气性杂音。这是已失去控制的麻痹的杓状软骨和陷入喉头的声带仅在吸气动作时才能引起狭窄的缘故。

4. 啰音

当喉和气管有分泌物时，可出现啰音。如分泌物黏稠时，可闻干啰音，即吹哨音或“咝咝”音。分泌物稀薄时，则出现湿啰音，即呼噜声或猫喘音。见于喉炎、咽喉炎、气管炎和气管异物等。

5. 鼾声

鼾声是一种特殊的呼噜声。这是咽、软腭或喉黏膜发生炎症肿胀、增厚引起气道狭窄，呼吸时发生震颤所致；或由于黏液、脓液或纤维素团块部分黏着在咽、喉黏膜上，自由颤动产生共鸣而引起。见于咽炎、咽喉炎、喉水肿、马喘鸣症和咽喉肿瘤等。马在某些药物的麻醉过程中，有时也发鼾声。

四、 口腔检查

口腔检查主要注意：马匹饮食状态的变化及其内、外部的检查，主要用视诊、触诊和嗅诊等方法进行。

1. 饮食状态的观察

（1）饮欲和食欲　食欲和饮欲是马匹对采食饲料及饮水的需求。在临床检查中，除以问诊的方法向马主人询问马匹采食和饮水的情况外，兽医人员可亲自到畜舍观察或进行饲喂试验，主要根据其采食的数量、采食持续时间的长短、咀嚼的力量和速度，还可参考腹围大小等综合条件判定马匹的食欲和饮欲状态。

在观察马匹的食欲和饮欲时，必须注意饲料的种类及质量、饲养制度及饲喂方式以及环境条件等因素。这些条件的突然改变，会使马匹的食欲受到一时的影响。

在病理状态下，食欲和饮欲可能发生减少、废绝或亢进以及异嗜等变化。

食欲减少甚至废绝是许多疾病的共同表现，在排除由饲料品质不良（如发霉、腐败）、饲料或饲喂制度的突然改变、饲养环境的突然变换等条件而引起外，一般即为病态。

食欲减少或废绝。首先，可由消化器官本身的疾病而引起，如口腔、牙齿的疾病，咽腔与食道的疾病，特别是胃肠的疾病。此时，依病变主要侵害部位的不同，在食欲减少的同时，常伴有其他不同的消化功能障碍：如伴有咀嚼困难，则提示口腔与牙齿疾病的可能；伴有吞咽障碍，则应考虑咽腔与食道的疾病；伴有便秘或腹泻，则多由胃肠疾病所引起。当发现食欲改变的同时，如见有马骚动不安并伴有各种腹痛的反常姿势与行为时，则为马腹痛症的提示。其次，食欲减退还见于热性疾病，尤其是伴有高热的疾病时，此时，常表现为在减食或拒食的同时，病马喜饮冷水。此外，矿物质和维生素缺乏、营养衰竭、代谢紊乱以及肝病，甚至当伴有剧烈疼痛的四肢疾病时，也会引起食欲减少或完全废绝。

食欲亢进。长期食欲亢进可见于某些代谢障碍性疾病及肠道寄生虫病或慢性消耗性疾病，发热病之后或疾病的恢复期以及长期饥饿均可引起暂时性的食欲亢进。

饮欲改变。在排除由于使役程度、气温与季节变化、饲料水分含量等环境、条件所引起外，饮欲增强，可见于一切发热疾病、腹泻、剧烈呕吐、大量出汗、渗出性病理过程（如腹膜炎、胸膜炎）等。饮欲减少，可见于伴有意识昏迷的脑病及某些胃肠病。马剧烈腹痛时，常拒绝饮水，如出现饮水，多为病情好转的征兆。

（2）异嗜　是食欲紊乱的另一种异常表现。其特征是病马喜食正常饲料成分以外的物质，如灰渣、泥土、粪水、被毛、污物等，可视为一种特殊的异嗜或恶癖。

异嗜现象常见于幼驹。明显的异嗜多提示为营养、代谢障碍，尤其常为矿物质、维生素、微量元素缺乏性疾病的先兆。如骨软症与佝偻病、维生素缺乏症。慢性胃卡他或某些神经系统疾病时，也可见有异嗜现象。狂犬病及某些脑病或中毒，也可表现为啃咬、吞食异物。此外，胃肠道的寄生虫病，也可见有异嗜现象。

（3）采食和咀嚼　各种马匹在正常状态下，其采食的方式各有不同点，应多接触马匹仔细观察。

采食和咀嚼障碍可表现为采食不灵活，或不能用唇、舌采食；咀嚼时费力、困难或疼痛。如唇、舌及口腔黏膜的发炎或溃烂、舌的断裂、牙齿的磨灭不整与松动、氟中毒、下颌骨骨折及放线菌病，特别是当骨软症时，咀嚼障碍表现得更为明显。某些神经系统疾病，如面神经麻痹，特别是破伤风时，因咬肌强直而牙关紧闭造成采食或咀嚼发生困难。当脑与脑膜疾病和马的慢性脑室积水时，由于中枢机能障碍，有时也表现为采食、咀嚼的异常。如用牙齿去衔草，甚至口衔饲草而忘咀嚼，当饮水时，常将口鼻伸入水中而不吸饮。空嚼、磨牙或咬牙声，可见于马腹痛病、传染性脑脊髓炎、破伤风及某些中毒时。

（4）吞咽　吞咽动作是马匹的一种复杂生理性反射活动，由舌、咽、喉、食道及胃的贲门部协同动作而完成。因此，其中的某一器官机能或结构发生异常时，均可引起吞咽障碍。

吞咽障碍可表现为病马摇头、伸颈、屡次试咽而中止或吞咽时引起咳嗽及伴有大量流涎，在马如有唾液、饲料残渣与饮水经鼻反流，乃是吞咽障碍的重要特征。

吞咽障碍是咽炎的特征性症状。马驹腺疫时，多因伴发咽炎或咽周围淋巴结发炎、肿胀、化脓而表现明显的吞咽困难；此外，咽部的异物或肿瘤，也可引起吞咽障碍。吞咽紊乱也可见于食道疾病，如食道梗塞或食道内异物，食道痉挛或麻痹。如颈部食道病变，则可通过视诊、触诊而检查发现；如病变在胸部食道，则须配合进行食道探诊。某些神经系统疾病或中毒时，可因伴发咽与食道的麻痹，从而引起吞咽障碍。

（5）呕吐　胃内容物不自主地经口或鼻腔反排出来，称为呕吐，各种马匹的呕吐都是一种极为重要的病理现象。马极难发生呕吐，一般仅有呕吐动作，当在疾病严重时才能有胃内容物经鼻孔反流现象。

①呕吐的表现。马在呕吐时，表现急剧不安，鼻孔开张，头颈摇摆，站立不稳，全身发抖并出汗，在腹肌剧烈收缩下，胃内容物借食道的逆蠕动经咽部由鼻孔排出。此时，如伴有腹痛不安的反常姿势是急性胃扩张的特征，同时提示有继发胃破裂的危险。

②呕吐的原因。根据呕吐的发生原因，可分为中枢性呕吐和末梢性呕吐两大类。

中枢性呕吐：是由毒物或毒素直接刺激延脑的呕吐中枢而引起的。如延脑的炎症过程、脑膜炎、脑肿瘤，以及某些药物（氯仿、阿扑吗啡）中毒。

末梢性呕吐（反射性呕吐）：是由延脑以外的其他器官受刺激反射引起呕吐中枢兴奋而发生。主要由来自消化道及腹腔的各种异物、炎性及非炎性的刺激所引起。如软腭、舌根及咽内的异物，过食（胃过度膨满）、胃的炎症或溃疡、寄生虫等。其特征是胃排空后呕吐即行停止。

此外，当食道疾病（如食道梗塞、痉挛、狭窄、发炎或形成憩室）、肠管疾病（如小肠梗阻、肠变位或肠粘连、肠道寄生虫病）、腹膜发炎及其他腹腔、盆腔器官疾病（如肝炎及子宫炎）发生时，也可引起呕吐。

呕吐和呕吐物的检查：检查呕吐应注意呕吐的频率、出现时间、呕吐物的数量，气味、酸碱度（pH）及混合物等。呕吐物的性质和成分随病理过程不同而异。混有胆汁的呕吐物，见于十二指肠阻塞，呕吐物呈黄色或绿色，为碱性反应。

2. 口腔的外部检查

（1）口唇　健壮马匹的上下口唇紧闭。老龄和瘦弱的马匹下唇可因组织紧张性减低而松弛下垂。

在病理状态下，口唇表现下垂，有时口腔不能闭合，可见于颜面神经麻痹、昏迷、某些中毒病（如马的霉玉米中毒）。此外，在下颌骨骨折、狂犬病、唇舌肿胀及齿间楔入异物时，口唇往往不能闭合。一侧性颜面神经麻痹，则唇歪向健康的一侧。

口唇紧张性增高的特征表现为双唇紧闭，口角向后牵引，口腔不易或不能打开，见于脑膜炎和破伤风。

唇部的明显肿胀可见于口黏膜的深层炎症、马传染性脑脊髓炎、饲料中毒时，特别当马血斑病时，鼻面部及口唇常明显肿胀而呈特征性的河马头样外观。唇部疹疱，可见于马传染性脓疱口炎。唇部的结节、溃疡及瘢痕，也可见于马鼻疽或流行性淋巴管炎。

（2）流涎　口腔中的分泌物（正常或病理性的）流出口外，称为流涎。大量流涎是各种刺激致使口腔分泌物增多，可见于各种类型口炎以及伴发吞咽障碍（咽炎或食道梗塞）的疾病，也可见于某些中毒病（如有机磷中毒）。老年马或由面神经麻痹而引起下唇弛缓时，也可见有流涎现象。

3. 口腔的内部检查

（1）口腔气味　马匹在正常生理状态下，口腔内除在采食之后有某种饲料的气味外，一般无特殊臭味。

引起马匹消化功能紊乱的一些疾病，由于长时间饮食欲废绝，口腔上皮脱落及饲料残渣腐败分解而可产生臭味。如各种类型的口腔炎症，表现为吞咽障碍的咽炎及食道疾病，胃肠道的炎症和阻塞等。齿槽骨膜疾病时，可发生腐败臭味。

（2）口腔黏膜

温度　可将手指伸入口腔中感知。口温升高，见于一切热性病，口腔黏膜的各种炎症等。口温低下，见于重度贫血、虚脱及马匹的濒死期。

湿度　口腔黏膜湿润，可由唾液分泌增多或吞咽障碍而引起，如当口膜炎、咽炎、唾液腺炎、狂犬病及破伤风等。口腔干燥，则见于一切热性病、马匹某些腹痛病及长期腹泻或脱水等。

颜色　中兽医在观察口色上积累了极其丰富的经验，对疾病的诊断和预后的判定，有着重要参考价值。口腔黏膜颜色可能表现有苍白、潮红、黄染、发绀等病理变化，其诊断意义除因局部炎症可引起潮红外，其余与其他部位的可视黏膜（如眼结膜、鼻黏膜、阴道黏膜）颜色变化的意义相同。口腔黏膜的极度苍白或高度发绀，提示预后不良。

出血斑点　出血点乃至出血斑可见于出血性素质（如血斑病）；舌下部的小出血点，常为马传染性贫血的启示。

完整性　口腔黏膜的红肿、疱疹、溃烂等损伤和发疹，除可见于一般性口炎外，应注意与痘疮、马的脓疱性口炎、维生素C缺乏症等区分。某些物理、化学及机械性因素，可引起口腔黏膜不同程度的损伤。

（3）舌和牙齿

舌苔　是覆盖在舌体表面上一层疏松或紧密的脱落不全的上皮细胞沉淀物。常呈灰白色或黄白色，可见于胃肠疾病（胃肠卡他、胃肠炎及大肠便秘）及热性病。舌苔薄且色淡，表示病程短，病势较轻；舌苔厚而深，则标志病程长，病势较重。

舌色　健康马匹舌转动灵活且有光泽，其颜色与口腔黏膜相似，呈粉红色。当循环高度障碍或缺氧时，舌色绛红色（深红）或带紫色。如果舌色青紫、舌软如棉则常提示疾病已经到了危险期。

舌麻痹　表现舌垂于口角外并失去活动能力，可见于某些中枢神经系统疾病（如各类型脑炎）的后期或饲料中毒（如霉玉米中毒及肉毒梭菌中毒病）。此时，常伴有咀嚼及吞咽障碍。

舌体咬伤　可由中枢机能紊乱（狂犬病、脑炎）引起。马舌体横断性裂创，多由衔勒所致。

牙齿检查　应注意齿列是否整齐，有无松动、龋齿、过长齿、赘生齿及磨灭情况。马的牙齿磨灭不整，常见于骨质疾病（如纤维性骨营养不良），并可成为口腔损伤、发炎的原因。切齿珐琅质失去光泽、表面粗糙，有黄色或黑色斑点，或出现条纹及凹窝状，常为氟中毒的表现。老年马匹，多见有臼齿过长或斜状齿，咀嚼功能发生紊乱，并常是采食过程中口吐草团的原因之一。

五、 颈部检查

颈部检查主要包括颈部的一般检查、咽和食道的检查、喉及气管的检查及颈静脉的检查等内容。

（一） 颈部的一般检查

马匹的颈部检查，主要用视诊和触诊的方法进行。

正常状态下，马匹的颈部比较平整，当中部食道发生阻塞时，可触摸到异物，视诊可观察局部有隆起。当下部食道阻塞时，在阻塞部上端食道内积有大量的唾液，食道膨满，触之柔软有弹性，并可从口中流出大量的黏液。颈静脉沟处的肿胀、硬结并伴有热、痛反应，是颈静脉及其周围炎症的特征。多有静脉注射消毒不全或注射有刺激性药物渗漏于血管外的病史。颈静脉充盈而隆起乃静脉淤血所致，见于各种原因引起的心力衰竭。

（二） 咽和食道的检查

1. 咽的检查

当马匹表现有吞咽障碍并随之有饲料或饮水从鼻孔反流时，应做咽部的检查。

（1）咽的外部视诊　当发现有局部肿胀、吞咽动作障碍及头颈伸直忌避活动等姿势变化时，多为咽部的炎症表现。马须借助于喉镜检查。当怀疑有咽部异物阻塞或麻痹性病变时，则应行咽的内部检查。

（2）咽的外部触诊　触诊者站在马的颈侧，以两手同时由两侧耳根部向下逐渐滑行并随之轻轻按压以感知其周围组织状态。如出现有明显肿胀和热感并引起敏感反应（疼痛反应）或咳嗽时，多为急性炎症过程。如为附近淋巴的弥漫性肿胀，则可见于耳下腺炎、腮腺炎、马腺疫等。此时，吞咽障碍的表现不甚明显。局限性肿胀，可见于咽后淋巴结化脓。咽麻痹时，黏膜感觉消失，触诊无反应而不出现吞咽动作。

2. 食道检查

当发现马匹表现有吞咽障碍或怀疑食道梗塞时，应进行食道检查。常用视诊、触诊和探诊方法。

（1）食道视诊　当食道憩室、扩张时，马匹采食过程，可见颈沟部（颈部食道）

出现境界明显的局限性膨隆。此时，如将食物向头部方向按摩、推送，可引起嗳气和呕吐动作，由于食物被排出，膨隆即可消失。马患急性胃扩张时，有时可出现食道的逆蠕动现象。

（2）食道触诊　触诊食道时，检查者应站在马匹的左颈侧，面向马匹后方，左手放在右侧颈沟处固定颈部，用右手指端沿左侧颈沟直至胸腔入口，轻轻按压，以感知食道状态。当食道发炎时，可引起疼痛反应及痉挛性收缩。食道阻塞时，可感知梗塞物的大小、形状及性质；阻塞物上部继发食道扩张且有大量液状物时，触诊局部可有波动感。当颈部食道被饲料（马铃薯、甜菜、红薯、萝卜等块根饲料）阻塞时，膨隆部触诊坚硬。

（3）食道（包括胃）探诊　它不仅是临床上一种有效的诊断方法，也是一种治疗手段。根据探管深入的长度和马匹的反应，可确定食道梗塞、狭窄、憩室及炎症的发生部位，并可提示胃扩张的可疑。根据需要可借探管抽取胃内容物进行实验室检查。食道及胃的探诊可兼有治疗作用。当胃扩张时，可将探管放置一定时间以排出内容物及气体。为此，可以将其用绳子固定在马匹的笼头上。

（三）喉及气管的检查

喉及气管的检查，可分为外部和内部检查。外部检查用视诊、触诊和听诊。内部检查，马须借助于喉气管镜，必要时可用气管切开术，由其切口中观察气管黏膜的变化。

1. 视诊

注意观察有无肿胀。喉部的肿胀主要是喉部皮肤和皮下组织发炎浸润的结果，此时可呈现呼吸和吞咽困难。马的喉部肿胀，见于咽喉炎、咽囊炎、马腺疫和某些中毒。

2. 触诊

借助触诊可以判定喉及气管疾病时有无疼痛和咳嗽，并可确定肿胀的性质。在急性严重喉炎时，触诊局部发热、疼痛，并引起咳嗽。当喉黏膜有黏稠的分泌物、水肿、狭窄和声带麻痹时，触诊喉壁有明显的颤动感。在马喘鸣症时，压迫健康一侧的杓状软骨，则震动加剧，呼吸困难，甚至发生窒息现象，压迫病侧时，则颤动轻微。喉水肿时，喉壁的颤动最为明显。

3. 听诊

听诊健康马匹的喉和气管时，可以听到类似“赫”的声音，称为喉呼吸音。这是气流冲击声带和喉壁形成漩涡运动而产生并沿整个气管向内扩散，渐变柔和的声音。在气管出现者，称为气管呼吸音。在胸壁支气管区出现者，称为支气管呼吸音。这种声音的性质基本相同，仅由于传导条件不同而稍有变化。在病理情况下，喉和气管呼吸音可出现各种变化。

（四）颈静脉的检查

检查颈静脉主要是应用视诊和触诊方法检查静脉的充盈状态和静脉波动。

1. 静脉充盈而隆起

颈静脉呈明显的扩张或极度膨隆，似绳索状，可视黏膜潮红或发绀，可见于各种原因所引起的心力衰竭以及导致胸膜腔内压升高的疾病（如渗出性胸膜炎、肺气肿、胃肠内容物过度充满等）。

2. 静脉萎陷

颈静脉不显露，即使压迫静脉，其远心端也不膨隆，将针头插入静脉内，也不见血液流出。这是由于血管衰竭，大量血液淤积在毛细血管内的缘故，见于休克、严重毒血症等。

3. 颈静脉波动

检查颈静脉时有时可见随心脏活动而由颈根部向颈上部的逆行性波动，称颈静脉波动。在正常情况下，马的颈静脉的波动，是当右心房收缩时，由腔静脉血液回流入心的一时受阻及部分静脉血液逆流并波及前腔静脉而至颈静脉所引起，故此种波动出现于心房收缩与心室舒张的时期，且逆行性波动的高度一般不超过颈的下 1/3 处，这是生理现象。

病理性的颈静脉波动，有 3 种类型：

（1）心房性颈静脉波动（阴性波动）　当生理性的颈静脉波动过强，由颈根部向头部的逆行波超过颈中部以上时，即为病理现象。乃心脏衰弱、右心房淤滞的结果。心房性颈静脉波动的特点，是波动出现于心搏动与动脉脉搏之前。

（2）心室性颈静脉波动（阳性波动）　颈静脉的阳性波动是三尖瓣闭锁不全的特征。此时，随心室收缩使部分血液经闭锁不全的空隙而逆流入右心房，并进一步经前腔静脉而至颈静脉。此时其波动较高，力量较强，并以出现于心室收缩期（与心搏动及动脉脉搏相一致）为其特点。

（3）伪性搏动　当颈动脉的搏动过强时，可引起颈静脉沟处发生类似的搏动现象，一般称为颈静脉的伪性搏动。

为区别几种不同的颈静脉波动，应注意其波动的强度及逆行波的高度，特别要确定其出现的时期（是否与心室收缩相一致）。必要时还可应用指压试验：用手指压在颈静脉的中部并立即观察压后波动的情况，如远心端及近心端波动均消失，则为阴性波动；如远心端消失而近心端仍存在，则为阳性波动；如系伪性搏动，则两端搏动无任何改变。此外，颈静脉沟处出现肿胀、硬结并伴有热、痛反应，是颈静脉及其周围炎症的特征。多有静脉注射时消毒不全或刺激性药液（如钙的制剂等）渗漏于脉管外的病史。

任务1　马头部检查

【任务目标与质量要求】

制订头部外形、耳、眼、鼻、鼻旁窦、喉囊、咽和食管、喉和气管及浅在静脉检查的步骤，对检查收集症状进行记录和分析。分项检查做到逐项不漏，详细检查头部器官的外形对称性，有无肿胀和外伤及组织结构变化，相应器官功能是否健全，神经反射机能是否正常，病理状态表现的形式、性质等进行系统检查。及时收集症状进行检查结果判定，并推理相应可能疾病病因。

【学习产出目标】

(1) 熟知马匹头部外形、耳、眼、鼻、鼻旁窦、喉囊、咽和食管、喉和气管及浅在静脉检查的内容和方法，熟知马匹头颈部器官的正常结构和生理功能。

(2) 依据马匹眼球、瞳孔检查，进行马匹疾病症状收集。

(3) 依据马匹鼻腔、呼出气体、鼻液、咳嗽检查，进行马匹疾病症状收集。

(4) 依据马匹口腔、食欲、呕吐、舌和牙齿检查，收集马匹疾病症状。

(5) 依据马匹颈静脉、咽和食道、喉及气管检查，收集马匹疾病症状。

【工作程序与方法要求】

1. 马匹头部检查

检查者站在马匹左侧进行头部检查，对头部外形、对称性、肿胀、质地、温度等进行检查，检查耳和眼的神经反射及结构变化，检查眼结膜和瞳孔及眼球运动，在右侧采取同样的方法进行检查，在马匹正前方观察面部和耳及眼的对称性，依据检查症状进行马匹头部器官的健康状态评定，并依据耳、眼、额窦的有关症状进行脑功能和病理状态可能性推断。

2. 马匹鼻腔结构和功能检查

检查马匹鼻孔周围组织和鼻甲骨的形状变化以及鼻腔有无痒感，保定马匹后将其头略为抬高，使鼻孔对着阳光或人工光源，用手指或开鼻器适当扩张鼻孔检查鼻腔黏膜，判定有无颜色、有无肿胀、水疱、溃疡、结节和损伤，检查两侧鼻孔的气流强度、呼吸杂音，呼出气的温度和气味。检查马匹鼻液量、性状、一侧性或两侧性、有无混杂物及其性质。检查马匹有无咳嗽及其性质、频度、强度和痛感。

3. 马匹口腔结构和功能检查

在马厩观察就诊马匹饮食欲状态，或问询马工和马主人了解其饮食欲状态有无异嗜、呕吐，并用优质青草和饮水诱导检查马匹饮食欲、咀嚼和吞咽状态。检查马匹口唇闭合状态、唾液分泌、口腔气味、舌苔、口腔温度、唾液黏度、口腔黏膜颜色、舌和牙齿的状态。检查按照操作步骤分项进行，逐项记录，然后进行综合判定。

【工作任务实施记录与评价】

1. 马匹头部检查评价

师傅指导记录	马匹头部检查评价	评价成绩
		年　月　日

2. 马匹鼻腔结构和功能检查评价

师傅指导记录	马匹鼻腔结构和功能检查评价	评价成绩
		年　月　日

3. 马匹口腔结构和功能检查评价

马匹编号	口唇	流涎	口内检查	舌和牙齿	呕吐
检查质量评价				评价成绩	
				时间	

4. 学徒关键职业能力、职业品质及工匠精神评价

项目	A	B	C	D
工作态度				
吃苦耐劳				
团队协作				
沟通交流				
学习钻研				
认真负责				
诚实守信				

任务2　马颈部检查

【任务目标与质量要求】

制订马颈部一般检查、咽和食道、喉和气管、浅在静脉等检查的步骤，对检查收集症状进行记录和分析。分项检查做到逐项不漏，详细检查颈部器官的外形平整性，有无肿胀、硬结并是否伴有热、痛反应，相应器官功能是否健全，有无吞咽障碍，有无饲料或饮水从鼻孔反流，神经反射机能是否正常，病理状态表现的形式、性质等进行系统检查。及时收集症状进行检查结果判定，并推理相应可能疾病病因。

【学习产出目标】

(1) 熟知马匹颈部一般检查、咽和食道、喉和气管、浅在静脉的检查内容和方法，熟知马匹颈部器官的正常结构和生理功能。

(2) 依据马匹颈静脉视诊和触诊检查，进行马匹循环系统和治疗后遗症症状收集。

(3) 依据马匹咽部视诊、触诊检查，进行马匹咽部疾病症状收集。

(4) 依据马匹食道触诊、视诊和探诊检查，收集马匹食道疾病症状。

(5) 依据马匹喉及气管的视诊、触诊和听诊检查，收集马匹疾病症状。

【工作程序与方法要求】

1. 马匹颈部一般检查

检查者先检查马匹左侧颈部，对颈部外形、对称性、肿胀、质地、温度、头颈结构异常等进行检查，检查中部食道触诊有无隆起，检查食道内有无大量唾液蓄积并从口中逆出，在右侧采取同样的方法进行检查。触诊颈静脉沟的组织质地，有无肿胀、硬结并是否伴有热、痛反应，问诊马主人被检马匹有无静脉注射治疗史。

2. 马匹咽和食道的检查

检查马匹咽部有无局部肿胀、吞咽频繁和障碍，头颈姿势有无异常。使用马匹开口器、戴头灯进行马匹咽的内部检查，观察马匹咽部有无异物、肿胀等，并结合颈部一般检查内容，进行综合诊断，如有异物在进行清除后，观察马匹表现有无改善，并进行进一步的探诊检查或治疗处理。观察食道有无局部明显隆起，有无明显逆蠕动。触诊食道有无疼痛敏感反应，有无痉挛性收缩。应用硬质胃管进行马匹食道探诊，结合探诊深度和胃内容物导出状况，以判定食道通路状况和胃内状况。

3. 马匹喉及气管检查

检查马匹喉部组织质地和触诊敏感度，进行人工诱咳试验，检查马匹喉部有无明显的颤动，压迫马匹喉部杓状软骨，观察马匹反应，感知压迫部颤动状态。使用听诊器，结合马匹呼吸动作，详细收集马匹喉部呼吸音，并判定其性质。

4. 马匹颈静脉检查

观察和指压马匹颈静脉下、中、上 1/3 交界处及两侧全段颈静脉，观察不同段颈静脉充盈隆起程度，并结合马匹口色和眼结膜颜色、精神状态进行综合判定。认真观察马匹颈静脉的波动，并结合心脏听诊进行综合分析，区分心脏衰弱、右心房淤血、三尖瓣闭锁不全、颈动脉波动等症状，并能叙述判定依据和疑似诊断。

【工作任务实施记录与评价】

1. 马匹颈部一般检查评价

师傅指导记录	马匹颈部一般检查评价	评价成绩
		年　月　日

2. 马匹咽及食道检查评价

师傅指导记录	马匹咽及食道检查评价	评价成绩
		年　月　日

3. 马匹喉及气管检查评价

马匹编号	视诊	触诊	听诊	喉内检查	诱咳试验
检查质量评价				评价成绩	
				时间	

4. 马匹颈静脉检查评价

师傅指导记录	马匹颈静脉检查评价	评价成绩
		年　月　日

5. 学徒关键职业能力、职业品质及工匠精神评价

项目	A	B	C	D
工作态度				
吃苦耐劳				
团队协作				
沟通交流				
学习钻研				
认真负责				
诚实守信				

项目四
马胸部检查

【专业知识准备】

一、胸部检查

胸廓由胸骨、肋骨和胸段脊柱所组成。胸部及胸腔器官的检查包括胸廓外形、胸壁、呼吸运动、支气管、肺、胸膜、心脏和血管等部分。涵盖了上呼吸道系统和心血管系统检查的有关内容。

呼吸系统疾病在马的疾病中较为常见，其发病率仅次于消化系统疾病。因为呼吸道与外界相通，所以温热的、机械的、化学的和微生物的各种因素都能引起呼吸系统疾病。许多传染病常常主要侵害呼吸系统，如流行性感冒、马腺疫、鼻疽、传染性胸膜肺炎等。另外某些寄生虫，如肺线虫等也可侵害呼吸系统而致病。

马匹心血管系统的原发病虽然不多，但是其他器官、系统的疾病都会直接或间接地影响心血管系统。特别是许多传染病、寄生虫病以及营养代谢病和中毒病，由于常可侵害心脏而引起其功能发生障碍。马匹患有胸部及胸腔器官疾病时，不仅影响其生产性能、使役能力和经济价值，而且影响幼驹的生长和发育，甚至会造成死亡。因此胸部及胸腔器官的检查是兽医临床诊断中十分重要的环节，必须予以足够的重视。

胸部及胸腔器官的检查，主要应用视诊、触诊、叩诊和听诊方法，其中尤以听诊和叩诊方法更为重要。此外，尚可根据需要，配合应用某些特殊的检查法，如心电图或心音图的描记，X 线的透视或摄影，血气分析，胸腔穿刺及穿刺液的检查，动脉压、静脉压及中心静脉压的测定以及其他有关的生化检查等。

二、胸廓的检查

检查胸廓时，一般用视诊和触诊的方法。通常应由上而下，从左到右地全面检查。

（一） 胸廓的视诊

胸廓视诊，应注意胸廓的形状及其皮肤的变化。

1. 胸廓的形状

健康马匹，其胸廓的形状和大小，因马匹的种类、品种、年龄、营养及发育状况而有很大差异。但胸廓两侧应对称，脊柱平直，肋骨膨隆，肋间隙的宽度均匀，呼吸也匀称。在病理情况下，胸廓的形状可能发生异常变化。

（1）桶状胸　特征为胸廓向两侧扩大，左右横径显著增加，呈圆桶形。肋骨的倾斜度减少，肋间隙变宽。常见于严重的肺气肿。

（2）扁平胸　特征为胸廓狭窄而扁平，左右半径显著狭小，呈扁平状。可见于骨软病、营养不良和慢性消耗性疾病。幼驹胸骨柄明显向前突出，常常伴有肋软骨结合处的串珠状肿胀，并见有脊柱凹凸，四肢弯曲，全身发育障碍，是佝偻病的特征。

（3）两侧胸廓不对称　表现为患侧胸壁平坦而下陷，肋间隙变窄，而对侧常呈代偿性扩大，致两侧胸壁明显不对称。见于肋骨骨折、单侧性胸膜炎、胸膜粘连、骨软病和代偿性肺气肿等。此时呼吸的匀称性也发生改变。此外脊柱的病变也可导致胸廓变形。检查时，必须两侧对照比较来确定病变的部位和性质。

2. 胸廓皮肤的变化

应注意创伤、皮下气肿、丘疹、溃疡、结节和胸前及胸下浮肿及局部肌肉震颤等。胸廓的创伤（包括鬐甲部鞍伤）等外科疾病，一望可知；胸壁皮下的气肿，多见于外伤、肺气肿，有时发生于气胸。马胸侧沿淋巴管分布的结节和溃疡性病变应考虑皮肤鼻疽和流行性淋巴管炎。胸壁的散在性扁平丘疹，常提示荨麻疹；伴有痒感的小结节样疹、水疱以至皮肤增厚、脱毛落屑等应考虑螨病或湿疹。胸前、胸下的浮肿多见于心力衰竭、重度贫血和营养不良等。在马传染性贫血流行地区更要注意传染性贫血的可疑。此外，在渗出性胸膜炎时，可见胸下有大面积浮肿，并常伴有局部的热、痛反应。肘后、肩胛和胸壁的震颤，常见于发热病的初期，也可见于疼痛性疾病（如马腹痛病）、中毒、某些代谢性疾病和神经系统疾病。

（二） 胸壁的触诊

胸壁触诊对于确定某些病变的性质，确定胸壁的敏感性和胸膜摩擦感有一定的意义。

1. 胸壁的温度

局部温度增高，可见于炎症、脓肿等。胸侧壁的温度增高，可见于胸膜炎等，此时务必左右对照检查。

2. 胸壁疼痛

触诊胸壁时，病马表现骚动不安、回顾、躲闪、反抗或呻吟，乃胸壁敏感的表现。胸壁敏感是胸膜炎的特征，尤以病的初期更为明显。胸壁敏感也可见于胸壁的皮肤、肌肉或肋骨的发炎与疼痛性疾病。肋骨骨折时疼痛非常显著。

3. 胸膜摩擦感

在胸膜炎时，胸膜表面沉积大量的纤维蛋白，胸膜变得粗糙，则在呼吸运动时，胸膜的壁层和脏层相互摩擦，用手触诊时可感觉到。通常于呼气和吸气时均可触及，但有时只能在吸气末期触到。此外，当较大支气管内啰音粗大而严重时，触诊胸壁可有轻微的震颤感，称为支气管震颤，见于异物性肺炎和肺脓肿破溃等。

4. 皮下气肿

胸部皮下组织有气体积存时称为皮下气肿。以手按压皮下气肿的皮肤，引起气体在皮下组织内移动，可出现捻发音。严重者气体可由胸壁皮下向颈部、腹部或其他部位的皮下蔓延。

5. 肋骨局部变形

见于佝偻病、软骨病、氟骨病和肋骨骨折等。

三、 肺和胸膜腔的检查

肺和胸膜腔的检查，一般包括视诊、叩诊和听诊 3 部分。

（一） 视诊

主要是检查马匹的呼吸运动。呼吸运动是凭借膈肌和肋间肌的收缩和松弛来完成的，胸廓随呼吸运动而扩大和缩小，从而带动肺的扩张和收缩。正常情况下吸气为主动运动，此时胸壁扩张，胸膜腔内负压增多，肺脏扩张，空气经上呼吸道进入肺内。呼气为被动运动，此时肺脏弹力回缩，胸廓缩小，胸膜腔内负压降低，肺内气体随之呼出。健康马匹静息状态下呼吸运动稳定而有节律。检查呼吸运动时，应注意呼吸的频率、类型、节律、对称性、呼吸困难和呃逆（膈肌痉挛）等。

1. 呼吸频率

呼吸次数的病理性改变，可表现为呼吸次数增多或减少，但以呼吸次数增多为常见。

（1）呼吸次数增多

①呼吸器官本身的疾病，当上呼吸道的轻度狭窄及呼吸面积减少时可反射地引起呼吸加快，如上呼吸道的炎症、各型肺炎及胸膜炎以及主要侵害呼吸器官的各种传染病（马的鼻疽、胸疫等）及寄生虫病（如肺线虫病）等。

②多数发热性疾病（包括发热性传染病及非传染病），由热、菌及毒刺激的结果。

③心力衰弱及贫血、失血性疾病。

④导致呼吸活动受阻的各种病理过程，如膈的运动受阻（膈的麻痹或破裂），腹压升高（胃肠鼓胀时），胸壁疼痛性病（如肋骨骨折等）。

⑤剧烈疼痛性疾病，如四肢的带痛性病及马腹痛症。

⑥中枢神经的兴奋性增高，如脑充血、脑及脑膜炎的初期等。

⑦某些中毒，如亚硝酸盐中毒引起的血红蛋白变性。

（2）呼吸次数减少　通常原因是引起颅内压显著升高的疾病（如慢性脑室积水，马的流行性脑脊髓炎的后期），某些中毒病及重度代谢紊乱等。当上呼吸道高度狭窄而引起严重的吸入性呼吸困难时，由于每次吸入的持续时间显著延长，可相对地使呼吸次数减少。此外，常伴有吸入期明显的狭窄音，且病马表现痛苦甚至呈窒息状。呼吸次数的显著减少并伴有呼吸形式与节律的改变，常提示预后不良。

2. 呼吸类型

即马匹呼吸的方式。检查时，应注意胸廓和腹壁起伏动作的协调性和强度。根据胸壁和腹壁起伏变化的程度和呼吸肌收缩的强度，将其分为3种类型：

（1）胸腹式呼吸　健康马匹一般为胸腹式呼吸，即在呼吸时胸壁和腹壁的动作很协调，强度也大致相等，因此也可称为混合式呼吸。

（2）胸式呼吸　为一种病理性呼吸方式。当腹壁和腹腔器官患有某些疾病时，即以胸式呼吸为主，其特征为胸壁的起伏动作特别明显，见于胃扩张、肠臌气、腹腔大量积液以及腹壁外伤和腹壁疝等。此外，在膈破裂和膈肌麻痹时，也可使膈肌的活动受到限制或根本不能运动，从而出现胸式呼吸为主的现象。

（3）腹式呼吸　也是一种病理性呼吸方式。其特征为腹壁的起伏动作特别明显，而胸壁的活动却极轻微，提示病变多在胸部。见于急性胸膜炎、胸膜肺炎、胸腔大量积液等。这是疼痛反射性地抑制胸壁的起伏动作所致。在马的慢性肺泡气肿时，也可出现腹式呼吸，这是因为肺泡壁的弹性降低，支气管狭窄，影响肺泡内气体的排出，为增强腹腔对膈肌的压力，以利于气体的排出，病马加强腹壁的收缩。此外，在肋骨骨折时也可出现腹式呼吸。

3. 呼吸节律

健康马匹呼吸时，有一定的节律。即吸气之后紧接着呼气，每一次呼吸运动之后，稍有休歇，再开始第二次呼吸。每次呼吸之间间隔的距离相等，如此周而复始，很有规律，称为节律性呼吸。呼吸有一定的深度和长度，呼气一般要比吸气长一些。当呼吸次数减少时，则呼吸加深。马的吸气与呼气之比为1∶1.8。健康马匹的呼吸节律，可因兴奋、运动、恐惧、尖叫及嗅闻等而发生暂时性的变化。在病理情况下正常的呼吸节律遭到破坏，称为节律异常。临床上常见的呼吸节律变化如下：

（1）吸气延长　特征为吸气异常费力，吸气的时间显著延长，提示气流进入肺部不畅，从而出现吸气困难，见于上呼吸道狭窄（鼻、喉和气管内有炎性肿胀、肿瘤、黏液、假膜和异物梗阻或在呼吸道外有病变压迫）。

（2）呼气延长　特征为呼气异常费力，呼气的时间显著延长，表示气流呼出不畅，从而出现呼气困难。这是支气管腔狭窄，肺的弹性不足所致，见于马的慢性肺泡气肿、慢性支气管炎等。

(3) 间断性呼吸　特征为间断性吸气或呼气，即在呼吸时，出现多次短促的吸气或呼气动作。这是由病马先抑制呼吸，然后进行补偿所致。见于细支气管炎、慢性肺气肿、胸膜炎和伴有疼痛的胸腹部疾病；也见于呼吸中枢兴奋性降低时，如脑炎、中毒和濒死期。

(4) 陈-施二氏呼吸　这是病理性呼吸节律的典型代表。其特征为呼吸逐渐加强、加深、加快，当达到高峰以后，又逐渐变弱、变浅、变慢，而后呼吸中断。经数秒乃至15～30 s的短暂间隙以后，又以同样的方式出现。这种波浪式的呼吸方式，又名潮式呼吸。这是由于血中二氧化碳（CO_2）增多而氧（O_2）减少，颈动脉窦、主动脉弓的化学感受器和呼吸中枢受到刺激，使呼吸加深加快，待达到高峰后，血中 CO_2 减少而 O_2 又增多，呼吸又逐渐变浅变慢，继而呼吸暂停片刻。这种周而复始的变化是呼吸中枢敏感性降低的特殊指征。此时病马可能出现昏迷、意识障碍、瞳孔反射消失以及脉搏的显著变化。这种呼吸多是神经系统疾病导致脑循环障碍的结果，也是疾病重危的表现，见于脑炎、心力衰竭以及某些中毒等疾病，如尿毒症、药物或有毒植物中毒等。

(5) 毕欧特氏呼吸　这也是一种病理性呼吸节律。其特征为数次连续的、深度大致相等的深呼吸和呼吸暂停交替出现。表示呼吸中枢的敏感性极度降低，是病情危重的标志，常见于各种脑膜炎，也见于某些中毒，如蕨中毒、酸中毒和尿毒症等。

(6) 库斯茂尔氏呼吸　特征为呼吸不中断，发生深而慢的大呼吸，呼吸次数少，并带有明显的呼吸杂音，如啰音和鼾声，故又称深大的呼吸。见于酸中毒、尿毒症、濒死期，偶见于大失血、脑脊髓炎和脑水肿等。

4. 呼吸的对称性

健康马匹呼吸时，两侧胸壁的起伏强度完全一致，称为匀称呼吸或对称性呼吸，反之则称为呼吸不对称。当胸部疾患局限于一侧时，则患侧的呼吸运动显著减少或消失，健康一侧的呼吸运动常出现代偿性加强。呼吸不对称见于单侧性胸膜炎、胸腔积液、气胸和肋骨骨折等；也见于一侧大支气管阻塞或狭窄，一侧性肺膨胀不全等。检查呼吸的对称性时，最好站在马匹的后方或在后方高处观察。

5. 呼吸困难

呼吸困难是一种复杂的病理性呼吸障碍。表现为呼吸费力，辅助呼吸肌参与呼吸运动，并可有呼吸频率、类型、深度和节律的改变，高度的呼吸困难称为气喘。呼吸困难是呼吸器官疾病的一个重要的症状，但在其他器官患有严重疾病时，也可出现呼吸困难。根据引起呼吸困难的原因和其表现形式，可将呼吸困难分为3种类型：

(1) 吸气性呼吸困难　特征为吸气期显著延长，辅助吸气肌参与活动，并伴有特异的吸入性狭窄音。病马在呼吸时，鼻孔张大，头颈伸展，四肢广踏，胸廓开张，呼吸深而强，某些马匹可呈张口呼吸。这是上呼吸道狭窄的特征，可见于鼻腔狭窄、喉水肿、咽喉炎、喘鸣症（马返回神经麻痹）、血斑病等。

（2）呼气性呼吸困难　特征为呼气期显著延长，辅助呼气肌（主要是腹肌）参与活动，腹部有明显的起伏动作，可出现连续两次呼气动作，称为二重呼气。高度呼气困难时，可沿肋骨弓出现较深的凹陷沟，称为“喘线”或“息劳沟”。同时可见背拱起，肷窝变平。由于腹部肌肉强力收缩，腹内压变化很大，伴随呼吸运动见有呼气时肛门突出，吸气时肛门反而呈陷入的现象，称为肛门抽缩运动。这是肺组织弹性减弱和细支气管狭窄，肺泡内空气排出困难的结果。可见于急性细支气管炎、慢性肺气肿、胸膜肺炎等。

（3）混合性呼吸困难　这是最常见的一种呼吸困难。特征为吸气和呼气均发生困难，常伴有呼吸次数增加现象。临诊表现为混合性呼吸困难的疾病非常多，根据其发生的原因和机理可分为以下 6 种基本类型。

①肺源性。肺部有广泛性病变，支气管也受到侵害，使肺的呼吸面积减少，肺活量降低，肺的通气不良，换气不全，进而使血液 CO_2 浓度增高和 O_2 的浓度下降，导致呼吸中枢兴奋。可见于各型肺炎、胸膜肺炎、急性肺水肿和主要侵害胸、肺器官的某些传染性疾病，如鼻疽、结核、马传染性胸膜肺炎，也见于支气管炎并发肺气肿，渗出性胸膜炎和胸腔大量积液等疾病时。

②心源性。呼吸困难也是心功能不全（心力衰竭）的主要症状之一。其产生的原因为小循环发生障碍，肺换气受到限制，导致缺氧和二氧化碳潴留。病马表现混合性呼吸困难的同时，伴有明显的心血管系统症状，运动后心跳、气喘更为严重，肺部可听诊到湿啰音。可见于心内膜炎、心肌炎、创伤性心包炎和心力衰竭等。

③血源性。严重贫血时可因红细胞和血红蛋白减少，血氧不足，导致呼吸困难。尤以运动后更为显著。可见于各种类型的贫血，如马传染性贫血和梨形虫病等。

④中毒性。因毒物来源不同，又可分为内源性中毒和外源性中毒。内源性中毒见于各种原因引起的代谢性酸中毒，由于血液酸碱度降低，间接或直接兴奋呼吸中枢，增加呼吸通气量与换气量，表现为深而大的呼吸困难，但无明显的心、肺疾病的存在。见于尿毒症、酮血病和严重的胃肠炎等。此外，高热性疾病时，因血液温度增高和代谢亢进引起酸性代谢产物增多，刺激呼吸中枢引起呼吸困难。外源性中毒见于某些化学毒物中毒影响血红蛋白，使之失去携氧功能；或抑制细胞内酶的活性，破坏组织内氧化过程，从而造成组织缺氧，出现呼吸困难。见于亚硝酸盐和氢氰酸中毒。另外有机磷化合物，如 1605（对硫磷）、3911（甲拌磷）、敌百虫等中毒时，可引起支气管分泌增加，支气管痉挛和肺水肿导致呼吸困难。某些药物中毒，如水合氯醛、吗啡、巴比妥等药物中毒时，呼吸中枢受到抑制，故呼吸迟缓。

⑤神经性和中枢性。重症脑部疾病，由颅内压增高和炎症产物刺激呼吸中枢可引

起呼吸困难，见于脑膜炎、脑肿瘤等。某些疼痛性疾病可以反射地引起呼吸运动加深，重者也可引起呼吸困难。在破伤风时，毒素直接刺激神经系统，使中枢的兴奋性增高，并使呼吸肌发生强直性痉挛性收缩，导致呼吸困难。

⑥腹压增高性。急性胃扩张、急性瘤胃臌气、肠变位和腹腔积液等时，胃肠容积增大或膨胀，导致腹腔的压力增高，直接压迫膈肌并影响腹壁的活动，从而导致呼吸困难。严重者，病马甚至可窒息。

6. 呃逆（膈肌痉挛）

所谓呃逆，即病马所发生的一种短促的急跳性吸气，这种症状是膈神经直接或间接受到刺激使膈肌发生有节律的痉挛性收缩而引起。其特征为腹部和肷部发生节律性的特殊跳动，称为腹部搏动，俗称“跳肷”。严重者，胸壁，甚至全身也可出现相应的震动，震动时，可听诊到“咚咚”之声和呃逆声。呃逆常伴发于马的某些中毒性疾病（如蓖麻子饼中毒等）、血液电解质平衡失调、食滞性急性胃扩张、肠阻塞和脑及脑膜疾病等。

呃逆（膈肌痉挛）应与心悸鉴别诊断，心悸时伴有心搏动过强，心区震动明显，心音增强高朗，其节律与心搏动相一致的特征。

（二）叩诊

叩诊是检查肺和胸膜腔的重要方法之一。叩诊的目的在于了解胸腔内各脏器的解剖关系和肺的正常体表投影。根据叩诊音的变化，来判断肺和胸膜腔的物理状态，发现异常，借以诊断疾病。叩诊也可作为一种刺激，根据病马的反应，来判断胸膜的敏感性或疼痛。

1. 叩诊方法

胸、肺的叩诊方法有间接和直接叩诊法 2 种，目前以应用前者较为普遍。马应用锤板叩诊法进行叩诊。

叩诊板必须紧紧压迫下部组织，叩诊板与皮肤之间不能存有空隙。握持叩诊锤的手，其位置应高于握持叩诊板的手。为欲做出一种弹性的叩击，故握持叩诊锤的手不需紧握，而应松松执于拇指与前二指（食指与中指）之间，在叩打时应以腕部发出运动，而不应以肘部或肩部发出运动。

叩诊锤应垂直落于叩诊板上，若不呈直角叩打，其他任何角度的叩打都将不能打出适当的清音。在整个叩诊区进行叩诊时，应沿等距线进行叩诊，而不应只对孤立位置做叩诊。

叩诊板仅于固定时方可叩击，然后根据叩诊板的宽度再向前移动，在各个部位的叩打强度应该相等（不可一轻一重）。叩诊不应过重，因为做轻轻叩打对各种不同的回响音也易于区别。对深层组织检查时可用重叩诊，而轻叩诊多用于检查较浅层部位。众所周知，开始叩诊时宜在适合轻叩诊部位轻轻叩诊，这样操作就可获得特殊精确的诊断信息。

2. 肺叩诊区

叩诊健康马匹肺区，发出清音的区域，称为肺叩诊区。叩诊区仅表示肺可以检查的部分，即肺的体表投影，并不完全与肺的解剖界限相吻合。这是因为肺的前部为发达的肌肉和骨骼所掩盖，所以不能为叩诊所检查。因此，马匹的肺叩诊区比肺本身约小 1/3。

3. 肺叩诊区的病理变化

肺叩诊区的病理变化，主要表现为扩大或缩小。其变动范围与正常肺叩诊区相差 2～3 cm 以上时，才可认为是病理征象。

(1) 肺叩诊区扩大　为肺过度膨胀（肺气肿）和胸腔积气（气胸）的结果。当肺过度膨胀时，则肺界后移，心脏绝对浊音区缩小。急性肺气肿时，肺界后移常达最后一个肋骨，心脏绝对浊音区缩小或完全消失。慢性肺气肿时，体型较大的马匹肺界后移可达 2～10 cm，同时叩诊界也可向下方扩大。但心脏浊音区常因右心室肥大的关系或移位不明显，或无变化。在气胸时，肺的后缘也可达到膈线，甚至更后。

(2) 肺叩诊区缩小　为腹腔器官对膈的压力增强，并将肺的后缘向前推移所致。见于怀孕后期、急性胃扩张、肠臌气、腹腔大量积液等。此外，当心肥大、心扩张和心包积液时，心浊音区可能向后向上延伸而致肺叩诊区缩小；一侧肺界缩小，可见于引起肝脏肿大的各种疾病，如肥大性肝硬化等。

4. 肺区正常叩诊音

肺是一对含有丰富弹性纤维的气囊，在正常情况下充满于胸膜腔，其解剖学特点和恒定的生理状态，为叩诊创造了良好的条件。叩诊肺区时，可得清楚的叩诊音，称为清音或肺音。肺正常叩诊音，一般认为由 3 种音组成，即叩诊锤敲击叩诊板所产生的声音；胸壁受到叩打的冲击时发生震动而产生的声音；由胸壁的震动引起肺组织和肺泡内空气柱的共鸣而产生的声音。

(1) 影响肺叩诊音的主要因素

①胸壁厚度。如肥胖马匹肌肉发达、皮下脂肪丰满，或有皮下浮肿，或当纤维蛋白性胸膜炎时胸壁肥厚，叩诊所产生的振动不能很好地向深部传播，则叩诊音较浊、较弱、较钝。而消瘦的马匹，胸壁菲薄，则叩诊音宏大而呈明显的清音。

②肺泡壁的弹性及肺泡内含气量。肺泡壁紧张、弹性良好，叩诊产生非鼓音；而肺泡壁弛缓、失去弹性则叩诊产生鼓音。依据肺泡内含气量减少的程度不同，而可使叩诊音变为半浊音、浊音，肺实变时则叩诊呈实音。

③胸膜腔状态。胸腔积液以液面为分界线，下部呈水平浊音，上部呈过清音；气胸时叩诊呈鼓音。此外，叩诊用力过强，叩诊的技巧及叩诊器的质量等因素均可影响叩诊音的性质。

（2）肺部正常叩诊音　呈现清音。特征为音响较长，响度较大而洪亮，音调较低。反映肺组织的弹性、含气量和致密度良好。在判断肺叩诊音时必须考虑到影响叩诊音的各种因素，即胸壁的厚薄，肺的含气量和肺泡壁弹性，胸腔和胸膜的状态以及叩诊的强度和技巧等。由于肺组织在生理情况下含气量不同（肺区中央的肺组织厚，含气量较多），胸壁各处的厚薄又不一致，而且胸腔的下部和后部又有心脏和腹腔脏器（肝脏和胃肠）的影响，因此正常肺组织各部的叩诊音也不完全相同。肺区中央的叩诊音较为响亮，而周围的叩诊音则较弱而短，带有半浊音性质。

5. 胸、肺病理叩诊音

在病理情况下，胸、肺叩诊音的性质可能发生显著的变化。其性质和范围，取决于病变的性质和大小以及病变的深浅。一般说深部的病灶（离胸部表面 7 cm 以上）和小范围的病灶（直径小于 2～3 cm）或少量胸腔积液，常不能发现。

（1）浊音、半浊音　这是肺泡内充满炎性渗出物，使肺组织发生实变，密度增加的结果，或为肺内形成无气组织（如瘤体、棘球蚴囊肿）所致。由于病变的大小、深浅和病理发展过程不同，肺泡中的含气量也各异，叩诊时有时为浊音，有时则为半浊音。此外，浊音或半浊音也可能是胸壁增厚和胸腔积液的结果。

①大片状浊音区，多发生在肺区中 1/3 及下 1/3。主要见于大叶性肺炎和融合性肺炎。这是肺的大叶或大叶的一部分发炎形成肝变所致。在大叶性肺炎时，炎症往往由下向上向前和向后发展，故浊音区的上界常呈弓形为其特殊表现。但在有些情况下，浊音区的上界是不整齐的。此外，大片状浊音区也可见于马传染性胸膜肺炎等。

②局灶性或点片状浊音区，常见于小叶性肺炎。这是肺的小叶发生实变所致。在小叶性肺炎时，炎症常常侵及数个或一群肺小叶，并且分散存在或融合成片，因而形成大小不等的实变区，故叩诊时呈现大小不等的散在性浊音或半浊音区为其特点。应当指出，这种病灶必须达到一定的大小，且病灶距胸壁较近（一般 5～7 cm），叩诊方能呈现出浊音或半浊音，有时由于病灶过小或位于深部，则不易被发现。此外，局灶性浊音或半浊音区，也可见于肺脓肿、肺坏疽、肺结核和肺肿瘤等。当胸壁发生外伤性肿胀、炎症和胸膜炎、胸膜结核、胸膜肿瘤或胸膜粘连，过度增厚时，叩诊的振动不能达到肺实质，故也可呈现浊音或半浊音。不要误认为肺实质内的病变。

（2）水平浊音　当胸腔积液（渗出液、漏出液、血液）达一定量时，叩诊积液部位即呈现浊音。由于其液体上界呈水平面，故浊音的上界呈水平线为其特征，称为水平浊音。胸部的水平浊音是渗出性胸膜炎的特征，也可见于胸腔积液和偶尔见于血胸。当胸腔大量积液时，其浊音区的水平面可随病马的体位改变而变动。这种特性有助于渗出性胸膜炎和肺炎的鉴别。水平浊音比较稳定，可持续数日或数周，表示液体吸收缓慢，但浊音的上界可随着液体量的增减而升降。浊音区的锤下抵抗感较大，这是渗出液压迫胸壁，使其反冲力量增大所致。必须指出，体型较大的马匹胸腔的容量相当大，如仅有少量积液时，则不易确定。

（3）鼓音　因为健康组织被致密的病变所包围，使肺组织的弹性丧失，于是传音强化，叩之即呈鼓音；或由于肺和胸腔内形成反常的气腔，且空腔壁的紧张力较高时，叩之也可形成鼓音；或肺泡内同时有气体和液体存在，使肺泡扩张，弹性降低时，叩之也可出现鼓音。鼓音见下列病理状态：

①大叶性肺炎。叩诊大叶性肺炎的充血期和消散期及其炎性浸润周围的健康肺组织即呈现鼓音；在小叶性肺炎时，浸润病灶和健康肺组织掺杂存在，此时叩诊病灶周围的健康组织也可发生鼓音；当肺充血时，叩诊也可能出现鼓音。

②肺空洞。当肺实质的一部分溶解缺损而形成空洞，且与支气管微通或不通时，叩诊呈鼓音。但应指出，空洞的直径一般不应小于 3 cm，距离胸壁不应超过 5 cm，空洞的四壁光滑，且紧张力较高时，叩诊才能呈现鼓音。空洞越大，越接近肺表面时，则鼓音越明显。当肺脓肿、肺坏疽等病灶融解、破溃并形成空洞时，常可叩出鼓音。

③气胸。当胸腔积气时，叩之可闻鼓音。声音的高低受气体的多少和胸壁紧张度的影响。

④胸腔积液。在靠近渗出液的上方肺组织发生膨胀不全时，叩诊则呈现鼓音。

⑤膈疝。当膈肌破裂，充气的肠管进入胸腔时，叩诊则呈局限性鼓音。但当肠管内为液体或粪便时，则呈浊音或半浊音。此外，当胃肠臌气时，膨胀的胃肠压迫膈肌，此时，叩诊肺的后下界也可呈现鼓音。

（4）过清音　为清音和鼓音之间的一种过渡性声音，其音调近似鼓音。过清音类似敲打空盒的声音，故也称空盒音。它表示肺组织的弹性显著降低，气体过度充盈。主要见于肺气肿。

（5）破壶音　为一种类似叩击破瓷壶所产生的声响。这是空气受排挤而突然急剧经过狭窄的裂隙所致。见于支气管相通的大空洞，如肺脓肿、肺坏疽和肺结核等形成的大空洞。

（6）金属音　类似敲打金属板的音响或钟鸣音，其音调较鼓音高朗。这种症状是肺部有较大的空洞，且位置表浅，四壁光滑而紧张时，叩诊才发出金属音。当气胸或心包积液、积气同时存在而达一定紧张度时，叩诊也可产生金属音。肺异常叩诊音的病理变化及其临床意义，见表 3-4-1。

6. 叩诊敏感反应和叩诊抵抗感

（1）叩诊敏感反应　叩诊可以作为一种有效的刺激，根据病马的反应，来判断胸膜的敏感性或有无疼痛，从而诊断疾病。叩诊敏感或疼痛时，病马主要表现为回顾、躲闪、抗拒、呻吟等，有时还可引起咳嗽，这是胸膜炎的特征，尤以病初最为明显。此外，也见于肋骨骨折和胸部的其他疼痛性疾病。叩诊引起咳嗽也可见于支气管炎和支气管肺炎等。

表 3-4-1 肺异常叩诊音的病理变化及其临床意义

叩诊音	病理变化	临床意义
浊音与半浊音	1. 肺组织含气量减少或浸润、实变 2. 肺内实体组织形成 3. 胸膜粘连与增厚、胸壁肿胀	1. 各型肺炎、肺坏疽、肺脓肿、肺结核等 2. 肺肿瘤、肺结核、鼻疽等 3. 胸膜炎合并粘连增厚、胸膜结核、胸膜肿瘤、胸壁炎症和浮肿
水平浊音	胸腔积液	渗出性胸膜炎、胸腔积液、血胸
鼓音	1. 浸润周围的健康组织及肺泡内同时有气体和液体 2. 肺内空洞形成 3. 胸腔积气、积液 4. 膈破裂（充气的肠管进入胸腔）	1. 各型肺炎浸润区周围，大叶性肺炎的充血期及消散期 2. 肺脓肿、肺坏疽、肺结核 3. 气胸、渗出性胸膜炎、胸腔积液 4. 膈疝
过清音	非组织弹性降低，气体过度充盈	肺气肿、气胸
破壶音	肺空洞与支气管相通	肺空洞
金属音	肺内有四壁光滑的大空洞，胸腔、心包积液、积气而达一定的紧张度	肺空洞、胸膜炎合并气胸、心包炎（心包积气）

（2）叩诊抵抗感（锤下抵抗）　应用手指直接叩诊时，叩诊指的感觉随叩诊的位置与胸腔内的病变而异。一般叩诊健康肺部时，由于充气良好，叩诊指有一种弹性感觉，但在肩胛部、心脏浊音区，此种感觉很轻微，甚至没有。明显的叩诊抵抗感，提示肺实变或胸腔积液。

7. 叩诊气管胸壁听音法

声波在固体中的传导比在气体中传导较为良好。气管叩诊就是利用这一原理而在临床上的应用。即利用叩诊器叩击气管以产生音响，按叩诊音沿气管、支气管，并通过肺传至胸廓上的强度，来判断肺和胸膜的物理状态。

在正常情况下，肺组织因含有气体，并富有弹性而传音不良。当叩诊气管时叩诊音经过气管、支气管、肺泡内空气和胸壁等向各方传导，于是一部分叩诊音在传导过程中减弱或消失，到达胸壁时就变成柔弱而模糊的声音，似从远方而来。当肺内有实变，如大叶性肺炎的肝变期，肺浸润、肺萎陷、肺组织受压时，使肺组织的密度增加而致密，则传来的声音大为增强而响亮，类似时钟的滴嗒声。反之，在渗出性胸膜炎、胸腔积液等时，传来的叩诊音显著减弱甚至消失。因此本法有助于肺和胸腔疾病的诊断和鉴别。叩诊时，由助手一人，将叩诊板紧贴于颈部气管之近胸端，用叩诊锤以同等的强度进行节律性叩击。另一人在胸廓上进行听诊，仔细体会声音的强度和性质而进行判定。

（三） 听诊

听诊是检查肺和胸膜的一种主要而且可靠的方法。听诊的目的在于查明支气管、肺和胸膜的机能状态，确定呼吸音的强度、性质和病理呼吸音。所以胸部听诊对于呼吸器官疾病特别是对支气管、肺和胸膜疾病的诊断具有特殊重要的意义。

此外，在胸部的临床检查中，听诊和叩诊如能配合应用，相互补充，则对胸腔和肺部疾病的诊断和鉴别就更为准确。例如，听诊某部肺泡呼吸音消失，而有明显的支气管呼吸音，此时即应在该处进行叩诊，如叩诊呈现浊音或半浊音，则对肺炎或其他实变性疾病的诊断根据就比较充分。又如胸部叩诊的浊音区其上界呈水平线，且出现水平浊音的区域内呼吸音消失或有胸腔拍水音，且水平浊音上界以上肺泡呼吸音代偿性增强，则对渗出性胸膜炎的诊断就更有把握。

1. 胸、肺听诊法

马常用间接听诊法，必要时或在特殊情况下也可采用直接听诊法。

肺听诊区和叩诊区基本一致。听诊时，不论大小马匹，宜先从中 1/3 开始，向前向后逐渐听取，其次上 1/3，最后下 1/3。每个部位听 2～3 次呼吸音，再变换位置，直至听完全部肺区。如发现异常呼吸音，则应确定其性质。为此宜将该点与其邻近部位比较，必要时还应与对侧相应部位对照听诊。当呼吸音不清楚时，必要时宜以人工方法增强呼吸，为此可将马匹做短暂的驱赶运动，或短时间闭塞鼻孔后，引起深呼吸，再行听诊，往往可以获得良好的效果。

听诊肺部时应注意呼吸动作，排除各种干扰，否则容易发生错觉，导致错误的诊断。初学者往往听到过多的杂音，故只有熟悉正常的呼吸音，才能辨别各种病理性呼吸音。为要精确地辨别病理性呼吸音，必须通过长期的实践锻炼，才能很好地掌握。

2. 生理呼吸音

马匹呼吸时，气流进出细支气管和肺泡发生摩擦，引起漩涡运动而产生声音。经过肺组织和胸壁，在体表所听到的声音，即为肺呼吸音。在正常肺部可以听到 2 种不同性质的声音，即肺泡呼吸音和支气管呼吸音。检查时应注意呼吸音的强度，音调的高低和呼吸时间的长短以及呼吸音的性质。

(1) 肺泡呼吸音　类似柔和吹风样的“夫、夫”音，一般健康马匹的肺区内都可听到清楚的肺泡呼吸音。肺泡呼吸音在吸气之末最为清楚。呼气时由于肺泡转为弛缓，则肺泡呼吸音表现短而弱，且仅于呼气初期可以听到。肺泡呼吸音在肺区中 1/3 最为明显。肩后、肘后及肺之边缘部则较为微弱。

肺泡呼吸音一般认为由下列因素构成：①毛细支气管和肺泡入口之间空气出入的摩擦音。②空气进入紧张的肺泡而形成的漩涡运动，气流冲击肺泡壁产生的声音。③肺泡收缩与舒张过程中由于弹性变化而形成的声音。此外，还有部分来自上呼吸道的呼吸音也参与肺泡呼吸音的形成。

在正常情况下，肺泡呼吸音的强度和性质可因马匹的种类、品种、年龄、营养状况、胸壁的厚薄及代谢情况而有所不同。生理性的紧张、兴奋、运动、使役以及气温的变化等对肺泡呼吸音也有一定影响。马的肺泡呼吸音较其他动物为弱。营养良好、胸壁厚的马匹肺泡呼吸音较弱，而消瘦、胸壁薄者，则肺泡音较强；运动、使役时，在呼吸运动增强的同时，肺泡音也增强，大马匹在休息时肺泡音显著减弱；外界气温增高或夏季长期在日光下暴晒，则肺泡呼吸音也增强，深呼吸时肺泡呼吸音增强，而浅表呼吸时，则变弱。

（2）支气管呼吸音　是一种类似将舌抬高而呼出气时所发生的“赫、赫”音。支气管呼吸音是空气通过声门裂隙时产生气流漩涡所致。故支气管呼吸音实为喉、气管呼吸音的延续，但较气管呼吸音弱，比肺泡呼吸音强。支气管呼吸音的特征为吸气时较弱而短，呼气时较强而长，声音粗糙而高。这是由于呼气时声门裂隙较吸气时更为狭窄。

支气管呼吸音有生理性和病理性 2 种。健康马由于解剖生理的特殊性，肺部听不到支气管呼吸音。其他马匹正常时在肺区的前部，较大的支气管接近体表处，称为支气管区，在此处可以听到生理性支气管呼吸音。但并非纯粹的支气管呼吸音，而是带有肺泡呼吸音的混合呼吸音。

3. 病理呼吸音

在病理情况下，除生理呼吸音的性质和强度发生改变外，常可发现各种各样的异常呼吸音，称为病理呼吸音。病理呼吸音常见下列几种：

（1）肺泡呼吸音的变化　可分为增强、减弱或消失及断续性呼吸音。

①肺泡呼吸音增强，可表现为普遍性增强和局限性增强。

肺泡呼吸音普遍性增强　为呼吸中枢兴奋，呼吸运动和肺换气加强的结果。其特征为两侧和全肺的肺泡音均增强，如重读“夫、夫”之音。见于发热、代谢亢进及其他伴有一般性呼吸困难的疾病。在细支气管炎、肺炎或肺充血的初期，由于支气管黏膜轻度充血、肿胀，而使支气管末梢的开口变为狭窄，也可使肺泡音异常增强。

肺泡呼吸音局限性增强　也称代偿性增强，这是病变侵及一侧肺或一部分肺组织，而使其机能减弱或丧失，则健侧或无病变的部分出现代偿性呼吸机能亢进的结果。见于大叶性肺炎、小叶性肺炎、渗出性胸膜炎等的健康肺区。

②肺泡呼吸音减弱或消失。特征为肺泡音变弱、听不清楚，甚至听不到。根据病变的部位、范围和性质，可表现为全肺的肺泡音减弱，也可表现为一侧或某一部分的肺泡音减弱或消失。肺泡音减弱或消失可见于下列情况：

肺组织的炎症、浸润、实变或其弹性减弱、丧失　当肺组织浸润或炎症时，肺泡被渗出物占据并不能充分扩张而失去换气能力，则该区肺泡音减弱或消失。见于各型肺炎、肺结核等；当肺组织极度扩张而失去弹性时，则肺泡呼吸音也减弱，见于肺气肿。

进入肺泡的空气量减少　当上呼吸道狭窄（如喉水肿等），肺膨胀不全，全身极度衰弱（如严重中毒性疾病的后期、脑炎后期、濒死期），呼吸肌麻痹，呼吸运动减弱，进入肺泡的空气量减少，则肺泡呼吸音减弱。当胸部有剧烈疼痛性疾病，如胸膜炎、肋骨骨折等时，致呼吸运动受限，则肺泡呼吸音减弱。

呼吸音传导障碍　当胸腔积液、胸膜增厚、胸壁肿胀时，呼吸音的传导不良，则肺泡呼吸音减弱。

③断续呼吸音或齿轮呼吸音。在病理情况下，肺泡呼吸音呈断续性，称为继续呼吸音。这是部分肺泡炎症或部分细支气管狭窄，空气不能均匀进入肺泡而是分股进入肺泡所致。其特征为吸气时不是连续性的而是有短促的间隙（呼气时一般不改变），将一次肺泡音区分为两个或两个以上的分段。见于支气管炎、肺结核、肺硬变等。当呼吸肌有断续性不均匀的收缩时（兴奋、疼痛、寒冷），两侧肺区也可听到肺泡音中断现象。

（2）病理性支气管呼吸音　马的肺部听到支气管呼吸音总是病理征象。其发生的条件为，肺实变的范围相当大，病变的位置较浅表，且大支气管和支气管都畅通无阻。此时由于肺组织的密度增加，传音良好，听诊即可闻清晰的支气管呼吸音。声音强度取决于病灶的大小、位置和肺组织的密度。患病区域越大、越靠近大支气管和体壁，肺组织实变越充分，则支气管呼吸音越强，反之则越弱。病理性支气管呼吸音，常见于肺炎、肺结核等。当胸腔积液压迫肺组织时，变得较为致密的肺组织有利于支气管呼吸音的传导，此时也可听到较弱的支气管呼吸音。支气管呼吸音和肺泡音增强初学者最容易混淆，应注意鉴别之。病理性支气管呼吸音与肺泡呼吸音增强的鉴别见表 3-4-2。

表 3-4-2　病理性支气管呼吸音与肺泡呼吸音增强的鉴别

鉴别要点	病理性支气管呼吸音	肺泡音增强
病理变化	肺组织实变、支气管畅通无阻，胸腔积液	呼吸中枢兴奋，呼吸运动和肺交换增强
声音性质	类似“赫、赫”之音	如重读“夫、夫”之音
出现部位	在肺组织的实变区或叩诊浊音区最为清楚	在肺组织的实变区或叩诊音区不清楚或消失
声音强度和出现时间	支气管呼吸音的幅度明显增大，较气管呼吸音弱，比肺泡音强。吸气时短而弱，呼气时长而强，开始和结束均很突然	肺泡呼吸音的幅度明显增大，比正常肺泡音强，较支气管呼吸弱。吸气时长而强，达吸气顶点最为清楚，呼气时短而弱
范围	多为局限性，有时为广泛性	多为广泛性，有时为局限性
临床意义	肺炎，广泛性肺结核、渗出性胸膜炎和胸腔积液等	发热病、支气管炎、肺炎早期、运动后等

（3）病理性混合呼吸音　当较深部的肺组织产生炎症病灶，而周围被正常的肺组织所遮盖，或浸润实变区和正常的肺组织掺杂存在时，则肺泡音和支气管呼吸音混合出现，称为混合性呼吸音或支气管肺泡呼吸音。其特征为吸气时主要是肺泡呼吸音，而呼气时则主要为支气管呼吸音，近似“夫-赫”的声音。吸气时较为柔和，呼气时较粗粝。见于小叶性肺炎、大叶性肺炎的初期和散在性肺结核等。在胸腔积液的上方有时也可听到混合性呼吸音。

（4）啰音　是呼吸音以外的附加音响，也是一种重要的病理征象。按其性质可分为干啰音和湿啰音。

①干啰音。当支气管黏膜上有黏稠的分泌物，支气管黏膜发炎、肿胀或支气管痉挛，使其管径变窄，空气通过狭窄的支气管腔或气流冲击附着于支气管内壁的黏稠分泌物时引起振动而产生的声音。其特征为音调强、长而高朗，类似哨音、笛音、飞箭音及咝咝声等，它表明病变主要在细支气管，也可为强大粗糙而音调低的“咕-咕”声，“嗡嗡”音等，表示病变主要在大支气管中。

干啰音在吸气和呼气时均能听到，一般在吸气时最为清楚。干啰音容易变动，可因咳嗽、深呼吸而有明显的减少、增多或移位，或时而出现，时而消失为其特征。干啰音是支气管炎的典型症状。广泛性干啰音，见于弥散性支气管炎、支气管肺炎、慢性肺气肿及肺线虫病等；局限性干啰音，常见于支气管炎、肺气肿、肺结核和间质性肺炎等。

②湿啰音。又称水泡音。为气流通过带有稀薄的分泌物的支气管时，引起液体移动或水泡破裂而发生的声音，或为气流冲动液体而形成或疏或密的泡沫，或气体与液体混合而成泡沫状移动所致。此外，肺部如有含液体的较大空洞时也可产生湿啰音。湿啰音的性质类似用一小细管向水中吹入空气时产生的声音。按支气管口径的不同，可将其分为大、中、小 3 种。大水泡音产生于大支气管中，如呼噜声或沸腾声；中、小水泡音来自中、小支气管。

湿啰音可能为弥散性，也可能为局限性。吸气和呼气时都可听到，但以吸气末期更为清楚。湿啰音也有容易变动的特点，有时连续不断，有时在咳嗽之后消失，经短时间之后又重新出现。

湿啰音的强度除受支气管大小的影响外，与病变的深浅和肺组织的弹性大小有密切关系。当湿啰音发生于肺的深部而周围的肺组织正常时，传到胸壁上就显著减弱，犹如来自远方；如发生在肺组织的浅部时，听诊就较明显；如发生于被浸润的肺组织包围的支气管中，因肺组织实变而传音良好，则声音甚为清楚。此时啰音常和支气管呼吸音同时存在。这种啰音为大叶性肺炎的症状之一。空洞内形成的啰音，由于共鸣作用，听之如在耳边。此外，湿啰音的强度与呼吸运动的强度、频率，分泌物的量及黏稠度有关。呼吸越强，啰音越大。当分泌物稀薄而量多时，则啰音较为明显。

湿啰音是支气管疾病的最常见的症状，也为肺部许多疾病的重要症状之一。支气管内分泌物的存在常为各种炎症的结果，故支气管炎、各型肺炎、肺结核等侵及小支气管时都可产生湿啰音。广泛性湿啰音可见于肺水肿；两侧肺下叶的湿啰音，可见于心力衰竭、肺淤血、肺出血，也可见于吸入液体，即异物性肺炎；当肺脓肿、肺坏疽、肺结核时，液体进入支气管也可产生湿啰音。若靠近肺的浅表部位听到大水泡性湿啰音时，则为肺空洞的一个指征。

（5）捻发音　为一种极细微而均匀的噼啪音。类似在耳边捻转一簇头发时所产生的声音。其特点为声音短、细碎、断续、大小相等而均匀。这是因肺泡被感染而有渗出物，并将肺泡黏合起来，但并非完全实变，当吸气时黏着的肺泡突然被气体冲开；或毛细支气管黏膜肿胀并被黏稠的分泌物黏着，当吸气时黏着的部分又被分开，而产生的特殊的爆裂声，即捻发音。一般出现在吸气之末，或在吸气顶点最为清楚。捻发音常发生的部位是肺脏的后下部。

捻发音常提示肺实质的病变，如肺泡炎症，见于大叶性肺炎的充血期与消散期及肺结核等；肺充血和肺水肿的初期；肺膨胀不全，但肺泡尚未完全阻塞时。此外，也见于毛细支气管炎。胸廓上的被毛与听诊器听头的摩擦音可能极似捻发音，应注意鉴别。

捻发音与小水泡性啰音虽很近似，但两者的意义都不相同，捻发音主要表示肺实质的病变，而小水泡性啰音则主要表示支气管的病变，故二者应加区别。其鉴别见表3-4-3。

表 3-4-3　捻发音与小水泡性啰音区别

项目	捻发音	小水泡性啰音
发生时间	吸气顶点最为清楚	吸气与呼气均可听到
性质	破裂音，短、细碎而断续，大小相等而均匀	水泡音，长、数量少、大小不一
咳嗽的影响	比较稳定	常因咳嗽而减少、移位或消失

（6）空瓮呼吸音　类似轻吹狭窄的空瓶口时所发出的声音。声音柔和而深长，常带金属音调。这是因为空气经过狭窄的支气管而进入光滑的大空洞时，空气在空洞内产生共鸣而形成。见于肺脓肿、肺坏疽、肺结核及肺棘球蚴囊肿破溃并形成空洞时。

（7）胸膜摩擦音　正常胸膜的壁层和脏层之间湿润而光滑，呼吸运动时不产生声音。当胸膜炎时，由于纤维蛋白沉着，使其变为粗糙不平。因此在呼吸运动时两层粗糙的胸膜面互相摩擦而产生杂音。摩擦音类似手指在另一手背上进行摩擦时所产生的声音或捏雪声、搔抓声、砂纸摩擦音。其特点是干而粗糙，声音接近表面，且呈断续性，吸气和呼气时均可听到，但一般多在吸气之末与呼气之初较为明显。若将听头紧压胸壁时，则声音增强。摩擦音可在极短时间内出现、消失或再出现，也可持久存在达数日或更长。

摩擦音的强度极不一致，有的很强，粗糙而尖锐，如搔抓声，有的很弱，柔和而细致，如丝织物的摩擦音。这与病变的性质、位置、面积大小及呼吸时胸廓运动的强度有关。摩擦音常发于肺移动最大的部位，即肘后，叩诊区的下 1/3，肋骨弓的倾斜部。有明显摩擦音的部位，触诊可出现胸膜摩擦感和疼痛表现。

摩擦音为纤维蛋白性胸膜炎的特征。但没有听到胸膜摩擦音，并不能排除纤维蛋白性胸膜炎的存在。这是由于摩擦音常出现于胸膜炎的初期，一旦炎症消散，则摩擦音也随之消失。或因胸膜腔中同时存在一定量的渗出液而将两层胸膜隔开时，则摩擦音也会消失，直至渗出液吸收之末期，摩擦音又重新出现。当胸膜发生粘连时，则无摩擦音。摩擦音也可见于大叶性肺炎、马传染性胸膜肺炎、肺结核等。当胸膜肺炎时，啰音和摩擦音可能同时出现，应注意鉴别之，见表 3-4-4。

表 3-4-4　摩擦音与啰音的区别

摩擦音	啰音
1. 听之很近	1. 听之较远
2. 呈断续性	2. 主要为连续性
3. 吸气与呼气时均清楚，深呼吸时增强	3. 吸气之末最为清楚，深呼吸时不增强
4. 咳嗽不消失	4. 咳嗽后部位和性质发生变化，有时消失
5. 紧压听诊器时明显增强	5. 不变
6. 触诊时有胸膜摩擦感和疼痛表现	6. 一般不明显
7. 多见于肘后，肺区下 1/3，肋骨弓倾斜部	7. 部位不定

（8）拍水音（击水音）　类似拍击半满的热水袋或振荡半瓶水发出的声音，故也称振荡音。这是因为胸腔内有液体和气体同时存在，随着呼吸运动或马匹突然改变体位以及心搏动时，振荡或冲击液体而产生的声音。吸气和呼气时都能听到。见于气胸并发渗出性胸膜炎（水气胸），厌气性感染所致的化脓腐败性胸膜炎（脓气胸）。

在听诊肺部时，常可听到与呼吸无关的一些杂音，此类声音往往扰乱听诊，特别是初学者有时会误认为呼吸音。属于这一类声音者，有咀嚼、吞咽食物、反刍、嗳气、磨牙、呻吟、肌肉震颤、被毛摩擦、异常高朗的心音和前胃的收缩以及胃肠的蠕动引起的声音等，对此应特别予以注意。

呼吸音的共同特征为伴随着呼吸运动和呼吸节律而出现。若为病理性呼吸音，则常伴有呼吸器官疾病的其他症状和变化，而其他杂音的发生则与呼吸无关。由于膈疝或膈破裂部分肠管进入胸腔而产生的肠蠕动音或肠管振荡音，应结合病史、腹痛症状和 X 线检查结果，进行全面综合分析。

四、 心脏检查

心脏检查在临床上具有重要的意义。可用视、触诊的方法检查心搏动；用叩诊的方法判定心脏的浊音区；并应着重用听诊的方法，诊查心音，判断心音的频率、强度、性质和节律的改变以及有否心杂音。

（一） 心搏动的视诊与触诊

心搏动是心室收缩时撞击左侧心区的胸壁而引起的震动。用视诊的方法一般看不清楚，所以多用手掌放于左侧肘头后上方的心区部位进行触诊，以感知其搏动。检查心搏动时，宜注意其位置、频率，特别是其强度的变化。

心搏动的频率有时可用以代替脉搏的次数（如当脉搏过于微弱而不能感知时）。其正常指标及频率的增多、减少的变化原因和意义与脉搏次数的变化基本相同。

心搏动的强度决定于心脏的收缩力量、胸壁的厚度和胸壁与心脏之间的介质状态。正常情况下，如心脏的收缩力量不变，胸壁与心脏之间的介质状态无异常，则因马匹的营养程度不同，胸壁的厚度不一，而心搏动的强度有所差异。如过肥的马匹，其胸壁较厚而心搏动较弱；但营养不良、消瘦的个体，因胸壁较薄而心搏动相对的较强。此外，使役与运动之后，外界温度增高时，马匹的兴奋与恐惧等，均可引起生理性的心搏动增强；而马匹的个体条件，如年龄及神经类型与兴奋性等也有影响。

心搏动的病理性变化有以下几种情况：

1. 心搏动增强

可见于一切引起心机能亢进之时，如发热病的初期，伴有剧烈的疼痛性的疾病，轻度的贫血，心脏病的代偿期（如心肌炎、心包炎、心内膜炎的初期）以及病理性的心肥大等。

心搏动的过度增强，可随心搏动而引起病马全身的震动，称为心悸。阵发性心悸常见于敏感而易于兴奋的马匹，马匹发病可继发于急性过劳（特别当炎热的夏天）；当有慢性心机能衰弱的病马（如患慢性马传染性贫血的病马），对其心脏给予过重的负担（如使役、运动或心脏负荷增大等情况）时，更易引起。

强而明显的心悸须与膈肌痉挛相区别：心悸时病马体壁的震动与心搏动的时期一致，且有心搏动的显著增强为其特点；而膈肌痉挛时，其体壁的震动与心搏动的时期不完全一致，同时心搏动不强，并多伴有呼吸活动的紊乱（如呃逆等）。

2. 心搏动减弱

表现为心区的震动微弱甚至难以感知。心搏动减弱可见于：引起心脏衰弱，心室收缩无力的病理性过程，如心脏病的代偿障碍期。病理性原因引起的胸壁肥厚，如当纤维蛋白性胸膜炎或胸壁浮肿时。胸壁与心脏之间的介质状态的改变，如当渗出性胸膜炎、胸腔积水、肺气肿、渗出性或纤维蛋白性心包炎等疾病时。

3. 心搏动移位

是由于心脏受邻近器官、渗出液、肿瘤等的压迫，而造成心搏动位置的改变。其中向前移位见于胃扩张、腹水、膈疝等，向右移位见于左侧胸腔积液等。此外，当触诊检查心区时，如马匹表现回视、躲闪或抵抗，是心区敏感的表现，可见于心包炎或胸膜炎。有时还可感知心区的轻微震颤，除可见于纤维蛋白性心包炎、胸膜炎之外，还可伴发于明显的心内性的器质性心杂音。

（二） 心脏叩诊

心脏叩诊是用以确定心界，判定心脏大小、形状的一种方法。心脏不被肺遮盖的部分，叩诊呈绝对浊音；被肺遮盖的部分则呈相对浊音，相对浊音区反映心脏的实际大小。

1. 叩诊方法

对体型较大的马匹应用槌板叩诊法。

2. 正常心浊音区

马的心脏相对浊音区在左侧，近似一不等边三角形。其顶点在第 3 肋间，高度距肩关节水平线下 4～6 cm 处。由顶点斜向第 6 肋间下端引一弧线，即为心脏绝对浊音区的后界，整个面积约有手掌大，心脏的相对浊音区位于绝对浊音的后上方，呈弧形带状，宽 3～4 cm。右侧的心脏绝对浊音区极小，在第 3～4 肋间的下方。

3. 心脏叩诊的病理变化

（1）心浊音区的扩大　可见于心肥大及心扩张。当渗出性胸膜炎时，心浊音区将混同于下部的叩诊水平浊音区之内。而当胸壁浮肿时，心浊音区则难以判定。

（2）心浊音区的缩小　常是由于掩盖心脏的肺边缘部分的肺气肿而引起心脏绝对浊音区缩小。为进一步判断心脏的容积与肺脏边缘的关系，可仔细在心区部位用较强的叩诊与较弱的叩诊方法反复进行检查，并根据产生绝对的浊音区域及呈现相对的半浊音的区域，而确定心脏的绝对浊音区及相对浊音区。叩诊心区时，马匹如呈现回视、躲闪、反抗等行动，提示心区胸壁的敏感、疼痛，可见于胸膜炎。

（三） 心音的听诊

心音是随同心室的收缩与舒张活动而产生的声音现象。听诊健康马匹的心音时，每个心动周期内可听到两个相互交替的声音。在心室收缩过程产生的心音，称收缩期心音或第一心音；在心室舒张过程出现的心音称舒张期心音或第二心音。马的心音较强，两心音的区别，除了可根据上述的声音特点外，每次心音之间的间隔期或休止期的长短，也是重要的区别条件。即第一心音与第二心音之间的间隔期较短；而第二心音与下次第一心音之间的间隔期则较长。更重要的区别点在于：第一心音产生于心室收缩之际，因其同心搏动及动脉脉搏同时出现；第二心音产生于心室舒张之时，所以在出现时间上和心搏动及动脉脉搏不相一致。心音的组成因素很多，主要由瓣膜的振动、心肌的紧张及血液的流动与振动等声音综合而成。但其中弹性瓣膜的振动音是心音的主要组成部分。第一心音主要是房室瓣（二尖瓣与三尖瓣）的关闭与振动的声音；第二心音则主要为动脉（肺动脉与主动脉）根部的半月瓣的关闭与振动音。

听诊心音的方法：一般用听诊器进行听诊。应先将马匹的左前肢向前拉伸半步，以充分暴露出心区，通常于左侧肘头后上方心区部位听取，必要时再于右侧心区听诊。宜将听诊器的集音头（听头）放于心区部位，并使之与体壁密切接触。为确定某一瓣膜口音的变化，可于各瓣膜口的心音最佳听取点进行听诊。各种马匹的心音最佳听取点见表 3-4-5。

表 3-4-5　各种马匹的心音最佳听取点

第一心音		第二心音	
二尖瓣口	三尖瓣口	主动脉口	肺动脉口
左侧第 5 肋间，胸廓下 1/3 的中央水平线上	右侧第 4 肋骨，胸廓下 1/3 的中央水平线上	左侧第 4 肋间，肩关节线下一二指处	左侧第 3 肋间，胸廓下 1/3 的中央水平线下方

正常情况下，由于左、右心室的收缩在时间上是同时的，所以，虽然第一心音是由左（二尖瓣）、右（三尖瓣）房室瓣的振动音共同组成，但听起来则是在时间上相吻合的一个声音；同样，第二心音也分别由主动脉根部与肺动脉根部的半月状瓣的振动共同组成，由于在出现时间上的一致，听起来也是一个声音。

听诊心音的目的，主要在于判断心音的频率及节律，注意心音的强度与性质的改变，是否有心音分裂和心杂音。依此而推断心脏的功能及血液循环状态。

1. 测定心音的频率

依每分钟的心音次数进行计数测定。但须注意，正常时每个心动周期中有两个心音；当某些病理过程中可能只听到一个心音（如当血压过低或心率过快时，第二心音可极度减弱甚至难以听到）。此时，应配合心搏动或动脉脉搏频率的检查结果而确定具体数值。心音频率的增多与减少，其原因及意义与脉搏次数的增减变化基本相同。

2. 心音的强度

心音的强度决定于心音本身的强度及其向外传递过程的介质状态（如胸壁的厚度、肺脏的心叶和边缘的状态、胸膜腔及心包腔的情况等）。而心音本身的强度，又受心肌的收缩力量、心脏瓣膜的性状及其振动能力、循环血量及其分配状态等主要因素的影响。通常，第一心音的强度主要决定于心室的收缩力量；第二心音的强度则主要决定于动脉根部的血压。

心音的强、弱变化，可表现为第一、第二两个心音同时增强或减弱；有时也表现为某一个心音单独的增强或减弱。两个心音同时的增强或减弱，可见于某些生理性情况，如消瘦而胸壁菲薄或狭胸的马匹个体，其心音较强；而营养良好或过肥的马匹，因胸壁较厚，心音则相对较弱。此外，当马匹的兴奋、恐惧时或使役、运动之后，可听诊到心音增强。

（1）病理性的心音增强

①第一与第二心音同时增强。见于心肥大或某些心脏病的初期而其代偿机能亢进时；伴有剧烈的疼痛性疾病；发热性疾病的初期阶段；轻度的贫血与失血；应用强心剂等。

②第一心音增强。可见于心肌收缩力量增强与瓣膜紧张度增高等状况时；较多的情况是表现为第二心音减弱的同时，第一心音相对的增强。第一心音相对的增强而第二心音相对的减弱甚至难以听取，主要发生于动脉根部血压过低之际，如大失血或频繁、剧烈的腹泻而引起的大失水；休克与虚脱（如创伤性休克、过敏性休克等）；某些其他病因引起的病理性心动过速，马匹如果心率达 100 次/min 以上时，则在第二心音减弱的同时，第一心音明显的增强，而心率超过 120 次/min 以上时，一般仅可听到显著增强的第一心音，而第二心音则难以听取，几乎消失。

③第二心音增强。一般均是相对的，可见于动脉根部血压显著升高之时，依主动脉根部或肺动脉根部的血压增高变化为转移，可分别表现为：主动脉口的第二心音增强（加重）或肺动脉口第二心音增强（加重）。主动脉口第二心音加重，可见于高血压，左心肥大，肾炎，马的肠系膜动脉血栓性腹痛症等。肺动脉口第二心音加重，主要见于能导致肺动脉高压的因素，如肺充血、肺淤血、肺炎的初期等。

（2）病理性的心音减弱

①第一与第二心音同时减弱。可见于一切引起心肌收缩力量减弱的病理过程（如心肌炎或心肌变性的后期，心脏代偿障碍时），也见于渗出性心包炎、心包积水、渗出性胸膜炎、胸腔积水以及重度的胸壁浮肿及肺气肿等。

②第二心音减弱（甚至消失）。临诊常见的变化，是动脉根部血压显著降低的标志。见于大失血，高度的心力衰竭，休克与虚脱及心动过速等时。第二心音显著减弱甚至消失，同时心力微弱，心率过速或伴有明显的心律不齐，常提示预后不良。

③单独的第一心音减弱，在临诊实际中几乎很少遇到。而在第二心音增强的同时，第一心音相对减弱，则已如前述，是动脉根部血压升高的结果。

3. 心音性质的改变

（1）心音混浊　主要表现为心音不纯，音质低、浊，含糊不清，两个心音缺乏明显的界限。主要是心肌及其瓣膜变性，而使其振动能力发生改变的结果。可见于心肌炎症的后期以及重度的心肌营养不良与心肌变性。高热性疾病，严重的贫血，重度的衰竭症等时，因伴有心肌的变性变化，所以多有心音混浊现象。某些传染性疾病时，因心肌损害也可致心音混浊，如马鼻疽，特别是慢性马传染性贫血时尤为明显；也可见于幼驹的白肌病以及某些中毒与内毒素中毒。

（2）钟摆律　前一个心动周期的第二心音与下一个心动周期的第一心音之间的休止期缩短，而且第一心音与第二心音的强度、性质相似，心脏收缩和舒张期时间也略相等，加上心动过速，听诊极似钟摆“嘀嗒”声，故称钟摆律。又因为音调酷似胎儿心音，又称胎心律。提示病马心肌损害。

（3）心音清脆并带金属音响　当破伤风或邻近心区的肺叶中有空洞（含气性）形成之际，可听到这一类的心音；也见于膈疝，且腹腔内肠管等脱垂至心区部位的部分内含有大量气体时。

4. 心音的分裂和重复

正常的缩期或舒期的某一个心音，因病理原因而分裂为两个音响时，称为心音的分裂。如分裂的程度较明显，且分裂开的两个声音有明显间隔时，则称为心音的重复。分裂与重复的意义相同，仅程度不同而已。

（1）第一心音分裂和重复　是由左（二尖瓣）、右（三尖瓣）房室瓣关闭时间不一致所造成，原因在于左、右心室收缩时间不一致。可见于右束支传导阻滞，起源于左心室的异位节律，一侧心室衰竭，二尖瓣口狭窄，肺动脉高压和先天性心脏病等。个别情况，当健康马高度兴奋时，也可见有暂时出现的第一心音分裂，安静后即行恢复，此时并无病理意义。

（2）第二心音分裂和重复　主要反映主动脉与肺动脉根部血压有较悬殊的差异。依心脏收缩时射出的血液量及承受血液的动脉管内的压力高低发生转移，如左、右心室某一方的血液量少或主动脉、肺动脉某一方的血压低，则其心室收缩的持续时间短，而这方面的动脉根部的半月瓣提早关闭，遂造成第二心音分裂。可见于左束支或右束支完全性传导阻滞，主动脉口或肺动脉口一方狭窄，或左、右任何一方房、室间隔缺损等。也可见于重度的肺充血或肾炎。

（3）奔马调　除第一、第二心音外，又有第三个附加的心音连续而来，恰如远处传来的马奔跑时的蹄音。这种第三心音，可发生于舒张期（第二心音之后），或发生在收缩期前（第一心音之前）。但此附加音，一般没有心音重复那样清晰，可见于心肌炎、心肌硬化或左房室口狭窄。

5. 心音节律的改变

正常情况下，每次心音的间隔时间均等，且每次心音的强度相似，这是正常的节律。如果每次心音的间隔时间不等，且其强度不一，则为节律不齐。心脏的节律不齐一般简称心律不齐。心律不齐多为心肌的兴奋性改变或其传导机能障碍的结果，并与植物神经的兴奋性有关。轻度的、短期的、一时性的心律不齐及幼驹常见的呼吸性心律不齐，一般无重要的诊断意义。重度的、顽固性的心律不齐，多提示有心肌的损害。常见于心肌的炎症、营养不良或变性、心肌硬化之时。造成心肌损害的这些变化，可由营养、代谢紊乱（如幼驹白肌病）、贫血、长期发热、中毒或内毒素中毒和某些传染病所引起。若病马在表现有心律不齐的同时，还伴有心血管系统其他方面的明显改变与整体状态的变化，则在临诊上应该给予重视。

心律不齐的表现形式很多，依其发生原因可分为：第一，窦房结兴奋起源发生紊乱，称窦性节律异常，如窦性心动过速、窦性心动过缓、窦性心律不齐。第二，窦房结以外的异位兴奋灶所引起的心律紊乱，称异位节律紊乱，如期外收缩或过早搏动，阵发性心动过速等。

心律不齐的临诊表现，可分为：第一，过快而规则的心律，如窦性心动过速，阵发性心动过速等。第二，过慢而规则的心律，如窦性心动过缓，心传导阻滞（呈有规律性的变化者）等。第三，不规则的心律，如窦性心律不齐，期外收缩或过早搏动，心传导阻滞（呈不规则的变化者），心房颤动等。

过快或过慢而规则的心律，临床表现为心动过快及脉搏频率增多或心动徐缓及脉搏频率减小。其原因与意义基本上和前述（见一般检查的测定脉搏频率部分）相同。以下仅就几种常见的不规则的心律异常加以说明。

（1）窦性心律不齐　常表现为心脏活动的周期性的快慢不匀现象，且大多与呼吸有关，一般吸气时心动加快而呼气时心动转慢。在成年马则见于慢性肺气肿、肺炎等。

（2）期外收缩或过早搏动　当心肌的兴奋性改变而出现窦房结以外的异位兴奋灶时，在正常的窦房结的兴奋冲动传来之前，由异位兴奋灶先传来了一次兴奋冲动，从而引起心肌的提前收缩，此后，原来应有的正常搏动又消失一次，以致要等到下次正常的兴奋冲动传来，才再次引起心脏的搏动，从而使其间隔时间延长，即出现所谓的代偿性间歇。

当听诊心音时，表现为心音的间隔时间不等。其特点是：在正常心音后，经较短的时间即很快出现一次提前收缩的心音，其后又经较长的间歇时间，才出现下次心音。此时，因提前收缩时心室充盈量不足，心搏出量少，从而其第二心音微弱甚至可能消失。

期外收缩若有规则地每经 1 或 2、3 次正常搏动之后出现一次，则表现为所谓二联律或三、四联律。偶尔出现的期外收缩，多无重要意义。如为顽固而持续性的期外收缩，常为心肌损害的标志。

（3）传导阻滞　当心肌病变波及传导系统时，兴奋冲动不能顺利地向下传递，从而出现传导阻滞。明显而顽固的传导阻滞，常为心肌损害的一个重要指征。传导阻滞的表现形式有多种可能，如窦房传导阻滞、房室传导阻滞或心室束支的传导阻滞等。如一侧心室束支的传导阻滞可表现为第一心音的分裂：房室传导阻滞时，部分病例可表现为慢而规则的心律，部分病例可表现为不规则的心律；有时在心动间歇期间可听到轻微的心房音。

如当房室传导阻滞时，由窦房结传来的兴奋冲动，其中一部分不能传向心室，从而引起心室搏动缺失即心动的间歇，使心率表现为不规则。心室搏动缺失时，这次心音即消失。此时，其不规则心率的特点是：当心室搏动缺失时，因心动间歇而在前次心音与后次心音之间出现长时间的间歇，其间隔时间一般相当于正常间隔时间的 2 倍。

传导阻滞与期外收缩的不同点是：前者并无提前收缩，又无代偿间歇，只在两次心动之间出现一次心室搏动的暂时停止。房室传导阻滞若有规则的，每经二、三或四次心室搏动后即出现一次搏动缺失，也可形成类似的二联或三、四联律，但它与期外收缩所表现的不同点是几次正常的接连出现的心律之间的间隔时间是均等的。

（4）震颤性心律不齐（心房颤动）　正常情况下，先心房肌，而后心室肌收缩，再共同进入舒张期。但在病理情况下，房室的个别肌纤维在不同时期分散而连续地收缩，从而发生震颤。一般主要表现为心房颤动（或称心房纤颤）。其特征是：心律毫无规则，心音时强时弱、休止期忽长忽短，这是心律不齐中最无规律的一种，也称为心动紊乱。心律震颤若持续过久，常为预后不良的信号。

心律不齐与脉律不齐是紧密联系的，因此，应将两者加以对照与综合。

期外收缩时，脉搏表现为间隔时间不等且强弱不一。即当过早搏动时，于正常脉搏之后经短时间而很快又出现一次提前的脉搏，其后又经较长的间隔才出现下次搏动；但由于心室过早搏动的搏出血量较少，因此提早出现的脉搏多较微弱。应当注意：当期外收缩所引起的动脉脉搏过于微弱而不感于手时，则形成所谓脉搏短促。此时，则与传导阻滞所引起的缺失搏动造成的脉搏消失其表现是相同的。因此，如仅根据脉搏的变化，则两者难以区别。但由于期外收缩时心脏的过早搏动可以引起有效的心搏动及明显的第一心音，所以，根据听诊心音，触诊心搏动及检查脉搏的综合结果，一般对典型的期外收缩与传导阻滞是可以鉴别的。

复杂的心律不齐，通常仅依临诊方法很难识别，必要时，可应用心动电流描记法，根据心电图的特点而分析确定。

6. 心杂音

心杂音是指伴随心脏的舒、缩活动而产生的正常心音以外的附加的音响。它的特点是持续时间长，可与心音分开或连续，甚至掩盖心音。依据产生杂音的病变所存在的部位不同，可分为心外性杂音与心内性杂音。心外性杂音可分为心包杂音及心包外杂音，而心包杂音又按其性质而分为心包摩擦音与心包击水音；心内性杂音又有器质性与非器质性杂音之别，见表 3-4-6。

表 3-4-6　心杂音分类

- 心杂音
  - 心外性杂音
    - 心包杂音
      - 心包摩擦音
      - 心包击水音
    - 心包外杂音
  - 心内性杂音
    - 器质性杂音
    - 非器质性杂音
      - 相对的闭锁不全性杂音
      - 机能性（贫血性）杂音

（1）心外性杂音　是心包或是靠近心区的胸膜发生病变的结果。心包杂音依杂音的性质不同，可分为心包击水音与心包摩擦音。

①心包击水音。呈液体振荡的声音，类似振荡盛有半量溶液的玻璃瓶时所产生的音响。心包击水音是渗出性心包炎与心包积水的特征。

②心包摩擦音。犹如两层粗糙的膜面相互擦过时的音响，呈断续的、粗糙的、破裂音的特性。心包摩擦音是纤维蛋白性心包炎的特征。心包击水音与心包摩擦音常见于心包炎。

心包击水音或心包摩擦音均可提示心包炎的诊断。当心包发炎时，依炎症产物的种类不同或在病程经过的不同阶段中，有时可出现击水音，有时可出现摩擦音，或表现为两者的交替出现。如渗出的液体较多时，则主要出现击水音；而析出的纤维蛋白较多则主要表现为摩擦音。一般于病的初期，仅有少量的纤维蛋白，且渗出液不多时，不可能引起明显的击水音而仅有轻微的摩擦音。随病程的发展而心包腔内蓄积一定量的渗出液后，则心脏活动产生明显的击水音，特别是当由于渗出物腐败而产生气体，使心包腔内有一定量的液体和气体混在时，则击水音更明显。继而，渗出液逐渐被吸收而留有多量的纤维蛋白性析出物时，则主要表现为心包的摩擦音。

然而，杂音的强度及其是否出现，又不完全取决于心包的病变和程度，还依心缩力量的大小及其他条件为转移。如心包的病变虽很明显，但心脏收缩力量极度微弱时，杂音可能十分微弱甚至听取不清；而当心包腔内的积液过多，以致心脏的活动受到机械性阻碍时，也只能产生十分微弱的击水音；再如，心包膜面上虽有很多纤维蛋白性产物附着，但同时心包腔内尚积有很多的渗出液体，从而将两层包膜隔开致使在心脏活动过程中不能相互接触、摩擦，则只能听到击水音而无明显的摩擦音；当心包膜上有大量的纤维蛋白性附着物并在长期、慢性的经过中使之发生粘连甚至愈着时，摩擦音也可消失。

由此可见，心包杂音的出现，是提示心包炎诊断的重要的甚至是特征性的症状与条件。反之，仅仅缺少心包杂音这一个症状、条件，则不足以作为否定或排除心包炎诊断的绝对的或唯一的根据。要结合其他的症状、资料，根据病情的变化，病程经过的阶段性及其他特点，而对某些症状要做具体的、动态的、综合的分析。

③心包外杂音。主要为心肺杂音，是靠近心区的胸膜发炎并有纤维蛋白性产物析出时，随心脏的活动而产生的摩擦音，应注意区别。此时摩擦音在随心动出现的同时，伴随呼吸活动也可出现。并应具有作为胸膜炎症的一些其他症状和特点（如胸壁敏感、咳嗽等）。

心外性杂音都是伴随心脏的活动而产生的，并具有：听之距耳较近；一般均很明显；用听诊器集音头压迫心区可使杂音增强；杂音一般较为固定且可较长时间地存在等共同特点。这是区别于其他杂音的主要条件。

（2）心内性杂音　是心内瓣膜及其相应的瓣膜口发生形态改变或血液性质发生变化时，伴随心脏的活动而产生的杂音。依有无心内膜的形态改变而区分为器质性杂音与非器质性（或机能性）杂音。

①器质性杂音。指瓣膜（瓣膜口）或心脏内部具有解剖形态学变化时所产生的杂音。慢性心内膜炎的后果，常引起某一瓣膜或其周围组织的增殖、肥厚及粘连，瓣膜缺损或腱索的短缩，这些形态学的病变统称为慢性心脏瓣膜病。心脏瓣膜病的类型很多，一般概括地可分为：瓣膜的闭锁不全及瓣膜口（或称为心孔）的狭窄。

瓣膜闭锁不全：在心室的收缩或舒张的活动过程中，瓣膜不能完全地将其相应的瓣膜口关闭而留有空隙，从而血液可经病理性的空隙而逆流，形成漩涡，发生振动，产生杂音。依各瓣膜的关闭时间为转移，杂音可出现于心室的收缩或舒张时期：如左（二尖瓣）、右（三尖瓣）房室瓣的闭锁不全，杂音出现于心缩期，而称缩期杂音；主动脉与肺动脉的半月瓣闭锁不全，则在舒张期产生杂音，称为舒期杂音。

瓣膜口（心孔）狭窄：在心脏活动过程中，血液流经变窄了的瓣膜口时，形成漩涡，发生振动而产生杂音。依血液流经病变瓣膜口的时期为转移，杂音也可出现于心室收缩期或舒张期。如左、右房室口狭窄，杂音出现于舒张期；而主动脉与肺动脉口狭窄，则杂音产生于心缩期。

显然，为推断心内膜病变的类型及部位，应特别注意杂音出现的时期及杂音的最佳听取点。缩期杂音提示为房室瓣的闭锁不全或为动脉口的狭窄。舒期杂音提示为房室口的狭窄或为动脉瓣的闭锁不全。杂音的出现时间，决定于血液流经病变空隙的时间。而杂音的最佳听取点，则每一瓣膜及其瓣膜口的病变，都和相应的瓣膜口音最佳听取点基本一致，并顺血液方向而沿脉管传导。虽然某一瓣膜及其相应的瓣膜口的病变其最佳听取点都在同一位置，但是同一部位的两种不同病变（瓣膜闭锁不全与瓣膜口狭窄）其杂音的出现时期却不同（一个为缩期杂音，另一个为舒期杂音），因此，根据杂音的出现时间与最佳听取点的相互关系，并综合其他的症状、变化，一般可区分典型的八种心瓣膜病变。当然多种联合的心瓣膜病，可能表现得更为复杂，还应具体分析。

心内性杂音只能作为提示慢性心脏瓣膜病的一个特征，而不能作为诊断心瓣膜病的唯一根据。唯有将心杂音及其他全部的症状、资料加以综合分析，才能做出合理而正确的诊断结论。

杂音的强度、性质及其特点：杂音的强度决定 2 个基本因素：第一，瓣膜闭锁不全的病变空隙的大小或瓣膜口狭窄的程度；第二，通过病变部位时血流的速度。而后者又受心脏收缩力量的影响。显然，只有在中等程度狭窄时杂音才较为明显，因为极轻度的狭窄，不足以引起明显的杂音；同样，闭锁不全的程度如十分严重而留有空隙过大，则杂音也不会十分清楚，相反，如果高度的狭窄或极轻度的闭锁不全以致留有的空隙过小时，杂音也可能甚为微弱。另一方面还依心脏收缩力量的大小为转移，而通过病变部位的血流速度不同。在同等程度的病变条件下，流经病变部位的血流速度越快，则杂音越明显，相反，血流速度越慢则产生的杂音越微弱。因此，杂音的强度又受心缩力的影响，当心力衰弱时，杂音即微弱而不很明显。

上述原理说明：杂音的强度并不能完全、直接的反映病变的程度，这要按具体情况作综合的分析；同理也可提示，如当杂音十分微弱而听取不清时，可使病马的心脏活动加强（如应用强心剂或给马匹以一定的运动量），用以识别不甚清晰的心杂音。

②非器质性杂音。指瓣膜和心脏内部不存在解剖形态学变化时而出现的杂音，多由机能的变化而引起，一般称为机能性杂音。除在运动、兴奋、怀孕等生理状态下，会引起非器质性杂音外，以下几种病理性情况也会引起。第一，当心肌高度弛缓或扩张时，房室瓣不能将扩大了的相应房室口完全闭锁，形成了相对性的房室瓣闭锁不全；第二，当严重贫血时，由于血液稀薄，随心脏活动而流速加快，形成杂音，称为贫血性杂音；第三，由于发热、甲状腺功能亢进等原因，心排血量增加，血流加快而形成杂音。

器质性杂音与非器质性杂音的区别见表 3-4-7。

表 3-4-7　器质性杂音与非器质性杂音的区别

鉴别点	器质性杂音	非器质性杂音
出现时间	一般见于心收缩期和舒张期	一般见于心收缩期
性质	尖锐、粗糙、锯木样或搔抓样	柔和，吹风样
持续时间	短促	较长，常为全收缩期
强度	分为 6 级，常在 3 级（杂音明显，较明亮）以上	罕有超过 2 级（较易听到，不太响亮）
传导性	沿血流方向传导较远而广	局限，传导不远
稳定性	持续存在	随病情好转、恢复而减轻、消失
运动或应用强心剂	杂音增强	杂音改变不定

任务 1　马胸廓检查

【任务目标与质量要求】

制订马胸骨、肋骨和胸段脊柱、胸廓形状、胸廓皮肤状况、胸廓温度和敏感度、胸膜、肋骨形状的检查步骤，对检查收集症状进行记录和分析。分项检查做到逐项不漏，详细检查胸部及胸廓的外形、胸壁、呼吸运动等，有无变形、温度升高、疼痛及组织结构变化，相应器官功能是否健全，呼吸时胸廓起伏动作是否正常并与腹部起伏协调一致。及时收集症状进行检查结果判定，并推理相应可能疾病病因。

【学习产出目标】

（1）熟知马匹胸廓形状、胸廓皮肤变化、胸壁温度、胸壁敏感度、胸膜、胸廓皮下组织质地、肋骨形状检查的内容和方法，熟知马匹胸廓骨骼、皮肤、肌肉等正常结构和生理功能。

（2）依据马匹胸廓形状和胸廓皮肤组织变化检查，进行马匹疾病症状收集。

（3）依据马匹胸壁温度、胸壁敏感度检查，进行马匹疾病症状收集。

（4）依据马匹胸膜摩擦感、胸部皮下组织质地检查，收集马匹疾病症状。

（5）依据马匹胸部肋骨和肋软骨形状检查，收集马匹疾病症状。

【工作程序与方法要求】

1. 马匹胸廓的检查

检查者站在马匹左右侧和后侧 3～5 m 距离进行胸廓检查，对胸廓性状和皮肤质地进行检查，依据马匹种类、品种、年龄、营养及发育状况，检查马匹的胸廓两侧对称性，脊柱是否平直，肋骨开张程度，肋间隙宽度的均匀性，胸腹部呼吸起伏动作的协调性，胸廓部组织完整程度及皮下气肿、丘疹、溃疡、结节和胸前及胸下浮肿，是否有胸廓局部肌肉震颤等表现，依据检查收集的症状进行胸廓疾病可能性推断。

2. 马匹胸壁的触诊检查

检查马匹胸壁的局部和一侧的温度有无增高，用手掌、握拳、手指叩诊法检查马匹胸壁，判定有无骚动不安、回顾、躲闪、反抗或呻吟，检查马匹胸膜摩擦感和震颤感，判定是胸膜病变还是支气管病变。检查马匹胸部皮下组织有无气肿和肿胀。检查马匹肋骨开张程度和肋软骨的完整度及触诊敏感度。

【工作任务实施记录与评价】

1. 马匹胸廓的检查评价

<table>
<tr><th>师傅指导记录</th><th>马匹胸廓检查分析评价</th><th>评价成绩</th></tr>
<tr><td rowspan="2"></td><td rowspan="2"></td><td></td></tr>
<tr><td>年 月 日</td></tr>
</table>

2. 马匹胸壁的触诊检查评价

师傅指导记录	马匹胸壁检查评价	评价成绩
		年　月　日

3. 学徒关键职业能力及职业品质、工匠精神评价

项目	A	B	C	D
工作态度				
吃苦耐劳				
团队协作				
沟通交流				
学习钻研				
认真负责				
诚实守信				

任务 2　马肺和胸膜腔检查

【任务目标与质量要求】

制订马肺和胸膜腔检查的步骤，对检查收集症状进行记录和分析。分项检查做到逐项不漏，应用视诊检查马匹呼吸的频率、类型、节律、对称性、呼吸困难和呃逆，应用叩诊检查马匹胸腔内各脏器的解剖关系和肺的正常体表投影，应用听诊马匹支气管、肺和胸膜的机能状态，确定呼吸音的强度、性质和病理呼吸音。及时收集症状进行检查结果判定，并推理相应可能疾病病因。

【学习产出目标】

（1）熟知马匹肺和胸膜检查常用的视诊、叩诊、听诊的内容和方法，熟知马匹肺和胸膜的正常结构和生理功能。

（2）依据马匹呼吸的频率、类型、节律、对称性、呼吸困难和呃逆检查，进行马匹呼吸运动状态判定和症状收集。

（3）依据马匹肺和胸膜腔叩诊检查和敏感性反应，评价马匹肺和胸膜腔的物理状态，进行马匹肺部疾病症状收集。

（4）依据马匹肺部呼吸音的强度、性质和病理呼吸音检查，收集马匹支气管、肺和胸膜的症状。

【工作程序与方法要求】

1. 马匹肺和胸膜腔视诊

检查者环绕被检马匹一周，观察马匹呼吸运动及精神状态，在左侧和右侧仔细观察马匹的呼吸运动幅度和胸部与腹部协调性，检查马匹呼吸的频率、类型、节律、对称性，有无呼吸困难和呃逆现象。问诊马主人被检马匹夜间和运动后的呼吸异常情况。测定马匹呼吸次数，判定马匹呼吸类型，测定马匹吸气与呼气时长，站在马匹后侧高位俯视判定马匹呼吸时胸腹部对称性，观察马匹有无张口呼吸，特异性站立姿势，肋骨弓有无喘线。

2. 马匹肺和胸膜腔叩诊

在被检马匹胸部标记出肺部叩诊区域，并应用锤板法检查马匹肺和胸膜腔物理状态。判定叩诊部位清音和浊音、鼓音性质，依据叩诊时马匹反应判定是否疼痛、有无诱发咳嗽。判定被检马匹肺部叩诊区域是扩大还是缩小，结合收集的叩诊症状，判定马匹肺部和胸膜腔状况为肺炎、肺空洞、气胸还是胸腔积液等疾病状态。

3. 马匹肺和胸膜腔听诊

应用洁净塑料袋将被检马匹口鼻置于其中，以引起深呼吸，再行听诊器听诊，以提高马匹听诊的效果。标记被检马匹肺部和胸膜腔听诊区域，自被检马匹听诊区域中部开始由前向后、由上到下，进行被检马匹胸部全区域听诊。依据听诊收集的马匹肺部和胸膜腔症状，判定马匹正常的肺泡呼吸音、支气管呼吸音，区分病理性呼吸音，能够判定湿啰音和干啰音及捻发音、胸膜摩擦音、破壶音、击水音。结合马匹肺和胸膜腔听诊，详细收集马匹呼吸音，并判定其性质与疾病状况的关系。

【工作任务实施记录与评价】

1. 马匹肺和胸膜腔视诊评价

师傅指导记录	马匹肺和胸膜腔视诊评价	评价成绩
		年　月　日

2. 马匹肺和胸膜腔叩诊评价

师傅指导记录	马匹肺和胸膜腔叩诊评价	评价成绩
		年　月　日

3. 马匹肺和胸膜腔听诊评价

马匹编号	肺泡音	支气管音	啰音	胸膜摩擦音	击水音
检查质量评价				评价成绩	
				时间	

4. 学徒关键职业能力及职业品质、工匠精神评价

项目	A	B	C	D
工作态度				
吃苦耐劳				
团队协作				
沟通交流				
学习钻研				
认真负责				
诚实守信				

任务3　马心脏检查

【任务目标与质量要求】

制订马匹心脏检查的步骤，对检查收集症状进行记录和分析。心脏检查对于运动马十分重要，分项检查应做到逐项不漏，应用视、触诊的方法检查心搏动，用叩诊的方法判定心脏的浊音区，并应着重用听诊的方法诊查心音，判断心音的频率、强度、性质和节律的改变以及有无心杂音。心脏检查应结合马匹运动的速力、耐力及出汗和呼吸进行综合评定，特别要与骑手、教练和马工详细沟通马匹训练调教及休息时的状况，采食饮水二便状况，及时收集症状进行检查结果判定，并推理相应可能疾病病因。

【学习产出目标】

（1）熟知马匹心脏视诊、触诊、叩诊、听诊的内容和方法，熟知马匹心脏正常结构和生理功能。

（2）依据马匹心搏动的视诊和触诊检查，进行马匹心搏动状态的判定和症状收集。

（3）依据马匹叩诊心区的方法和诊断内容，评价马匹心脏大小和形状，进行马匹心脏浊音区疾病症状收集。

（4）依据马匹心音的频率、强度、性质和节律的改变以及有否心杂音的临床检查，收集马匹心脏的疾病症状。

【工作程序与方法要求】

1. 马匹心搏动的视诊与触诊

检查者在马匹左侧和右侧分别进行被检马匹心搏动的视诊与触诊，测定被检马匹心率，感知心搏动的位置、强度的变化，问诊马工、骑手、教练马匹训练使役情况，结合体表静脉显露程度和可视黏膜颜色进行综合判定，对心区触诊敏感的马匹要进行体温测定，必要时进行胸腔穿刺检查并配合进行心音听诊检查。

2. 马匹心区叩诊

在被检马匹心区标记出心脏叩诊区域，并应用锤板法检查马匹心脏大小、形状等物理状态。判定马匹心区叩诊的绝对浊音区和相对浊音区的性质，依据叩诊时马匹回视、躲闪、反抗反应判定是否疼痛。判定被检马匹心脏叩诊区域是扩大还是缩小，结合收集的叩诊症状，判定马匹心脏、肺、胸膜腔等疾病状态。

3. 马匹心音听诊

应用双腔听管听诊器听诊，改变集音头按压的轻重以获取低频和高频的不同声音，以提高马匹听诊的效果。标记被检马匹左侧和右侧心音听诊区域，将马匹的左前肢向前拉伸半步，以充分暴露出心区以便听诊。分区域听诊马匹第一心音和第二心音，在二尖瓣、三尖瓣、主动脉口、肺动脉口收集被检马匹心音音响性质，判定马匹正常的心音，区分病理性心音，能够判定第一心音、第二心音增强，心律异常、心音分裂和重复以及心内外杂音等。

【工作任务实施记录与评价】

1. 马匹心搏动的视诊与触诊评价

师傅指导记录	马匹心搏动视诊与触诊评价	评价成绩
		年　月　日

2. 马匹心区叩诊评价

师傅指导记录	马匹心区叩诊评价	评价成绩
		年　月　日

3. 马匹心音听诊评价

马匹编号	第一心音	第二心音	心音分裂	心音重复	心杂音
检查质量评价				评价成绩	
				时间	

4. 学徒关键职业能力及职业品质、工匠精神评价

项目	A	B	C	D
工作态度				
吃苦耐劳				
团队协作				
沟通交流				
学习钻研				
认真负责				
诚实守信				

项目五
马腹部检查

【专业知识准备】

腹部和腹腔器官的检查，主要是腹部的一般检查，胃、肠、肝脏、脾脏、排粪动作及粪便感官的检查。

消化器官疾病是临床上的常见、多发病。消化机能的改变可直接影响马匹的营养、代谢和生长、发育。此外，其他器官系统的疾病也会导致消化器官功能紊乱。因此腹部及腹腔器官的检查在临诊工作中占有重要地位。

腹部及腹腔器官的检查，主要应用视诊、触诊（包括直肠内部触诊）、叩诊、听诊以及导管探诊、腹腔穿刺等方法。还可根据需要进行 X 线检查、内腔镜检查、超声探查和金属探测器的应用，以及胃肠内容物、粪便及腹腔穿刺物等的实验室检验。

一、 腹部一般检查

1. 腹部的视诊

腹部视诊的目的，除观察被毛、皮肤及皮下组织的表在病变外，应着重判断腹围的大小及外形轮廓的改变。健康马匹腹围的大小与外形，除母马妊娠后期（通常是右侧扩大显著）生理性的及长期放牧条件下自然形成的增大外，主要决定于胃肠内容物的数量、性质并受腹膜腔的状态和腹壁紧张度的影响。马匹的腹围增大多是由于胃肠内容物长期停滞及过度充满或腹腔积液。

当胃肠内容物腐败发酵并贮积大量气体时，腹围显著增大。典型病例可见于肠臌气（原发性或继发性）。此时，腹肋部胀满、腹壁紧张，由于大量气体主要贮积于盲肠及大结肠，因而常见肷部隆起，尤以右侧肋部为最明显。腹腔积液引起的腹围膨大，呈两侧对称性下垂的特征。见于腹水及伴有大量渗出液的腹膜炎时。

腹壁局限性肿胀（如血肿、淋巴外渗等），一般对腹围外形变化无明显影响，只有当较大的局限性病变，如大面积的腹下浮肿或腹壁疝时，可影响腹围变形。此时，应配合触诊、听诊及其他方法检查结果而综合确定。

大面积的腹下浮肿，触诊呈生面团样硬度，留有指压痕，无热、痛反应是一般非炎性浮肿的特征。可见于重度的心机能障碍、重度贫血、某些传染病，特别是马传染性贫血时。伴有大量腹水的疾病或渗出性腹膜炎时，也可见有腹下浮肿。

腹壁疝时，由于部分肠管脱垂于腹部皮下，特别是当腹肌裂孔位于腹壁的下、侧方部位时，可使腹围变形。此时，触诊可感知肠内容物，听诊有肠蠕动音，一般可触到疝环（腹肌孔），部分肠管可还纳，且多有腹壁受钝性挫创或踢伤等病史可查，确诊并不困难。腹侧或腹下部的腹壁疝时，可同时伴发腹下浮肿。

腹围容积缩小，表示胃肠内容物显著减少，可见于剧烈、频繁的腹泻（如急性胃肠炎时）或长期、慢性消化扰乱（如慢性胃肠炎）时。长期发热病，由于食量减少及消耗增多，可见腹围缩小；慢性消耗性疾病，如慢性鼻疽、肠道蠕虫病，特别是慢性马传染性贫血时更为明显。马纤维性骨营养不良时，由矿物质代谢紊乱和异嗜癖致使食欲和消化机能紊乱，同时四肢（尤其是后肢）的剧烈疼痛，造成腹肌高度紧张、收缩，常表现明显的腹围蜷缩。破伤风或腹膜炎时，因腹肌紧张，可见腹围轻度紧缩。

腹部视诊，还可发现肌肉战栗（当发热或疼痛性疾患、中枢神经系统疾病及中毒、内毒素中毒等时），或腹肋部的震颤（当心悸或膈肌痉挛时）。

2. 腹部的触诊

马匹腹部触诊，腹腔容积庞大，腹壁较厚和紧张，故难以判定腹腔深部器官的状态。因此，马的腹部触诊，主要是判定腹壁的敏感性和紧张度。腹壁敏感，可见马匹表现回视、躲闪、反抗等动作，提示腹膜的炎症，冲击触诊，有击水音或感有回击波，见于腹腔积液；腹壁紧张性增高，可见于破伤风，有时也见于传染性脑脊髓炎及胃肠炎等。

二、 胃肠检查

1. 胃的检查

马的胃位于左侧第 14～17 肋骨，相当于髋结节水平线附近。马胃的检查，主要用视诊、导管探诊、直肠内部触诊或根据需要采取胃内容物进行实验室检验。

当幽门痉挛及急性胃扩张时，马匹表现不安（起卧、滚转或呈犬坐姿势）、呼吸困难、呕吐；由后方正中进行左、右侧对比观察，有时可见左侧胸廓中部第 15～17 肋骨间处稍显隆起。此时，用强力叩诊局部可呈浊鼓音（当胃内有一定量气体及液、固体内容物混在时）。胃扩张时，在安静条件下，特别是当肠音减弱或消失时，在胃区有时可能听到短促而微弱的“沙沙”声、流水声或金属声，每分钟 3～5 次。

胃的导管探诊，具有诊断（或鉴别诊断）和治疗的双重意义。如在急性胃扩张时，当以导管探诊放出大量积滞的胃内容物或气体之后，病马随之安静，病情即好转。

对于体躯较小的马（或马驹）站立或采取横卧保定，进行直肠内部触诊，当胃扩张时，可在左肾前下方摸到紧张而有弹性的胃后壁，呈半圆形并随呼吸动作而前、后移动。

临床上可根据需要，进行胃内容物的实验室检验。

2. 肠管检查

靠近腹壁的容积较大的肠管，如盲肠或左侧上、下行大结肠，可用触诊的方法判断其内容物的性状。当有柔软和弹性感觉时，反应内容物为气体；如呈波动感或有振荡音，则可能为液状内容。马的腹腔脏器位置投影。

叩诊腹壁的相应部位，可根据叩诊音的性质，推断靠近腹壁较大肠管（盲肠、左侧大结肠）的内容物性状。如为鼓音，则为肠腔积气；浊鼓音，为气体与液体混同存在；连片的浊音区，有时可提示为该段的大结肠积粪。

于左侧肷部可听诊小结肠和小肠音，左侧腹部下1/3处为左侧大结肠音，右侧肷部为盲肠音，右侧肋骨弓下方听右侧大结肠音。听诊肠蠕动音，可依据肠音的强度、频率及性质的变化，判定肠管的运动机能及内容物的性状。

①正常时，小肠多呈流水音或含漱音，较清脆，频率为8～12次/min；大肠音常为雷鸣声或远炮声，较低沉，其频率为4～6次/min。

②蠕动音增强，表现为声音洪亮、高而强、频率增多，持续时间长。见于各种类型的肠炎及胃肠炎，某些伴发肠炎的传染病，某些毒物中毒，急性腹膜炎等。如马表现有明显的间歇性腹痛不安的同时，肠音如雷鸣、连绵不断，是肠痉挛性腹痛（冷痛）的特征。

③肠蠕动音减弱或消失，可见于便秘、肠阻塞（结症）及除肠痉挛性腹痛以外的其他各种腹痛症的后期。重度肠炎或胃肠炎的后期，经频繁腹泻而将内容物排空之后，或当引起肠麻痹时，肠音也可转为微弱乃至消失。某些发热病、重度的中枢神经系统疾病（如脑及脑膜炎症）、中毒病、伴有消化机能扰乱或继发慢性胃肠卡他以及长期食欲显著减少甚至废绝的疾病时，也可见有肠音减弱或消失。

④肠音不整，表现为时快时慢，时强时弱，主要见于慢性胃肠卡他，由于腹泻与便秘交替出现，因此，在病程经过中可见有肠音快慢不均，强弱不一现象。肠音性质的改变，可表现为大量的流水声或含漱音，主要反应肠内容物呈稀薄状态，多见于各种类型肠炎及下痢。当肠内充满大量气体时，多数肠音带有金属响，称为金属音，呈所谓典型的“铁盘滴水”声（即类似水滴落在金属薄板上的声音），主要提示肠臌气。

⑤注意健康马匹肠音的变化受植物神经状态、肠壁的紧张度，饲料及饮水的质量、

数量，放牧及运动，使役的条件等多种因素的影响，致使其强度、频率及性质很不恒定。因此，当肠音仅有轻微改变时，应结合饲养、管理情况做具体分析，只有当肠音的变化十分明显时，才可肯定其诊断意义，同时还必须将肠音的变化和其他所有症状、资料加以综合分析，以便准确地估价其意义。

三、 直肠检查

对于马，通过手伸入直肠并经肠壁而间接地对盆腔器官及后部腹腔器官进行检查的方法，称为直肠检查法。是马兽医临床诊断中一项常用的重要辅助检查方法。

（一） 应用

(1) 当马临床表现有明显的腹痛综合症候群时，直肠检查在判断疾病的部位、性质、程度及鉴别诊断上均有重要价值，兼有治疗的作用。

(2) 在产科学上，对妊娠诊断及母马生殖器官（卵巢、输卵管、子宫等）疾病的诊断有重要的临床意义。

(3) 检查泌尿器官（肾脏、膀胱等）及肝、脾的病变，常能获得在诊断上有一定意义的症状、资料。

(4) 当怀疑有腹膜疾病（如腹膜炎时）、骨盆骨骨折时，直肠检查可供诊断参考。

（二） 常见的变化及其诊断意义

在检查过程中，首先应检查骨盆腔和腹腔各器官及肠管各部分的位置、大小、形状、内容物性状与硬度、有无疼痛反应等。对泌尿生殖器官及其他部位的变化也应同时给予注意。

1. 肛门、直肠及膀胱

首先注意观察肛门周围是否有污染粪汁、血液、寄生虫（蛲虫、马胃蝇幼虫）等。肛门括约肌紧张性增高，见于各类型肠阻塞，紧张力减弱，见于衰老马匹、长期腹泻、脊髓麻痹，严重时可呈肛门哆开。

直肠膨大空虚，表明肠内容物后送停止，见于肠便秘（结症）的中、后期或肠管的机械性阻塞；直肠壁紧张，同时肠内有多量的黏液蓄积，提示直肠炎症及有肠变位的可疑；直肠内有热感且温度增高，提示有炎症反应；检手附有血液，并发现黏膜有裂孔，表明直肠破裂。

膀胱敏感、疼痛，提示膀胱炎症；当触之发现囊内有硬块状物体时，可疑为膀胱结石；高度膨大，充满尿液，提示膀胱括约肌痉挛或膀胱麻痹，尿道结石或阻塞。

2. 小结肠

小结肠内粪球过大、硬结，并触之有疼痛反应（马匹表现骚动不安），提示为小结肠便秘。小结肠是临床上发生便秘（结症）最多的部位。

3. 大结肠、骨盆曲及胃状膨大部

大结肠内容物触诊硬结、变粗并呈疼痛反应，则提示为结肠便秘；但左下大结肠内充满积粪或气体，则应注意是否有骨盆曲阻塞。此时，骨盆曲部肠管内可充满较硬积粪，肠管变粗，呈粗灌肠状，触之有疼痛反应为其特征。骨盆曲也是结症的多发部位。胃状膨大部触诊如呈半球状坚硬物体并随呼吸活动而前后移动，可疑为胃状膨大部的阻塞，其经过多为慢性。

4. 盲肠、胃及十二指肠

右侧肷腹部触诊盲肠，如肠腔内充满硬固内容物，可疑为盲肠阻塞（盲肠积粪）；如有大量气体且有明显弹性，则疑为盲肠臌气。此时，外部视诊有显著的腹围增大。于前肠系膜根后、下部触诊，肠管变粗，呈粗香肠状，表面光滑，触之并有疼痛反应，应疑为十二指肠便秘。如触知胃囊膨大，提示胃扩张可疑，积气时有弹性感，食滞性时呈捏粉状。

5. 肾、脾脏

肾区敏感，触压时呈疼痛反应，提示为肾炎。脾脏位置明显后移，常为急性胃扩张的特征性标志。

6. 腹主动脉及前肠系膜根

紧贴脊柱下面可感知具有明显搏动的腹主动脉，沿此前行即可触知下垂的前肠系膜动脉根，该部膨大（鸡蛋大或更大）、有明显搏动、紧张而有疼痛反应时，多提示有寄生虫性动脉瘤可疑。有时也常有肠系膜动脉血栓性腹痛病的发生。检查时感知腹内压增高，肠管膨大有弹性，检手活动困难，提示为肠臌气；感知肠管位置不正常或有扭转、移位、缠结、套叠等变化，并多呈剧烈性疼痛反应，则有机械性变位或阻塞的可疑。

此外，有时对公马可按需要检查腹股沟环，其位于耻骨前下方 3～4 m 处，距正中线约 10 cm，左、右侧对称存在，一般其内径为一指半。当感知有绳索状肠管进入腹股沟环，并呈疼痛反应时，则提示有腹股沟管的肠嵌闭病变。

有关生殖器官的检查，主要用于产科的妊娠诊断及产科病、不孕症等。

四、 肝与脾脏检查

肝脏检查，除用触诊、叩诊及测定肝功能方法外，必要时可进行穿刺检查及超声检查。

1. 肝脏检查

马的肝脏位于右侧第 10～17 肋间的中下部，左侧第 7～10 肋骨间。在正常状态下，由于肝脏被体壁及肺脏所掩盖，叩诊和触诊均不易检查，只有当肝脏有明显肿大时，才具有诊断价值。触诊右侧季肋下部肝区，以手掌平放进行冲击性压迫，如马匹表现敏感反应（回视、躲闪、反抗等）时，可提示肝区敏感与实质性肝炎。如用一手拇指置于该部做支点，其余四指靠拢并呈屈曲状，沿肋骨缘向软腹壁进行深部触诊，在比较瘦的马，可能触摸到肿大的肝脏边缘。于肝区部位进行较强的叩诊，当肝脏肿大时，于右侧肺叩诊区的下部，可能发现肝浊音区扩大。在进行肝脏临床检查的同时，应注意肝脏疾病在消化、循环和神经系统等方面引起的变化和症状，如消化障碍、黄疸、心动徐缓、腹腔积水、嗜睡和昏迷等。

2. 脾脏的检查

马的脾脏位于腹腔左侧，紧接肺叩诊区后方，其弓形的后缘多与肋骨弓平行，上缘与左肾相接近。正常时，脾脏的叩诊呈一狭窄的浊音区。脾脏叩诊浊音区扩大，可见于脾脏的急、慢性炎症或某些血液疾病及传染病时，是脾脏显著肿大的结果。脾浊音区的后移，提示急性胃扩张，有时可超出最后肋骨的后方或达髋骨结节的垂直线。当肠管过度臌气时，脾脏叩诊浊音区可能缩小。脾脏的触诊变化，见于直肠检查部分。

五、 排粪动作及粪便感官检查

（一） 排粪动作的检查

排粪动作是马匹排粪时的一种复杂反射活动。正常状态下，马匹排粪时，背部微拱起，后肢稍开张并略前伸。正常马匹的排粪次数与采食饲料的数量、质量及使役情况有密切关系，马每日排粪次数为 8～10 次。排粪动作障碍主要表现有以下几种：

1. 便秘

表现排粪费力，次数减少或屡呈排粪姿势而排出粪量少，粪便干结、色深。见于一切热性病、慢性胃肠卡他或胃肠弛缓。马肠便秘（结症）是腹痛症中最多发的一种，同时伴有各种腹痛不安的反常姿势。

2. 腹泻或下痢

表现为频繁排粪，甚至排粪失禁，粪便呈稀粥状，甚至水样。腹泻或下痢是各种类型肠炎的特征，包括原发性、继发性或某些侵害胃肠道并引起其发炎的传染病（如大肠杆菌病、副伤寒等）。也可见于马的结肠炎及腹膜炎、某些肠道寄生虫病及某些中毒病发生时。

3. 排粪失禁

马匹不经采取固有的排粪动作而不自主地排出粪便，多是由肛门括约肌弛缓或麻痹所致，可见于荐部脊髓损伤和炎症或脑的疾病。引起顽固性腹泻的各种疾病，也常伴有排粪失禁现象。

4. 排粪带痛

排粪时，马匹表现疼痛不安、惊惧、努责、呻吟等，可见于腹膜炎、胃肠炎、创伤性网胃炎、直肠炎及直肠嵌入异物等。

5. 里急后重

表现屡呈排粪动作并强度努责，而仅排出少量粪便或黏液，是直肠发炎的特征。顽固性腹泻时，常有里急后重现象，是炎症波及直肠黏膜的结果。

（二） 粪便的感官检查

1. 粪便的数量、形状和硬度

不同种属马匹，其粪便的正常形状各异。在观察粪便的数量和形状、硬度时，应注意排除马匹采食饲料的数量、种类、质量和含水量等因素的影响。一般在腹泻时（尤其是初期）粪便量多而稀薄，且不呈固有的形状；便秘时，由于水分为肠壁吸收，粪便少而干硬。病程经过较长的便秘，粪便可呈板栗状。

2. 粪便的颜色和气味

在排除由于饲料成分等因素影响外，应注意马驹下痢时，粪便呈灰白色或黄白色；便秘时粪便色深；机械性黄疸的病马粪便可呈淡黏土色；肠道出血时，粪便呈红色（后部肠管出血）乃至黑色（胃及前部肠管出血）。肠卡他、胃肠炎及马的结肠炎时，由于内容物的发酵和腐败，粪便呈酸臭味。

3. 粪便的异常混有物

粪便中混有物和性状的变化，对于区别胃肠炎的种类和类型具有重要意义。卡他性胃肠炎时，粪便稀软，并有黏液；急性、重度的肠炎，粪便呈粥样或水样；粪便中混有血液或呈黑色，则为出血性炎症。如血液只附于粪球外部表面，并呈鲜红色时，是后部肠管出血的特征，而均匀混于粪便中，并呈黑色时，说明出血部位在胃及前段肠道。粪便中混有脓液是化脓性炎症的标志；如粪便中混有脱落的肠黏膜，则为伪膜性与坏死性炎症的特征。

任务1 腹部检查

【任务目标与质量要求】

制订马匹腹部检查方案，检查马匹胃、肠、肝脏、脾脏、排粪动作及粪便，逐项记录有关检查结果，判定消化系统病变对马匹营养、代谢和生长发育的影响，判定腹围大小与胃肠容积变化，判定马匹腹痛表现及直肠检查结果，判定马匹排粪动作，检查粪便颜色、气味、硬度、形状，结合腹部综合检查结果判定马匹腹痛的原因和类型。

【学习产出目标】

（1）熟知马匹腹部检查方法和主要内容，检查马匹胃肠内容物性质与腹围大小变化，检查马匹肠管并进行直肠检查，判定消化系统功能推理罹患疾病器官。

（2）判定马匹腹围膨大、局部肿胀、紧缩、浮肿、腹腔积水、敏感程度。

（3）判定马匹胃内容物状态，判定肠管叩诊音变化，判定听诊肠音变化情况。

（4）依据马直肠检查方法，判定肛门及大肠、小肠变化。

（5）判定便秘、腹泻、失禁、便痛症状，检查粪便颜色和气味、数量、形状和硬度。

【工作程序与方法要求】

1. 马匹腹部检查

马兽医在马匹后躯和左侧、右侧观察马匹腹围变化，检查左右侧肷部变化，区别妊娠和空怀马匹腹围变化，判定膨大腹围有无积气、积液，判定腹下浮肿和局限性肿胀原因，判定腹围缩小和腹围敏感。判定肌肉战栗和腹肋部震颤。检查过程中视诊和触诊合并应用，对检查中发现的病理变化，收集记录有关症状，结合消化系统功能紊乱症状进行综合判定。

2. 马匹胃肠检查

判定马匹胃肠的体表投影位置，应用导管探诊和直肠内部触诊检查胃内容物状态，按肠管体表投影位置，判定小结肠、小肠、左侧大结肠、右侧大结肠、盲肠的肠音、鼓音、浊音、金属音及内容物性质，判定大肠和小肠蠕动音及亢进、衰沉状态。

3. 马匹直肠检查

保定马匹后，站在马匹左侧，依据直肠检查方法做好手部指甲打磨、清洁、消毒、润滑，检查肛门周围是否有污染粪汁、血液、寄生虫，检查小结肠内粪球，检查大结肠、骨盆曲及胃状膨大部，检查盲肠、胃及十二指肠，检查腹主动脉及前肠系膜根，判定有无具体病变，结合肠便秘、腹泻、肠臌气、疝痛等具体病症进行推导分析。

【工作任务实施记录与评价】

1. 马匹腹部检查评价

<table>
<tr><td>师傅指导记录</td><td>马匹腹部检查分析评价</td><td>评价成绩</td></tr>
<tr><td rowspan="2"></td><td rowspan="2"></td><td></td></tr>
<tr><td>年　月　日</td></tr>
</table>

2. 马匹胃肠检查评价

<table>
<tr><th>师傅指导记录</th><th>马匹胃肠检查评价</th><th>评价成绩</th></tr>
<tr><td rowspan="2"></td><td rowspan="2"></td><td></td></tr>
<tr><td>年　月　日</td></tr>
</table>

3. 马匹直肠检查评价

<table>
<tr><th>马匹编号</th><th>肛门、直肠及膀胱</th><th>小结肠</th><th>盲肠</th><th>胃</th><th>肠系膜根</th></tr>
<tr><td></td><td></td><td></td><td></td><td></td><td></td></tr>
<tr><td></td><td></td><td></td><td></td><td></td><td></td></tr>
<tr><td></td><td></td><td></td><td></td><td></td><td></td></tr>
<tr><td></td><td></td><td></td><td></td><td></td><td></td></tr>
<tr><td></td><td></td><td></td><td></td><td></td><td></td></tr>
<tr><td rowspan="2">检查质量评价</td><td rowspan="2" colspan="3"></td><td>评价成绩</td><td></td></tr>
<tr><td>时间</td><td></td></tr>
</table>

4. 学徒关键职业能力及职业品质、工匠精神评价

项目	A	B	C	D
工作态度				
吃苦耐劳				
团队协作				
沟通交流				
学习钻研				
认真负责				
诚实守信				

任务 2　马排粪动作及粪便感官检查

【任务目标与质量要求】

制订马排粪动作和粪便感官检查的步骤，对检查收集症状进行记录和分析。分项检查做到逐项不漏，应用视诊检查马匹排粪动作，判定排粪动作是否正常，观察背部动作、后肢动作和肛门反射，问询马匹排粪次数，判定肠便秘，判定腹泻或下痢，判定便痛，判定粪便的数量、形状和硬度是否正常，判定粪便的颜色和气味及混杂物。及时收集症状进行检查结果判定，并推理相应可能疾病病因。

【学习产出目标】

（1）熟知马匹排粪动作及粪便感官检查的内容和方法，熟知马匹消化系统正常结构和生理功能。

（2）依据马匹便秘、腹泻或下痢、排粪失禁或带痛、里急后重检查，进行马匹排粪动作的神经功能和消化功能状态判定和症状收集。

（3）依据马匹粪便的数量、性状和硬度，粪便颜色和气味，粪便的异常混有物，评价马匹肺和胸膜腔的物理状态，进行马匹肺部疾病症状收集。

（4）依据马匹排粪动作检查和粪便感官检查，收集马匹排粪反射和消化系统的症状，结合马工饲喂和清理马房发现的被检马匹异常情况进行综合判定。

【工作程序与方法要求】

1. 马匹排粪动作的检查

检查者距被检马匹在 5～8 m 处观察马匹排粪动作。询问马工和教练收集马匹排粪次数，判定马匹排粪动作正常与否，测定马匹排粪数量，判定马匹排粪动作障碍具体表现，能够区分被检马匹便秘、腹泻或下痢、排粪失禁或带痛、里急后重的具体症状表现。

2. 马匹粪便的感官检查

询问马工被检马匹日常饲喂、饮水、排粪情况，并检查被检马匹马房清理状况和粪便，并收集马匹 1 天内的粪便，检查被检马匹粪便的数量、性状和硬度，粪便颜色和气味，粪便的异常混有物。可借助显微镜检查马匹粪便，判定马匹粪便的含水量和口腔黏膜、舌苔等疾病状态，对被检马匹粪便异常颜色和气味进行分析，综合排粪动作检查进行初步诊断。

【工作任务实施记录与评价】

1. 马匹排粪动作的检查评价

<table>
<tr><th>师傅指导记录</th><th>马匹排粪动作的检查评价</th><th>评价成绩</th></tr>
<tr><td rowspan="2"></td><td rowspan="2"></td><td></td></tr>
<tr><td>年　月　日</td></tr>
</table>

2. 马匹粪便的感官检查评价

马匹编号	粪便的数量	性状	硬度	颜色和气味	异常混有物
检查质量评价				评价成绩	
				时间	

3. 学徒关键职业能力、职业品质及工匠精神评价

项目	A	B	C	D
工作态度				
吃苦耐劳				
团队协作				
沟通交流				
学习钻研				
认真负责				
诚实守信				

项目六
马脊柱及肢蹄检查

【专业知识准备】

脊柱是由颈椎、胸椎、腰椎、荐椎和尾椎5个部位的骨骼组成，由一系列椎骨间软骨、关节和韧带连接而成。位于体正中，构成马匹躯体的颈部、胸部、腰荐部、臀部和尾部，具有保护脊髓、支持头部和体重、悬吊内脏等作用。

一、 脊柱的检查

（一） 脊柱的视诊和触诊

颈部：颈部僵硬、敏感、活动不自如，多提示颈部风湿或破伤风。颈部突然歪斜、弯向一侧，局部肌肉僵直、出汗及运动功能障碍，应考虑颈椎脱位或骨折。多为机械性暴力所致。

腰荐部：腰部拱起或凹陷，触诊椎骨变形，多见于骨软症和佝偻病。触诊腰荐部敏感，表现为回视、躲闪、反抗，多为脊髓或脊髓膜炎的症候或可见于肾炎。用强力触压腰荐部的方法，检查其反射功能，正常时，表现为随按压马匹腰部灵活下沉，如反应不灵活或无反应，常提示为腰部风湿、骨软症或脊柱横断性损伤。

臀部：臀部肌肉震颤，表现为皮肤和被毛有节律不自主的交替收缩，可见于发热初期、疼痛性病理过程及某些脑病或中毒、内毒素中毒。触诊臀部肌肉肿胀，僵硬感，多是马肌红蛋白尿的一个重要症状。

尾部：尾部挺起，常提示为破伤风。尾毛被稀污粪便污染，是疑似下痢的线索。

健康马匹，尾力较强，尾力减弱或无力，是重度衰竭的表现，可见于衰竭症及慢性消耗性疾病引起的全身衰竭。如马的慢性传染性贫血。

尾部及肛门：尾部歪斜，可见于脊髓炎或某些霉菌性中毒病。尾根及肛门周围，常为青色马黑色素瘤多发部位。肛门浮肿，可见于肛门周围炎；肛门弛缓、哆开，常见于频繁下痢或老龄衰竭病马匹。触诊尾椎关节呈捻珠样肿胀并有疼痛，是关节脱钙及环状改变的结果，但应注意排除因损伤而引起的肿胀。

（二） 脊柱穿刺检查法

当脊柱的某一部位（颈、腰等）临床检查结果提示有侵害中枢神经系统的疾病时，或当某些代谢扰乱性疾病伴有中枢神经系统综合症候群时，可实施脊椎或腰椎穿刺，采集脑脊液进行实验室检验。

1. 穿刺部位

（1）颈椎　颈椎在颈背侧正中线与寰椎翼两后角连线的交点处进行。先于颈椎嵴及颅顶嵴引一正中线，再沿两侧寰椎翼后角引一直线，其交叉点，即在寰椎轴孔之上，穿刺点一般在交叉点的左或右侧 2～3 cm 处。

（2）腰椎　腰椎在最后腰椎与荐椎之间进行。先于脊椎嵴引一正中线，再按两侧髋骨外角引一横线，两线交叉点，即为穿刺点。

2. 穿刺方法

穿刺针一般长 10～12 cm、内径 0.2～0.5 mm，或用通常的封闭针。穿刺前先将马匹横卧保定，特别注意头部的保定，以免骚动。局部按一般外科常规处理，器械应煮沸消毒。先穿透皮肤、肌层后，当穿过棘间韧带及脊髓硬膜时，稍有抵抗感觉；刺入蛛网膜腔后，拔出针芯，脑脊液即可流出。宜用注射器或消毒容器采集，并送实验室检验。术后局部按一般外科常规处理。

二、 肢蹄的检查

（一） 肢蹄的一般检查

四肢弯曲、变形，常见于幼龄马匹的佝偻病；四肢关节粗大，可见于成年马匹的骨软症及氟骨症。单一关节的肿胀多提示关节炎，此时常伴有热、痛反应；幼龄马匹（马驹）关节炎，宜提示副伤寒或脓毒败血症。某一肢蹄尤其是后肢的弥漫性肿胀，可见于蜂窝织炎，此时伴有热、痛反应，多可查明局部外伤或感染门户；长期后，可形成所谓象皮腿，触诊硬感而热、痛反应不明显。四肢下部浮肿，特别是后肢的病变，是全身浮肿的常见部位，多是由慢性心脏衰弱而引起。四肢皮肤溃疡，除局部病变外，如发生连串的结节并有溃疡，应注意于全身性的传染病，如马的皮肤鼻疽及流行性淋巴管炎。可配合流行病学情况调查及特殊的辅助检查结果进行综合判定。

（二） 肢蹄的细部检查

肢蹄各部的检查是在全面的问诊、视诊基础上进行的。

1. 蹄部

蹄部检查主要注意蹄温和指（趾）的动脉亢进。检查时，一手抵前臂部或反肢的胫部做支点，另一手逐渐下摸直至蹄部，检查者呈弯腰姿势，严禁下蹲，并尽可能靠近马匹，以手背感知蹄的前壁、侧壁及蹄踵的温度。指（趾）动脉搏动检查，前肢在系关节（球节）直上屈腱两侧，或在系部屈腱的两侧；后肢在跖部外侧上 1/3 的下端，屈腱和系骨之间。发现异常应和对侧进行比较。触诊蹄部温度增高，特别是靠近蹄冠部更为显著（40～41 ℃），趾（指）动脉搏亢进（100～120 次/min），呼吸次数加快（50～60 次/min），可提示为急性或亚急性蹄叶炎，主要见于马匹。马匹蹄部的疹疮、角质脱落、腐败和崩坏，并带有恶臭气味，可疑为蹄叉腐烂的症状。

2. 系部及系关节

系部检查多用滑擦和压诊法。主要注意有无肿胀、湿疹、皮炎、腱鞘憩室有无积液及骨折等。系关节（球节）是马匹站立或运步间负重最大部位，特别是近籽骨、韧带较多的地方。因此，多为四肢病的常发关节。检查时要注意关节的正常轮廓有无改变，有无异常的伸展与屈曲及关节囊憩室有否突出等变化。

3. 掌部

主要是用触诊方法检查掌骨和屈腱。注意有无疼痛和骨瘤。

4. 腕关节

腕关节触诊应注意其表在温度、有无肿胀（要区别其性质和硬度）、疼痛。正常腕关节屈曲时，屈腱可接触前臂部，反之，屈曲程度变小（不全）并有痛感，是慢性或畸形性关节炎的特征。

5. 臂部及肘关节

臂部检查，主要注意对臂三头肌、二头肌进行滑擦、压迫，以感知局部温度、紧张度及疼痛反应。臂部肌肉僵硬（特别是三头肌）呈石板样，初期压迫极度敏感，是该部风湿病的表现；当继发感染，出现剧烈疼痛、肿胀，是化脓性肌炎的特征，并易于蔓延至前臂部。肘关节炎症时，有肿胀、热痛、关节轮廓（尤其是尺骨和桡骨的结合部）不清。关节侧韧带扭伤时，以指压迫关节凹陷，他动运动疼痛剧烈。

6. 肩胛部和肩关节

主要用触、压诊方法检查。按冈上肌和冈下肌肌纤维走向进行抚摸和压迫三角肌、肩胛冈、肩胛前角和后角、肩胛软骨及肩胛骨，以感知局部温度、湿度、有无损伤及其敏感性等变化。肩关节，触诊注意关节的轮廓、肿胀、变形等异常状态。强行使其内收、外展、伸展、屈曲时，如表现疼痛，说明其反方向组织有疼痛过程，但必须注意，当实施他动运动时，应先证明肘关节以下部应无疼痛病灶，否则易于误诊。

7. 跗关节

跗关节解剖结构比较复杂，更是临床上易于发生四肢疾病的部位。跗关节触诊主要注意局部温度、肿胀、疼痛及波动。波动性肿胀在跟部，多为跟端黏液囊炎；关节憩室出现波动性肿胀，则为关节腔积液在腱的径路上有波动性肿胀，可能为腱鞘炎。

跗关节常发生硬肿，主要是由韧带、软骨、骨膜等损伤而引起，特别是在该关节内侧第 3 附骨和中央附骨之间发生的所谓“飞节内肿”。判定有无“飞节内肿”的方法是跗关节屈曲试验。方法是提举患肢，强行使关节屈曲 3～5 min，在放开的瞬时，迫使马匹速步行走，当前几步患肢有机能障碍时，即称为“飞节内肿”阳性。一般在跗关节的骨关节疾患都可呈现飞节内肿阳性。必须指出，本试验一定要在先确定髋关节和膝关节处于健康状态时才有示病意义。

8. 胫部

主要注意皮肤有无脱毛、肥厚及肿胀，特别是第 3 腓骨肌和腓肠肌有无断裂变化。胫骨前肌和第 3 腓骨肌断裂时，胫前部不易摸到断端，但可看到跗关节特殊开张和跟腱弛缓。跟腱断裂时，可触知腓肠肌弛缓，并可摸到断端。

9. 膝关节

正常膝关节轮廓清楚，触诊可感知浅部的 3 条直韧带。急性膝关节炎时，呈一致性肿胀，压之有剧痛。膝关节腔内有波动性肿胀是关节积液的特征。慢性畸形性膝关节炎时，在膝关节内侧，胫骨的关节端可出现鹅卵大到鸡卵大的硬固性肿胀。膝盖骨上方脱位时，提举患肢关节不能屈曲；外方脱位时，屈曲比较容易。触诊膝盖骨也可证明其变位的状态。

10. 股部

股部检查主要注意前外侧和内侧的股四头肌、阔筋膜张肌、股薄肌及缝匠肌等，感知其温度、弹性及疼痛反应。同时注意腹股沟淋巴结有无肿胀、睾丸及腹股沟的情况。

11. 髋部

髋部检查包括髋骨、髋结节和臀肌。观察和触诊有无肿胀及热、痛反应，必要时可做直肠内部检查。

对经过四肢各部检查的结果尚不能得出诊断结论时，可做外周神经（传导、痛点浸润等）及关节内和腱鞘内神经传导麻醉或 X 线、直肠、热浴、斜板试验、化验室等特殊检查。

（三） 肢蹄运动功能检查

多数肢蹄部的疾病，在其局部形态改变的同时，均伴有不同形式和不同程度的运动功能障碍。肢蹄的运动功能障碍主要表现为跛行。因此，临床上马匹表现的跛行症状常为肢蹄部疾病的重要启示。了解跛行的种类、特点和程度，在肢蹄各部疾病的诊断中具有重要意义。

确定跛行的种类，大致可推断肢蹄患病的部位及其性质。四肢在运动时，每条腿的动作可分为在空中悬垂和地面支柱 2 个阶段。四肢运动有明显功能障碍，如在悬垂阶段称为悬垂跛行，如在支柱阶段称为支柱跛行。

悬垂跛行的特征是患肢在前进运动时，抬举不高，速度比患肢缓慢，即形成所谓抬不高、迈不远的变化。因此，以健蹄蹄印测量患肢的步距时，出现半步短缩，故临床上称为前方短步。前方短步、运动缓慢、抬腿困难，是确定悬垂跛行的依据。所有关节的伸曲肌及其附属器官、分布于上述肌肉的神经、关节囊、牵引肢蹄前进的肌肉、关节屈侧皮肤及骨膜等发生炎症时，均可引起悬垂跛行。

支柱蹄行的特征是负重时间短缩和避免负重。站立间两肢频频交替，运步时对侧健肢比正常运步伸出得快，即提前落地，因此，以健蹄蹄印测量患肢的步距时，呈现后一半短缩，临床上称为后方短步。后方短步、免负体重、系部直立及蹄音较低是确定支柱跛行的依据。骨骼、肢下部的关节及腱、韧带及蹄等负重装置的疼痛性疾病，固定前后肢主要关节的肌肉（臂三头肌、股四头肌）等的炎症均表现为支柱跛行。

此外，临床实践中，单纯性跛行（悬跛或支跛）较为少见，多数病例表现为混合型跛行。四肢上部的关节疾病、骨体骨折、某些关节炎及黏液囊炎均可表现为混合跛行。

任务1　马脊柱检查

【任务目标与质量要求】

制订马匹脊柱检查方案，检查颈椎、胸椎、腰椎、荐椎和尾椎5个部位的骨骼结构和形状，判定颈部僵硬程度、敏感性、活动性、正直程度，判定腰荐部肾区敏感度，检查马匹臀部肌肉收缩性，检查马匹尾力及举扬程度。检查脊柱纵向弯曲状态，引导马匹脊柱屈和伸，检查马匹脊柱侧向弯曲状态，检查马匹脊柱颈段、尾段，检查马匹脊柱轴向旋转运动的改变，进行脊柱机能状况的评价。

【学习产出目标】

（1）熟知马匹脊柱关节、组织、韧带、神经的构成，熟悉脊柱病理状态常发疾病类型，熟悉马匹脊柱功能和结构。

（2）判定马匹脊柱僵硬度、敏感度、活动性和正直状态。

（3）判定马匹臀尾部肌肉状态和尾力状况。

（4）判定马匹侧方曲挠、纵向屈伸和轴向运动状态。

【工作程序与方法要求】

1. 马匹脊柱检查

牵行马匹检查行进状态，脊柱弯曲度和变形状况，检查颈部僵直度、敏感度、灵活性，检查马匹颈部正直程度，检查颈部肌肉质地及运动机能，检查马匹腰荐部反射及灵活性，检查马匹腰部肾区敏感度。

2. 马匹臀尾部检查

保定马匹后，检查臀部肌肉节律性收缩和震颤，检查臀部肌肉质地，检查马匹尾部状态，牵引马尾检查马匹尾力和正直度，检查尾根和肛门周围皮肤和被毛，检查肛门部皮下组织状态，检查肛缩反射，检查尾椎关节形状。

3. 马匹脊柱灵活性和弯曲状态检查

检查马匹脊柱纵向弯曲，屈伸脊柱，引导马匹低头弓背或马背下凹、头尾高抬，侧向弯曲被检马匹，检查马匹脊柱颈段和尾段有无疼痛反射，引导马匹做轴向运动以判定脊柱的灵活性和脊柱弯曲状态，评价马匹的肌肉和神经协调性以及是否有疼痛反应。

【工作任务实施记录与评价】

1. 马匹脊柱检查评价

师傅指导记录	马匹脊柱检查分析评价	评价成绩
		年　月　日

2. 马匹臀尾部检查评价

师傅指导记录	马匹臀尾部检查评价	评价成绩
		年　月　日

3. 马匹脊柱灵活性和弯曲状态检查评价

马匹编号	纵向弯曲	侧向弯曲	轴向运动	疼痛反应	灵活性
检查质量评价				评价成绩	
				时间	

4. 学徒关键职业能力及职业品质、工匠精神评价

项目	A	B	C	D
工作态度				
吃苦耐劳				
团队协作				
沟通交流				
学习钻研				
认真负责				
诚实守信				

任务2　马肢蹄检查

【任务目标与质量要求】

制订马匹肢蹄检查方案，检查肢蹄皮肤、皮下组织、肌肉、肌腱、韧带、骨骼的结构和形状，判定肿胀、浮肿、溃疡、热痛反应程度和可能病因，检查马匹蹄部、系部、掌（跖）部、腕（跗）关节、肩胛骨和肘（膝）关节，股部和髋部状态。检查肢蹄运动状态，结合马匹运动、姿势、体态的改变进行肢蹄机能状况的评价。

【学习产出目标】

（1）熟知马匹肢蹄关节、组织、韧带、神经的构成，熟悉肢蹄病理状态常发疾病类型，熟悉马匹四肢功能和结构。

（2）判定马匹四肢关节的形状、成关节角、肿胀、热痛反应、皮肤溃疡状态。

（3）判定马匹前肢和后肢各关节、韧带、肌腱的健康或病理状态。

（4）判定马匹肢蹄运动状态，能够区分支跛和悬跛症状。

【工作程序与方法要求】

1. 马匹肢蹄一般检查

触诊和视诊马匹肢蹄，按照左前、右前、左后、右后的顺序逐一检视马匹肢蹄，在马匹正前方、左右侧方、正后方观察马匹静立姿态，判定马匹肢蹄关节的成关节角、变形与否，检查马匹四肢皮肤和皮下组织，判定马匹肢蹄有无肿胀、热痛反应和溃疡，并结合心脏检查和体温测定以及马工问诊，判定马匹四肢异常状态的可能原因。检查四肢关节有无疼痛反射。

2. 马匹肢蹄细部检查

依据马匹关节成角检查马匹各关节细部，检查蹄部趾动脉、蹄温、敏感性，检查有无系部肿胀、湿疹、皮炎、腱鞘憩室积液及骨折，检查掌部和跖部屈腱，检查肘关节屈伸度和他动运动，检查跗关节屈伸度和飞节内肿试验，检查膝关节和髋关节敏感度。

3. 马匹肢蹄运动功能检查

牵行马匹进行沙地运动、硬地运动、上坡运动、下坡运动、圆周运动、左里怀曲挠和右里怀曲挠，判定马匹跛行为支柱跛行、悬垂跛行还是混合跛行，并检查马匹有无点头运动或臀部升降，综合分析被检马匹跛行肢蹄为前肢或后肢，左侧或右侧、腕（跗）关节上部或下部，用检蹄钳和斜板检查马匹蹄部敏感程度。

【工作任务实施记录与评价】

1. 马匹肢蹄一般检查评价

师傅指导记录	马匹肢蹄一般检查分析评价	评价成绩
		年　月　日

2. 马匹肢蹄细部检查评价

师傅指导记录	马匹肢蹄各部检查评价	评价成绩
		年　月　日

3. 马匹肢蹄运动功能检查评价

马匹编号	静立检查	运动检查	跛行肢蹄	跛行程度	蹄部检查
检查质量评价				评价成绩	
				时间	

4. 学徒关键职业能力及职业品质、工匠精神评价

项目	A	B	C	D
工作态度				
吃苦耐劳				
团队协作				
沟通交流				
学习钻研				
认真负责				
诚实守信				

项目七
马泌尿生殖系统检查

【专业知识准备】

从马匹整体而言，泌尿器官与全身的机能活动有着密切关系。肾脏是机体最重要的泌尿器官，不仅排泄代谢最终产物种类多、数量大，而且还参与体内水、电解质和酸碱平衡的调节，维持体液的渗透压。肾脏还分泌某些生物活性物质，如肾素、促红细胞生成素，维生素D和前列腺素等。如果肾脏和尿路的机能活动发生障碍，代谢最终产物的排泄将不能正常进行，酸碱平衡、水和电解质的代谢会发生障碍，内分泌功能也会失调，从而导致机体各器官的机能紊乱。

另一方面，泌尿器官与心脏、肺脏、胃肠、神经及内分泌系统有着密切的联系，当这些器官和系统发生机能障碍时，也会影响肾脏的排泄机能和尿液的理化性质。因此，掌握泌尿器官和尿液的检查和检验方法及泌尿系统患病的症状学，不仅对泌尿器官本身，而且对其他各器官、系统疾病的诊断和防治都具有重要意义。泌尿系统的检查方法，主要有问诊、视诊、触诊（外部或直肠内触诊）、导管探诊、肾脏机能检验、排尿和尿液的检查。必要时还可应用膀胱镜、X线等特殊检查法。

生殖是保证马匹种属延续的各种生理过程的总称。马匹的生殖是通过两性生殖器官的活动来实现的。生殖系统检查主要是指对外生殖器官包括对乳房的检查。生殖系统的检查方法主要有视诊和触诊，其中以触诊较为重要。

一、 泌尿器官检查

泌尿器官由肾脏、输尿管、膀胱和尿道组成。肾脏是形成尿液的器官，其余部分则是尿液排出的通路，简称尿路。

（一） 肾脏检查

1. 肾脏的位置

肾脏是一对实质性器官，位于脊柱两侧腰下区，包于肾脂肪囊内，右肾一般比左肾稍在前方。马的肾脏：左肾呈蚕豆形，位于最后胸椎及第1～3腰椎横突的下面；右肾呈圆角等边三角形，位于最后2～3胸椎及第1腰椎横突的下面。

2. 肾脏的检查方法

马匹的肾脏一般虽可用触诊和叩诊等方法进行检查，但因其位置和马匹种属关系，有一定局限性。体型较大的马匹比较可行的方法是通过直肠进行触诊。体型较小的大马匹可触得左肾的全部，右肾的后半部。诊断肾脏疾病最可靠的方法还是尿液的实验室检验。临床一般检查中，如发现排尿异常、排尿困难以及尿液的性状发生改变时，应详细询问病史，重视泌尿器官，特别是肾脏的检查，也可结合肾脏患病所引起的综合症状，尿液的实验室检查，以及必要时的肾功能试验等方法，以判定肾脏的机能状态和病理变化。

（1）视诊　某些肾脏疾病（如急性肾炎、化脓性肾炎等）时，由于肾脏的敏感性增高，肾区疼痛明显，病马常表现出腰背僵硬、拱起，运步小心，后肢向前移动迟缓。病马偶尔呈现轻度肾性腹痛。此外，应特别注意肾性水肿，通常多发生于眼睑、腹下、阴囊及四肢下部。

（2）触诊　触诊为检查肾脏的重要方法。体型较大的马匹可行外部触诊、叩诊和直肠触诊。外部触诊或叩诊时，注意观察有无压痛反应。肾脏的敏感性增高，则可能表现出不安、拱背、摇尾和躲避压迫等反应。直肠触诊应注意检查肾脏的大小、形状、硬度、有无压痛、活动性、表面是否光滑等。在病理情况下，肾脏的压痛，可见于急性肾炎、肾脏及其周围组织发生化脓性感染、肾脓肿等，在急性期压痛更为明显。

直肠触诊如感到肾脏肿胀、增大，压之敏感，并有波动感，提示肾盂肾炎、肾盂积水、化脓性肾炎等。肾脏质地坚硬、体积增大、表面粗糙不平，可提示肾硬变、肾肿瘤、肾结核、肾结石及肾盂结石。肾脏肿瘤时，触诊常呈菜花状。肾萎缩时，其体积显著缩小，多提示为先天性肾发育不全或萎缩性肾盂肾炎及慢性间质性肾炎。

（二） 肾盂及输尿管的检查

肾盂位于肾窦之中，输尿管是一细长而可压扁的管道，起自肾盂，终至膀胱。健康马匹的输尿管很细，经直肠难以触及。在肾盂积水时，可能发现一侧或两侧肾脏增大，呈现波动感，有时还可发现输尿管扩张。输尿管严重发炎时，由肾脏至膀胱的径路上可感到输尿管呈粗如手指、紧张而有压痛的索状物。严重的肾盂或输尿管结石的病例，当直肠触诊时，可发现肾脏的触痛，有时还能在肾盂中触摸到坚硬的石块和感到结石相互之间的摩擦，间或经直肠触诊到停留于输尿管中的豌豆大至蚕豆大、坚硬的结石，同时病马呈疼痛反应。在输尿管积液时，直肠内触诊可能产生捻裂音样感觉。

（三）膀胱的检查

膀胱为贮尿器官，上接输尿管，下和尿道相连。因此，膀胱疾病除膀胱本身原发外，还可继发于肾脏、尿道及前列腺疾病等。成年马的膀胱位于盆腔的底部。膀胱空虚时触之柔软，大如梨状；中度充满时，轮廓明显，其壁紧张，且有波动；高度充满时，可占据整个盆腔，甚至垂入腹腔，手伸入直肠即可触及。马的膀胱检查，只能行直肠触诊；检查膀胱时，应注意其位置、大小、充满度、膀胱壁的厚度以及有无压痛等。

在病理情况下，膀胱疾患所引起的临床症状表现有尿频、尿痛、膀胱压痛、排尿困难，尿潴留和膀胱膨胀等。直肠触诊时，膀胱可能增大、空虚、有压痛，其中也可能含有结石块、瘤体物或血凝块等。

膀胱增大的原因多继发于尿道结石，膀胱括约肌痉挛，膀胱麻痹，前列腺肥大，膀胱肿瘤以及尿道的瘢痕和狭窄等，有时也可由直肠便秘压迫而引起，此时触诊膀胱高度膨胀。当膀胱麻痹时，在膀胱壁上施加压力，可有尿液被动地流出，随着压力停止，排尿也立即停止。

膀胱空虚除肾源性无尿外，临床上常见于膀胱破裂。膀胱破裂多为外伤引起，或为膀胱壁坏死性炎症（如溃疡性破溃）所致。种种原因引起的尿潴留而使膀胱过度充满时，由于内压增高，受到直接或间接暴力的作用也可破裂。膀胱破裂多发生于驹，此时病马长期停止排尿，腹部逐渐增大，下腹侧向下、向外膨大，腹腔积尿。直肠检查时，膀胱完全空虚，膀胱呈现浮动感，腹腔穿刺时，可排出大量淡黄、微混浊、有尿臭气味的液体，或为浊红色混浊的液体；镜检此液体中有血细胞和膀胱上皮。严重病例，在膀胱破裂之前，有明显的腹痛症状，有时持续而剧烈，破裂后因尿液流入腹腔往往引起腹膜炎和尿毒症，有时皮肤可散发尿臭味。

膀胱压痛，见于急性膀胱炎，尿潴留或膀胱结石等。当膀胱结石时，在膀胱过度充满的情况下触诊，可触摸到坚硬如石的硬块物或沉积于膀胱底部的砂石状尿石。

在膀胱的检查中，较好的方法是膀胱镜检查，借此可以直接观察到膀胱黏膜的状态及膀胱内部的病变，也可根据窥察输尿管口的情况，判定血尿或脓尿的来源。

（四）尿道检查

对尿道可通过外部触诊，直肠内触诊和导尿管探诊进行检查。

母马的尿道，开口于阴道前庭的下壁。检查时可将手指伸入阴道，在其下壁可触摸到尿道外口。此外，可用金属制、橡皮制或塑料制导尿管进行探诊。

公马的尿道，因解剖位置的不同，位于骨盆腔内的部分，连同贮精囊和前列腺可由直肠内触诊；位于骨盆及会阴以外的部分，可行外部触诊。公马的尿道探诊则较为方便。

尿道的病理状态最常见的是尿道炎，尿道结石，尿道损伤，尿道狭窄，尿道被脓块、血块或渗出物阻塞，有时尚可见到尿道坏死。母马很少发生尿道结石和狭窄，却多发生尿道外口和尿道的炎症性变化。尿道炎有急性和慢性。急性者表现为尿频和尿痛，同时尿道外口肿胀，且常有黏液或脓性分泌物，并可能出现血尿乃至脓尿；慢性者多无明显症状，仅有少量黏性分泌物。尿道结石，多见于坐骨弓的下方；触诊时感到膨大、坚硬，压触时疼痛明显。有的病例，在结石上施以重压时，病马表现剧痛，后躯发抖，停止触压，发抖现象也随之消失。尿道狭窄多因尿道损伤而形成瘢痕所致，也可能是不完全结石阻塞的结果。临床表现为排尿困难，尿流变细或呈滴沥状，严重狭窄可引起慢性尿潴留。应用导尿管探诊，如遇有梗阻，即可确定。

二、 外生殖器官检查

（一） 公马

公马生殖器官包括阴囊、睾丸、精索、附睾、阴茎和一些副腺体（前列腺、贮精囊和尿道球腺）。临床检查中凡是有外生殖器官局部肿胀，排尿障碍、尿血、尿道口有异常分泌物、疼痛等症状时，均应考虑有生殖器官疾病发生的可能。这些症状除发生于生殖器官本身的疾病外，也可由泌尿器官或其他器官的疾病引起。检查公马外生殖器官时应注意阴囊、睾丸和阴茎的大小、形状、尿道口炎症、肿胀、分泌物或新生物等。

1. 睾丸和阴囊

阴囊内有睾丸、附睾、精索和输精管。检查时应注意睾丸的大小、形状、硬度以及有无隐睾、压痛、结节和肿物等。

（1）阴囊　由于阴囊低垂，组织疏松，最易发生阴囊及阴鞘水肿。临床表现为阴囊呈椭圆形肿大，表面光滑，膨胀，有囊性感，局部无压痛，压之留有指痕。如积液明显，可行阴囊阴鞘穿刺，一般积液为黄色透明液体，如为血性液体可提示由外伤、肿瘤及阴囊水肿引起，严重时水肿可蔓延到腹下或股内侧，有时甚至引起排尿障碍。多见于阴囊局部炎症，睾丸炎，去势后阴囊积血、渗出、浸润及感染、阴囊脓肿，精索硬肿，阴鞘和阴茎的损伤、肿瘤等。马媾疫时，公马阴鞘、阴囊和阴茎可发生明显的水肿。此外，阴囊和阴鞘水肿也可发生于某些全身性疾病，如贫血、心脏及肾脏疾病等。

公马发生阴囊疝时，可见阴囊显著增大，有明显的腹痛症状，有时持续而剧烈，触诊阴囊有软坠感，同时阴囊皮肤温度降低，有冰凉感。发现阴囊肿大，如为鉴别阴囊疝和鞘膜积液，应将病马横卧保定再行检查。除嵌顿性阴囊疝外，阴囊肿物可还纳，而鞘膜积液和脓肿则无改变。

（2）睾丸　检查时应注意睾丸的大小、形状、温度及疼痛等。公马的睾丸炎多与附睾炎同时发生。在急性期，睾丸明显肿大、疼痛，阴囊肿大，触诊时局部压痛明显、增温，病马精神沉郁，食欲减退，体温增高，后肢多呈外展姿势，出现运步障碍。如发热不退或睾丸肿胀和疼痛不减时，应考虑有睾丸化脓性炎症之可能。此时全身症状更为明显，阴囊逐渐增大，皮肤张紧发亮，阴囊及阴鞘水肿，且可出现渐进性软化病灶，以致破溃。必要时可行睾丸穿刺以助诊断。马鼻疽时可有鼻疽性睾丸炎的类型。

（3）精索　精索硬肿为去势后常见之并发症。可为一侧或两侧，多伴有阴囊和阴鞘水肿，甚至可引起腹下水肿。触诊精索断端，可发现大小不一、坚硬的肿块，有明显的压痛和运步障碍。有的可形成脓肿或精索瘘管。

2. 阴茎及龟头

公马阴茎损伤、阴茎麻痹、龟头局部肿胀及肿瘤较为多见。公马阴茎较长，易发生损伤，受伤后可局部发炎，肿胀或溃烂，见尿道流血、排尿障碍、受伤部位疼痛和尿潴留等症状，严重者可发生阴茎、阴囊、腹下水肿和尿外渗，造成组织感染、化脓和坏死。如用导尿管检查则不能插入膀胱，或仅导出少量血样液体，提示有尿道损伤之可能。龟头肿胀时，局部红肿，发亮，有的发生糜烂，甚至坏死，有多量渗出液外溢，尿道可流出脓性分泌物。公马的外生殖器肿瘤，多见于阴鞘、阴茎和龟头部，阴茎及龟头部肿瘤多呈不规则的肿块和菜花状，常溃烂出血，有恶臭分泌物。

（二）母马

1. 外生殖器

母马生殖器官包括卵巢、输卵管、子宫、阴道和阴门。母马外生殖器主要指阴道和阴门。检查时可借助阴道开张器扩张阴道，详细观察阴道黏膜的颜色、湿度、损伤、炎症、肿物及溃疡。同时注意子宫颈的状态及阴道分泌物的变化。这对于诊断某些泌尿生殖器官疾病有重要意义。

健康母马的阴道黏膜呈淡粉红色，光滑而湿润。母马发情期阴道黏膜和黏液可发生特征性变化，此时，阴唇呈现充血肿胀，阴道黏膜充血。子宫颈及子宫分泌的黏液流入阴道。黏液多呈无色、灰白色或淡黄色，透明，其量不等，有时经阴门流出，常吊在阴唇皮肤上或黏着在尾根部的毛上，变为薄痂。

在病理情况下，较多见者为阴道炎。多为产后感染所致。如难产时，因助产而致阴道黏膜损伤，继发感染。胎衣不下而腐败时，也常引起阴道炎。病马表现拱背、努责、尾根翘起、时作排尿状，但尿量却不多，阴门中流出浆液性或黏液-脓性污秽腥臭液，甚至附着在阴门、尾根部变为干痂。阴道检查时，阴道黏膜敏感性增高，疼痛、充血、出血、肿胀、干燥，有时可发生创伤、溃疡或糜烂。假膜性阴道炎时，可见黏膜覆盖一层灰黄色或灰白色坏死组织薄膜，膜下上皮缺损，或出现溃疡面。在马媾疫时，可见到母马阴道和阴唇水肿。阴道黏膜肿胀，有小结节和溃疡。母马子宫扭转时，除明显的腹痛症状外，阴道检查可提供很重要的诊断依据。阴道黏膜充血呈紫红色，阴道壁紧张，其特点是越向前越变狭窄，而且在其前端呈较大的明显的螺旋状皱褶，皱褶的方向标志着子宫扭转的方向。当阴道和子宫脱出时，可见阴门外有脱垂物体，在母马产后胎衣不下时，阴门外常吊挂部分的胎衣。

2. 乳房

乳房检查对乳腺疾病的诊断具有很重要的意义。在马匹一般临床检查中，尤其是泌乳母马在注意全身状态外，应重点检查乳房。检查方法主要用视诊、触诊，并注意乳汁的性状。视诊：注意乳房大小、形状，乳房和乳头的皮肤颜色，有无发红，橘皮样变、外伤隆起、结节及脓疱等。触诊：可确定乳房皮肤的厚薄、温度、软硬度及乳房淋巴结的状态，有无脓肿及其硬结部位的大小和疼痛程度。

检查乳房温度时，应将手贴于相对称的部位，进行比较。检查乳房皮肤厚薄和软硬时，应将皮肤捏成皱襞或由轻到重施压感觉之。触诊乳房实质及硬结病灶时，须在挤奶后进行。注意肿胀的部位、大小、硬度、压痛及局部温度，有无波动或囊性感。

乳腺炎时，炎症部位肿胀、发硬，皮肤呈紫红色，有热痛反应，有时乳房淋巴结也肿大，挤奶不畅。炎症可发生于整个乳房，有时仅限于乳腺的一叶或仅局限于一叶的某部分，因此检查应遍及整个乳房。如脓性乳腺炎发生表面脓肿时，可在乳房表面出现丘状突起。

乳汁感官检查，除隐性型病例外，多数乳腺炎病马，乳汁性状都有变化。检查时，可将各乳区的乳汁分别挤入手心或盛于器皿内进行观察，注意乳汁颜色、稠度和性状。如乳汁浓稠，内含絮状物或纤维蛋白性凝块，或脓汁、带血，可为乳腺炎的重要指征。必要时进行乳汁的化学分析和显微镜检查。

三、排尿动作及尿液感官检查

尿液在肾脏形成之后，经由肾盂（盏）、输尿管不断地进入膀胱内贮存。膀胱和尿道受盆神经、腹下神经和阴部神经支配，它们来自腰荐部脊髓，故脊髓的腰荐段是排尿初级中枢所在地。盆神经属于副交感神经，兴奋时可使膀胱逼尿肌收缩、膀胱（内）括约肌松弛，促成排尿。腹下神经属于交感神经系，兴奋时可使逼尿肌松弛、膀胱括约肌收缩，因而有促使膀胱贮尿作用。

当贮存于膀胱内的尿液不断增加，内压逐渐升高，达到一定程度时，刺激膀胱壁压力感受器，冲动经传入神经传至脊髓排尿初级中枢，引起盆神经兴奋和腹下神经抑制，从而反射地使膀胱逼尿肌收缩和括约肌松弛，引起排尿。一旦排尿开始，尿流经过尿道时，还可刺激尿道感受器，其冲动沿阴部神经传入脊髓排尿中枢，再通过相应的神经引起膀胱继续收缩和括约肌继续松弛，直到尿液排完。排尿末期，由于尿道海绵体收缩，可将尿道内残留的尿液排至体外。脊髓排尿反射初级中枢经常受大脑皮质的调节，而且阴部神经又直接受意识所支配，故排尿可随意控制。

因此，膀胱感受器、传入神经、排尿初级中枢、传出神经或效应器官等排尿反射弧的任何一部分异常，腰段以上脊髓受损伤而排尿初级中枢与大脑高级中枢之间传导中断，或大脑高级中枢机能障碍，均可引起排尿异常。临床检查时，注意了解和观察马匹的排尿动作和对尿液的感官检查，在诊断疾病上具有重要意义。

（一）排尿动作检查

1. 排尿姿势

由于马匹性别的区别，其正常排尿姿势也不尽相同。健康马在运动中不能排尿，正常姿势是前肢略向前伸，腹部和尻部略下沉，公马后肢向后，母马后肢略向前并微弯曲，举尾，先行一次吸气后暂停呼吸，开始排尿，并借腹肌收缩而尿流呈股状射出。排尿时，公马阴茎不同程度伸出于阴鞘外，排尿后开始呼吸时发生轻微呻吟声；母马还可见阴唇有数次缩张。

2. 排尿次数和尿量

排尿次数和尿量的多少，与肾脏的泌尿机能，尿路状态，饲料中含水量和马匹的饮水量，机体从其他途径（如粪便、呼吸、皮肤）所排水分的多少有密切关系。24 h内健康马排尿 5～8 次，尿量 3～6 L，最多达 10 L。

3. 排尿异常

在病理情况下，泌尿、贮尿和排尿的任何障碍，都可表现出排尿异常，临床检查时应注意下列情况：

（1）频尿和多尿　频尿是指排尿次数增多，而一次尿量不多甚至减少或呈滴状排出，故 24 h 内尿的总量并不多。多见于膀胱炎，膀胱受机械性刺激（如结石），尿液性质改变（如肾炎、尿液在膀胱内异常分解等）和尿路炎症。马匹发情时也常见频尿。

多尿是指 24 h 内尿的总量增多，其表现为排尿次数增多而每次尿量并不少，或表现为排尿次数虽不明显增加，但每次尿量增多，乃因肾小球滤过机能增强或肾小管重吸收能力减弱所致。见于肾小管细胞受损伤（如慢性肾炎），原尿中的溶质（葡萄糖、钠、钾等）浓度增高（如渗出性疾病吸收期、糖尿病等），应用利尿剂或大量饮水之后以及发热性疾病的退热期等。

（2）少尿和无尿　马匹 24 h 内排尿总量减少甚至接近没有尿液排出，称为少尿或无尿（排尿停止）。临床上表现排尿次数和每次尿量均减少或甚至久不排尿。此时，尿色变浓，尿比重增高，有大量沉积物。按其病因可分为以下 3 种。

肾前性少尿或无尿（功能性肾衰竭），多发生于严重脱水或电解质紊乱（如烈性呕吐，严重腹泻，大出汗，热性病，严重水肿或大量渗出液、漏出液渗漏至体腔，严重失血等），外周血管衰竭，充血性心力衰竭，休克，肾动脉栓塞或肿瘤压迫，肾淤血等。在这些情况下，由于血压降低，血容量减少，或肾血液循环障碍使肾脏血流量突然减少，致使肾小球滤过率减少。同时也可能抗利尿激素（加压素）和醛固酮分泌增多，以致尿液形成过少，而引起少尿。临床特点为尿量轻度或中度减少，尿比重增高，一般不出现无尿。

肾原性少尿或无尿（器质性肾衰竭），是肾脏泌尿机能高度障碍的结果，多由肾小球和肾小管严重损害所引起。见于急性肾小球性肾炎，慢性肾炎的急性发作期，各种慢性肾脏病（如慢性肾炎、慢性肾盂肾炎、肾结石、肾结核等）引起的肾功能衰竭期、肾缺血及肾毒物质（如休克，严重创伤，严重的水和电解质紊乱，严重感染，毒芹和毒蕈中毒等所致的急性血管内溶血，汞、砷、铀、四氯化碳、磺胺类药物、卡那霉素、庆大霉素、新霉素以及生物毒素如蛇毒等肾毒物质中毒等）所致的急性肾功能衰竭等。其临床特点多为少尿，少数严重者无尿、尿比重大多偏低（急性肾小球性肾炎的尿比重增高），尿中出现不同程度的蛋白质、红细胞、白细胞、肾上皮细胞和各种管型（尿圆柱）。严重时，可使体内代谢最终产物不能及时排出，特别是残氮的蓄积，水、电解质和酸碱平衡紊乱而引起自体中毒和尿毒症。

肾后性少尿或无尿（梗阻性肾衰竭），是尿路的输尿管梗阻所致，见于肾盂或输尿管结石或被血块、脓块、乳糜块等阻塞，输尿管炎性水肿、瘢痕、狭窄等梗阻，机械性尿路阻塞（尿道结石、狭窄），膀胱结石或肿瘤压迫两侧输尿管或梗阻膀胱颈，膀胱功能障碍所致的尿闭和膀胱破裂等。

此外，少尿也有时因精神因素或神经系统疾病（如脊髓全横径损伤、马尾神经炎）所致的排尿困难以及药物性排尿障碍（如神经阻滞药等）引起。

（3）尿闭　肾脏的尿生成仍能进行，但尿液滞留在膀胱内而不能排出者称为尿闭，又称尿潴留。可分为完全尿闭和不完全尿闭。多由排尿通路受阻所致，见于结石、炎性渗出物或血块等导致尿路阻塞或狭窄。膀胱括约肌痉挛或膀胱（逼尿肌）麻痹时，也可引起尿闭。例如导致后躯不完全瘫痪或完全瘫痪的脊髓腰荐段病变，因影响位于该处的低级排尿中枢或副交感神经功能丧失，逐渐引起尿潴留。这种现象也见于马腹痛综合征。

尿闭临床上也表现为排尿次数减少或长时间内不排尿，但与少尿或无尿有本质的不同。尿闭时因肾脏生成尿液的功能仍存在，尿不断输入膀胱，故膀胱不断充盈，病马多有尿意，且伴发轻度或剧烈腹痛症状；直肠触诊膀胱膨满，有压痛，加压时尿呈细流状或滴沥状排出。尿潴留逐渐发展至膀胱内压超过膀胱内括约肌的收缩力或冲过阻塞的尿路时，尿液也可自行溢出。但完全尿闭因膀胱过于胀大终至破裂，则直肠触诊也感到膀胱空虚。

（4）排尿困难和疼痛　某些泌尿器官疾病可使马匹排尿时感到非常不适，甚至呈现腹痛样症状和排尿困难，称为痛尿。病马表现弓腰或背腰下沉，呻吟，努责，后肢踏地回顾或蹴踢腹部，阴茎下垂，并常引起排尿次数增加，频频试图排尿而无尿排出，或呈细流状或滴沥状排出（疼性尿淋漓），也常引起排粪困难而使粪停滞。见于膀胱炎、膀胱结石、膀胱过度膨满、尿道炎、尿道阻塞、阴道炎、前列腺炎、包皮疾患、肾梗死或炎性产物阻塞肾盏。

尿道阻塞时，呻吟、努责常发生在排尿动作之前或伴发于排尿过程中，而且如果尿液不能顺利通过此阻塞部位时，则呈痛性尿淋漓。尿道炎时，呻吟和坠胀常于尿液排出之后立即出现，并逐渐消失，直至下次排尿时再发生。

老龄、体衰、胆怯马匹，母马发情期有呈现尿淋漓，但无疼痛表现；马匹腹痛综合征也常引起病马努责和采取排尿姿势，但这些情况都无泌尿系统疾病的其他症状和尿液变化，故可区别。

（5）尿失禁　马匹未采取一定的准备动作和排尿姿势，而尿液不自主地经常自行流出者，称为尿失禁。通常在脊髓疾病而导致交感神经调节机能丧失时，因膀胱内括约肌麻痹所引起，例如脊髓腰荐段全横径损伤、马尾神经炎等。腰部以上脊髓损伤，以及腰荐部的低级排尿中枢与大脑皮层失去联系，某些脑病、昏迷、中毒等高级中枢不能控制低级中枢时，病马也不自主地排尿。尿失禁时两后肢、会阴部和尾部常被尿液污染、浸湿，久之则发生湿疹，直肠触诊膀胱空虚。

（二）尿液的感官检查

临床上，尿液的检查对某些疾病，特别是对泌尿系统疾病的诊断具有重要意义，某些其他系统病如肝脏病、代谢病等也有很大参考价值。尿的感官检查，即临床利用感官可能检查的项目主要有以下内容。

1. 尿色

健康马匹的尿因饲料、饮水、出汗和使役条件等不同而不同，新鲜尿液均呈深浅不一的黄色，马尿为淡黄色，陈旧尿液则色泽变深。尿的黄色是因尿中含有尿黄素和尿胆原。其黄色深浅因此成分的浓度高低而不同。尿黄素的排出一般是稳定的，其在尿中的浓度因尿液多少而定。尿量增加时，尿黄素被稀释而尿色变淡，是多尿结果；尿量减少则色变深，常是少尿的结果。尿中含有多量的胆色素时，尿呈棕黄色、黄绿色，振荡后产生黄色泡沫，见于各种类型的黄疸。

红尿是尿变红色、红棕色甚至黑棕色的泛称，并非指某一种尿，它可能是血尿，也可能是血红蛋白尿、肌红蛋白尿、卟啉尿或药尿等。血尿是尿中混有血液，因尿反应不同而呈鲜红、暗红或棕红色，甚至近似纯血样，混浊而不透明。振荡后呈云雾状，放置后有沉淀。有时尿中可发现血丝或凝血块。见于泌尿道炎症（各种肾炎、肾盂肾炎、膀胱炎、尿道炎）、结石、外伤、某些血液病、某些传染病（如炭疽、出败、结核病）、败血症、血孢子虫病等，也可因邻近器官如子宫、阴道、前列腺的出血所引起。尿中仅含有游离的血红蛋白者，称为血红蛋白尿。尿呈均匀红色而无沉淀，镜检不见（或有少量）红细胞，是血管内溶血现象之一。见于马巴贝西虫病、钩端螺旋体病、新生仔畜溶血病等。肌红蛋白尿可见于肌病、马肌红蛋白尿症以及硒和/或维生素 E 缺乏症等。马匹用药后有时也使尿液变色，例如安替比林、蒽醌类药剂、氨苯磺胺、酚红等可使尿变红色；核黄素等可使尿变黄色；亚甲蓝或台盼蓝等可使尿变蓝色；石炭酸、松馏油等可使尿变黑色或黑棕色等。

2. 透明度

正常情况下马匹尿中因含有大量悬浮在黏蛋白中的碳酸钙和不溶性磷酸盐，故刚刚排出时不透明且呈混浊状，尤其终末尿明显。尿液暴露于空气中后，因酸式碳酸钙释放出二氧化碳后变成难溶的碳酸钙，致使尿混浊度增加。如静置时，在尿表面形成一层碳酸钙的闪光薄膜而底层出现黄色沉淀。

马尿混浊度增加或其他马匹新鲜尿即为混浊不透明者，均为异常现象。可能因含有炎性细胞、血细胞、上皮细胞、管型（圆柱）、坏死组织碎片、细菌或混入大量黏液，而见于肾脏、肾盂、输尿管、膀胱、尿道或生殖器官疾病，也可能因含有各种有机或无机盐类而见于泌尿系统或全身性疾病过程中。鉴别诊断须进行尿样本的显微镜检查或显微镜-化学检查。

马匹尿液变透明、色淡、清亮如水者，除因喂饲精料过多和过劳外，也是病理现象。见于纤维性骨营养不良，慢性胃肠卡他等使尿变酸性时。

3. 黏稠度

各种马匹的尿液均为稀薄水样，但马匹尿中因含有肾脏、肾盂和输尿管内腺体分泌的黏蛋白而带有黏性，有时黏稠如糖浆样而可拉成丝缕。在各种原因引起的多尿或尿呈酸性反应时，黏稠度减少。当肾盂、肾脏、膀胱或尿道有炎症而尿中混有炎性产物如大量黏液、细胞成分或血源性蛋白质时，尿黏稠度增高，甚至呈胶冻状。

4. 气味

新排出的尿液，因含有挥发性有机酸，而具有一定气味。一般尿液越浓，气味越烈。病理情况下，尿的气味可有不同改变。例如膀胱炎、长久尿潴留（膀胱麻痹、膀胱括约肌痉挛、尿道阻塞等），由于尿素分解形成氨，使尿具有刺鼻的氨臭。膀胱或尿道有溃疡、坏死、化脓或组织崩解时，由于蛋白质分解，尿带腐败臭味。尿中存在某些内源性物质或某些药物、食物成分时，可使尿有特殊气味，服用松节油后，尿带堇菜味；樟脑、乙醚、酚类等使尿具有该药物特有气味。

任务1　马泌尿器官检查

【任务目标与质量要求】

制订马匹泌尿系统检查方案，检查马匹腰背敏感度，检查马匹眼睑、腹下、阴囊及四肢下部水肿，检查腰部肾区敏感度，检查膀胱位置、大小、充满度、膀胱壁的厚度以及有无压痛，导尿管探诊尿道，分项检查马匹肾脏、肾盂和输尿管、膀胱和尿道，收集检查时的症状，进行归纳分析，与其他项检查结合形成马泌尿器官疾病初步诊断。

【学习产出目标】

（1）熟知马匹泌尿生殖系统器官解剖位置和组织结构，熟知马匹泌尿系统检查内容和方法，熟知马匹泌尿系统综合征的临床表现。

（2）判定马匹肾脏的功能状态。

（3）判定马匹肾盂和输尿管的健康状态。

（4）判定马匹膀胱的健康状态。

（5）判定马匹尿道的健康状态。

【工作程序与方法要求】

1. 马匹肾脏检查

判定马匹腰背有无僵硬、拱起，运动姿态有无异常表现，保定马匹后触诊马匹腰背处肾区检查敏感性，检查眼睑、腹下、阴囊及四肢下部皮下组织有无水肿，直肠触诊应注意检查肾脏的大小、形状、硬度、有无压痛、活动性、表面是否光滑。

2. 马匹肾盂和输尿管检查

保定马匹后，直肠检查被检马匹左右肾脏，感知马匹敏感度和肾区有无扩大，由肾脏到膀胱径路分左右区域触诊输尿管，感知输尿管有无扩张，有无紧张和压痛，在肾盂、输尿管触诊有无结石样硬物和结石间摩擦感。

3. 马匹膀胱检查

直肠检查马匹膀胱，检查膀胱的充盈度和触诊敏感度，注意其位置、大小、充满度、膀胱壁的厚度以及有无压痛，判定被检马匹膀胱有无增大、空虚、压痛，感知马匹膀胱有无坚硬如石的硬块物或沉积于膀胱底部的砂石状尿石，结合其临床症状表现有无尿频、尿痛、膀胱压痛、排尿困难、尿潴留和膀胱膨胀等，进行临症分析。

4. 马匹尿道检查

在母马阴道下壁触诊其尿道口，用金属制、橡皮制或塑料制导尿管进行探诊有无阻塞，是否可导出尿液，检查母马尿道外口有无炎症性变化，有无黏液或脓性分泌物。检查公马尿道外口，用导尿管探诊尿道，判定有无狭窄、堵塞，触诊公马坐骨弓感知有无明显膨大、坚硬，压触疼痛、后躯发抖等征象。检查被检马匹有无排尿困难和尿流变细或滴沥状。

【工作任务实施记录与评价】

1. 马匹肾脏检查评价

师傅指导记录	马匹肾脏检查评价	评价成绩
		年　月　日

2. 马匹肾盂和输尿管检查评价

师傅指导记录	马匹肾盂和输尿管检查评价	评价成绩
		年　月　日

3. 马匹膀胱检查评价

师傅指导记录	马匹膀胱检查评价	评价成绩
		年　月　日

4. 马匹尿道检查评价

马匹编号	尿道口	导尿	尿液混杂物	坐骨弓触诊	排尿异常
检查质量评价				评价成绩	
				时间	

5. 学徒关键职业能力、职业品质及工匠精神评价

项目	A	B	C	D
工作态度				
吃苦耐劳				
团队协作				
沟通交流				
学习钻研				
认真负责				
诚实守信				

任务2　马外生殖器官检查

【任务目标与质量要求】

制订马匹生殖系统检查方案，检查公马阴囊和睾丸、精索、阴茎、龟头，有无局部肿胀，排尿障碍、尿血，尿道口有异常分泌物、疼痛等症状。能够判定公马外生殖器阴囊、睾丸和阴茎的大小、形状、尿道口炎症、肿胀、分泌物或新生物。检查母马阴道和阴门及乳房，借助阴道开张器扩张阴道，详细观察阴道黏膜的颜色、湿度、损伤、炎症、肿物及溃疡，检查母马子宫颈的状态及阴道分泌物，检查母马乳房及乳汁，收集乳房大小、形状，乳房和乳头的皮肤颜色症状，检查乳房皮肤的厚薄、温度、软硬度及乳房淋巴结的状态，检查乳汁颜色、稠度和性状。

【学习产出目标】

（1）熟知马匹生殖系统器官解剖位置和组织结构，熟知马匹生殖系统检查内容和方法。

（2）判定公马生殖系统各器官的健康状态。

（3）判定母马生殖器官的健康状态。

【工作程序与方法要求】

1. 公马生殖器官检查

严格保定公马，检查公马阴囊、睾丸、精索、附睾、阴茎，判定有无阴囊、睾丸和阴茎的大小、形状等变化、有无尿道口炎症、肿胀、分泌物或新生物。检查被检马匹精索有无硬肿，有无明显的压痛和运步障碍，检查公马阴茎有无损伤、阴茎麻痹、龟头局部肿胀及肿块、菜花状肿瘤，有无溃烂出血或恶臭分泌物。

2. 母马生殖器官检查

保定马匹后，检查母马阴道黏膜的颜色、湿度、损伤、炎症、肿物及溃疡，有无敏感性增高、疼痛、充血、出血、肿胀、干燥、创伤、溃疡或糜烂，有无明显的螺旋状皱褶，阴门外有无脱垂物体，检查子宫颈的状态及阴道分泌物的变化，母马有无拱背、努责、尾根翘起、时作排尿状。检查母马乳房大小、形状，有无外伤隆起、结节及脓疱等，乳房皮肤的厚薄、温度、软硬度及乳房淋巴结的状态。检查乳汁颜色、稠度和性状。

【工作任务实施记录与评价】

1. 公马生殖器官检查评价

师傅指导记录	公马生殖器官检查评价	评价成绩
		年　月　日

2. 母马生殖器官检查评价

马匹编号	阴道检查	子宫颈检查	阴门检查	异常站立	乳房检查
检查质量评价				评价成绩	
				时间	

3. 学徒关键职业能力及职业品质、工匠精神评价

项目	A	B	C	D
工作态度				
吃苦耐劳				
团队协作				
沟通交流				
学习钻研				
认真负责				
诚实守信				

任务3　马排尿动作及尿液感官检查

【任务目标与质量要求】

制订马匹排尿动作和尿液感官检查方案，检查马匹排尿姿势，排尿次数和尿量，尿频和多尿，少尿和无尿，尿闭，排尿困难和疼痛，尿失禁，检查马匹尿液的尿色、透明度、黏稠度、气味。综合收集症状后，结合马工问诊和教练、骑手训练使役情况进行综合分析，同时结合泌尿器官检查和特异性姿势表现，分析被检马匹的排尿中枢和脊髓排尿反射初级中枢及肾脏功能状态。

【学习产出目标】

（1）熟知马匹排尿动作具体姿态与排尿神经反射调控，熟知马匹排尿动作检查内容和方法，熟知马匹尿液感官检查内容和方法。

（2）判定马匹排尿动作的健康状态。

（3）判定马匹尿液感官检查健康状态。

【工作程序与方法要求】

1. 马匹排尿动作检查

检查马匹排尿时前肢前伸、腹部尻部下沉，公马后肢向后移动状态，母马后肢向前屈伸举尾状态。询问马工并检查马匹饮水和排尿次数和尿量，检查排尿有无尿痛、淋漓、点滴、排尿困难、频尿、尿失禁，检查尿色有无加深，尿中沉积物有无增加，检查和询问马工该马有无尿闭。

2. 马匹尿液感官检查

依据健康马匹 24 h 内排尿 5～8 次，尿量 3～6 L，最多达 10 L 的生理常态，问诊和观察马匹排尿情况，检查马匹尿色是否为较深黄色，有无深黄色、棕黄色、红色、黑色。问诊马匹用药情况，有无使用安替比林、蒽醌类药剂、氨苯磺胺等（尿变红色）；核黄素等（尿变黄色）；亚甲蓝或台盼蓝等（尿变蓝色）；石炭酸、松馏油等成分药物（尿变黑色或黑棕色）。检查尿液透明度和黏稠度。检查尿气味有无氨臭、腐败臭味、特殊气味。

【工作任务实施记录与评价】

1. 马匹排尿动作检查评价

师傅指导记录	马匹排尿动作检查评价	评价成绩
		年　月　日

2. 马匹尿液感官检查评价

马匹编号	尿色	透明度	黏稠度	气味	混杂物
检查质量评价				评价成绩	
				时间	

3. 学徒关键职业能力及职业品质、工匠精神评价

项目	A	B	C	D
工作态度				
吃苦耐劳				
团队协作				
沟通交流				
学习钻研				
认真负责				
诚实守信				

项目八
马神经功能检查

【专业知识准备】

神经系统主要包括大脑、小脑、脑干、脊髓和周围神经等。神经系统是机体器官系统活动的主要协调机构，几乎对所有的生理机能都能发挥着调节作用。神经系统功能的检查，不仅对于神经系统本身的疾病，而且对机体其他系统的许多疾病，如各种外源性或内源性中毒，代谢性疾病和营养障碍疾病，血液供应或成分的改变，某些遗传性疾病和体质疾病，颅脑和椎管的占位性疾病等都具有相当重要意义。

兽医临床上，由于对脑脊髓和外周神经的直接检查和特殊辅助检查尚有一定的局限性，主要通过神经系统机能状态出现的异常改变，以分析、判断其病理过程及部位。因此，兽医临床工作者应熟悉神经系统的解剖构造和生理功能，以指导对神经系统的检查和疾病诊断。

神经系统的结构和机能异常复杂，同样为神经系统机能障碍，有时具有神经组织形态学的病理改变，有时则缺乏神经组织构造上的变化；有时仅有局限性病变，有时则为弥漫性病变。因此，临床上出现的症状也比较复杂。根据病变发生的原因、部位、性质和过程的不同，可分为缺失症状（病变神经组织的正常功能减弱或消失）、释放症状（高级神经组织受损伤后，正常时受其制约的较低级神经中枢出现功能亢进）、刺激症状（神经组织遭受病理刺激后过度兴奋）以及休克症状（中枢神经某部分急性严重损害后所引起远隔部位神经组织功能的暂时丧失）等 4 大类。

对于神经系统的检查，主要包括精神状态、头颅和脊柱检查、运动机能、感觉机能、反射机能和自主神经系统机能的检查，必要时尚要有选择地进行脑脊液穿刺诊断和实验室检查，X 线、CT、MRI、眼底镜、脑电波等辅助诊断。临床上借助于详细地了解病史，全面细致地临床观察和检查，完整、客观地收集症状，通过分析、综合，逐步地判断是否为神经系统本身疾病，并分析推断发病原因、病变性质和发病部位等。

一、 精神状态的检查

马匹的精神状态受大脑皮层的控制，马匹的意识障碍，提示中枢神经系统机能发生改变，表现为精神兴奋或精神抑制。检查马匹精神状态，除通过问诊外，还须注意观察和检查马匹的面部表情、眼、耳、尾、四肢及皮肌的动作，身体的姿势，运动时的反应。健康马匹姿态自然，动作敏捷而协调，反应灵活，病理状况下可出现精神兴奋和精神抑制。

（一） 精神兴奋

精神兴奋是中枢神经机能亢进的结果。临床上表现不安、易惊，对轻微刺激即产生强烈反应，甚至挣扎脱缰，不顾一切地前冲、后退，有时攀登饲槽或顶撞墙壁，暴眼凝视，不顺从饲养人员管理，乃至攻击（咬、踢）人、畜，有时癫狂、抽搐、摔倒而骚动不安。依据其程度不同，可将兴奋依次分为恐怖、异常敏感、不安、躁狂和狂乱。兴奋发作与外界影响无关，相反，在发作时可见病马对外来刺激的感受性降低。兴奋发作时，常伴有心率增快、节律不齐，呼吸粗粝、快速等症状。

精神兴奋多提示为脑膜充血、炎症，颅内压升高，代谢障碍以及各种中毒病（如微生物毒素、化学药品或植物中毒及自体中毒等）；还有日射病（中暑）或热射病（中热），各型流行性脑脊髓炎、急性铅中毒、狂犬病等。

（二） 精神抑制

精神抑制为中枢机能障碍的另一种表现形式，乃大脑皮层和皮层下网状结构占优势的表现，根据程度不同可分为以下几种：

1. 精神沉郁

为最轻度的抑制现象。病马对周围事物注意力减弱，反应迟钝，离群呆立，头低耳耷，眼半闭或全闭，行动无力。但病马对外界刺激，例如有人接近或检查时，尚易做出有意识的反应。由一定程度的缺氧或血糖降低以及脑组织受毒素作用所致，是最常见的一个症状。

2. 嗜睡

为中度抑制的现象。病马重度萎靡，将鼻、唇抵在饲槽上或倚墙或躺卧而沉睡。只在给以强烈的刺激才能产生迟钝的和暂时的反应，但很快又陷入沉睡状态。见于脑炎、颅内压增高等疾病。

3. 昏迷

为高度抑制的现象。病马意识完全丧失，对外界刺激全无反应，表现卧地不起，呼唤不应，全身肌肉松弛，反射消失，甚至瞳孔散大，粪、尿失禁。虽强刺激不能引起反应，仅保留自主神经系活动，心搏和呼吸仍存在，但多变慢而节律不齐。重度昏迷常为预后不良征兆，见于颅内病变如脑炎、脑肿瘤、脑创伤、代谢性脑病以及由感染、中毒引起的脑缺血、缺氧、低血糖等。

精神抑制多因神经组织的代谢障碍所致。例如各种热性病、脑水肿、脑损伤、贫血、出血、颅内占位性压迫、脑膜脑炎、马流行性脑脊髓炎以及其他细菌或病毒感染性疾病及中毒性脑病，营养和代谢疾病（低血糖、生产瘫痪等），肝脏、肾脏机能衰竭或某些中毒如酒精、一氧化碳、有毒植物、催眠剂等。

应该指出，中枢神经机能扰乱时的兴奋和抑制这 2 种基本方式不仅随病程发展而有程度上的加重或减轻，而且在一定条件下，可随病程改变而互相转化。例如，脑炎初期，由于病原毒素刺激使脑部充血、发炎，脑细胞缺氧而呈兴奋狂躁。随着炎症发展，脑血管通透性增加，脑内血液循环障碍，导致脑组织水肿、缺氧、颅内压增高而进入昏迷状态。也有时先抑制，后兴奋，或二者交替出现。

此外，临床上尚有一种晕厥现象，又称昏厥，其与昏迷不同，是突然发生的、短暂的意识丧失状态。由心脏输出量减少或血压突然下降引起急性脑贫血，而大脑一时性广泛性供血不足所致，常提示为心力衰竭，心脏传导阻滞，主动脉瓣关闭不全或狭窄，贫血，大脑出血，脑震荡及挫伤，脑栓塞或血栓形成，电击和日射病等。此外，低血糖时也可产生晕厥现象。晕厥可伴发行动无力，晕倒在地，其发作过程很快，历时数秒或数分钟即可完全恢复，而昏迷则持续时间长，往往预后不良。

二、 头颅和脊柱检查

由于脑和脊髓位于颅腔和脊柱椎管中，对其直接进行检查尚有困难，所以只有利用对头颅和脊柱检查以推断脑、脊髓可能发生的变化。对于头颅和脊柱检查，可利用视诊、触诊，对头颅部也可运用叩诊。

1. 头颅部检查

应注意其形态和大小的改变，温度、硬度以及有无浊音等。头颅局限性隆突，可由局部外伤、脑和颅壁的肿瘤所致。也可见于鼻旁窦蓄脓。头颅部异常增大，多见于先天性脑室积水。头颅部骨骼变形，多因骨质疏松、软化、肥厚所致，常提示某些骨质代谢疾病，例如骨软症、佝偻病、纤维性骨炎等。头颅部局部增温，除因局部外伤、炎症外，常提示热射病、脑充血、脑膜和脑的炎症，例如马传染性脑脊髓炎等。头颅部压疼，见于局部外伤、炎症、肿瘤。头盖部变软，提示为颅壁肿瘤，但某些副鼻窦炎或积脓时，可以使窦壁增温，疼痛，隆突变形或软化，不可误认为神经系统疾病。

头颅部叩诊，对马匹可用叩诊锤的背部直接叩击。叩诊力量大小，依马匹头盖骨厚薄而不同。头颅部浊音，可见于脑肿瘤。当骨质变薄时（例如骨软症），则抵抗明显降低。

2. 脊柱检查

脊柱变形是临床上比较重要的症状。脊柱上弯、下弯或侧弯是因支配脊柱上下或左右的肌肉不协调，最常见的原因为脑膜炎、脊髓炎、破伤风以及骨软症等骨质代谢障碍疾病或骨质剧烈疼痛性疾病。由此可造成后头挛缩、角弓反张。由于后头挛缩或斜颈，甚至可使马匹强迫后退或圆圈运动，最明显而又多见的是马匹前庭神经麻痹时，头颈向患侧后仰、侧扭，甚至造成身体翻转。但应注意当肾炎或腹部疼痛、努责等有时引起暂时性的脊柱向上弯曲而拱背，不可误认。

脊柱局部肿胀、疼痛，常为外伤结果；如有骨折，则可出现哔啵音（外部触诊或直肠检查时）。脊柱僵硬在马匹较少见，是由椎间隙骨质增生和硬化所致。但破伤风、番木鳖碱中毒、腰肌风湿病、肾炎等，也呈现脊柱僵硬而不灵活状态。

三、运动机能检查

马匹的运动，是在大脑皮层的控制下，由运动中枢和传导路径以及外周神经元等部分共同完成。健康马匹的运动协调有一定次序性。

运动中枢和神经传导路径由锥体束系统、锥体外系、小脑系统 3 部分组成，彼此间有密切联系。这些部分受损伤以后，则可产生运动障碍。临床上马匹出现各种形式的运动障碍除因运动器官本身（如骨骼、关节、肌肉等）的疾病或外周神经受损害所致外，也常因一定部位的脑组织受损伤，以及运动中枢和传导路径的功能障碍所引起。故了解和掌握有关运动神经系统的构造和功能，对于神经系统疾病定位诊断，有极其重要意义。

检查运动机能，临床上除进行外科检查外，主要应注意强迫运动、共济失调、不随意运动、瘫痪等项。

（一）强迫运动

强迫运动是指不受意识支配和外界因素影响而出现的强制发生的一种不自主的运动。检查时应将病马缰绳、鼻绳等松开，任其自由活动，方能客观地观察其运动情况。

1. 回转运动

病马按同一方向作圆圈运动，圆圈的直径不变者称圆圈运动或马场运动；以一肢为中心，其余三肢围绕这一肢而在原地转圈者称时针运动。当一侧的向心兴奋传导中断，以致对侧运动反应占优势时，便引起这种运动。转圈的方向，随病变性质、部位、大小和病期不同，或朝向患病的同侧（如颞叶部占位性病变、前庭核或迷路的一侧性损伤），或朝向患病部的对侧（如四叠体后部至脑桥的一侧性损伤）。脑脓肿、脑肿瘤等占位性病变时，常以圆圈运动或时针运动为特征，其转圈方向不仅与发病部位有关，而且与发病时期及病变大小有关。

出现回转运动的另一原因是病马头颈或躯干向一侧弯曲，以致无意识地随着头、颈部的弯曲方向而转动。特别是一侧前庭神经、迷路、小脑受损害时，当一侧颈肌瘫痪或收缩过强而颈项弯曲之际，间或一侧额叶区受损害时，都可发生此情况。当一侧中央运动神经纤维束由于器质疾病而功能降低时，或纹状体、丘脑后部、苍白球或红核受损伤时，也可引起同样结果。回转运动也见于脑的泛发性疾病，如脑炎、李氏杆菌病等。乃因脑内压升高所引起。

2. 盲目运动

病马做无目的地徘徊，不注意周围事物，对外界刺激缺乏反应。有时不断前进，当前进到头顶障碍物而无法再向前走时，则头抵障碍而不动（但人工地将其头转动后，则又盲目徘徊），故又名强制彷徨。这一症状乃因脑部炎症，大脑皮层额叶或小脑等局部病变或机能障碍所引起。

3. 暴进及暴退

病马将头高举或沉下，以常步或速步，踉跄地向前狂进，甚至落入沟塘内而不躲避称为暴进；如病马头颈后仰，颈肌痉挛而连续后退，后退时常癫跛，甚或倒地，则称为暴退或弧退。暴进见于纹状体或视丘受损伤或视神经中枢被侵害而视野缩小时，暴退见于摘除小脑的马匹或颈肌痉挛而角弓反张时，如流行性脑脊髓炎等。

4. 滚转运动

病马向一侧冲挤、倾倒、强制卧于一侧，或以身体长轴向一侧打滚时，称为滚转运动。滚转时，多伴有头部扭转和脊柱向打滚方向弯曲。出现此种症状，常是迷路、听神经、小脑脚周围的病变，使一侧前庭神经受损，从而迷路紧张性消失，以致身体一侧肌肉松弛所致。

临床上除马匹正常情况下打滚不应误认为病态外，尚应注意腹痛性疾病及共济失调地向一侧跌倒与滚转运动均不同。除其机制不同外，腹痛性疾病临床上所表现的倒地或滚转，并非每次一致地向一侧滚倒，而共济失调时的倾跌，则并不以背、腹着地打滚。

（二） 共济失调

健康马匹借小脑、前庭、锥体束及锥体外系以调节肌肉的张力，协调肌肉的动作，从而维持姿势的平衡和运动的协调。视觉也参与维持体位平衡和运动协调的作用。如各个肌肉收缩力正常，而在运动时肌群动作相互不协调所导致马匹体位和各种运动的异常表现，称为共济失调。

1. 静止性失调

静止性失调是马匹在站立状态下出现共济失调，而不能保持体位平衡。临床表现为头部摇晃，体躯左右摆动或偏向一侧，四肢肌肉紧张力降低、软弱、战栗、关节屈曲，向前、后、左、右摇摆。常四肢分开而广踏，力图保持体位平衡，如“醉酒状”。常将四肢稍微缩拢，缩小支撑面积，则容易跌倒。运步时，步态踉跄不稳，易倒向一侧或以腹着地。提示小脑、小脑脚、前庭神经或迷路受损害。

2. 运动性失调

马匹站立时可能不明显，而在运动时出现的共济失调。其步幅、运动强度、方向均呈现异常。临床表现为后躯踉跄，整个身躯摇晃，步态笨拙。运步时肢高举，并过分向侧方伸出，着地用力，如涉水样步态。其出现原因主要是因深部感觉障碍。外周部随意运动的信息向中枢传导受障碍所引起。见于大脑皮层、小脑、前庭或脊髓受损伤时。运动性共济失调按病灶部位不同则可将其分为脊髓性、前庭性、小脑性以及大脑性失调 4 种。

（1）脊髓性失调　运步时左右摇晃，但头不歪斜。主要是由于脊髓背侧根损伤，肌、腱、关节的深感觉感受器所发生的冲动，不能由背根入脊髓，或不能沿脊髓上行到延髓而上传至丘脑，使肌肉运动失去中枢的精确调节所致。

（2）前庭性失调　马匹头颈屈曲及平衡遭受破坏，头向患侧歪斜，常伴发眼球震颤，遮闭其眼时失调加重。主要是迷路、前庭神经或前庭核受损伤，进而波及中脑脑桥的动眼神经核、滑车神经核和外展神经核的结果。

（3）小脑性失调　多发生于马匹。不仅呈现静止性失调，而且呈现运动性失调，只当整个身体倚靠在固定物或在水中游泳时，运动障碍才消失。此种失调不伴有眼球震颤，也不因遮眼而加重。乃脑病过程中，小脑受侵害所致。在一侧性小脑受损伤时，患侧前后肢失调明显。

（4）大脑性失调　虽能直线行进，但身躯向健侧偏斜，甚至在转弯时跌倒。见于大脑皮层的颞叶或额叶受损伤时。

（三）不随意运动的检查

不随意运动是指病马意识清楚而不能自行控制肌肉的病态运动。检查不随意运动时，应注意不随意运动的类型、幅度、频率、发生部位和出现时间等。不随意运动，兽医临床上常见的有痉挛、震颤及纤维性震颤等。

1. 痉挛

肌肉的不随意收缩称为痉挛。大多由大脑皮层受刺激，脑干或基底神经受损伤所致。按其肌肉不随意收缩的形式，痉挛可分为阵发性痉挛和强直性痉挛 2 种。

（1）阵发性痉挛　在马匹为最常见的一种痉挛。其特征为单个肌群发起短暂、迅速，如触电样一个跟着一个重复的收缩。收缩与收缩之间，间隔以肌肉松弛，故又称之为间代性痉挛。其痉挛经常突然发作，并且迅速停止。阵发性痉挛提示大脑、小脑、延髓或外周神经遭受侵害，见于病毒或细菌感染性脑炎，化学物质（如士的宁、有机磷、氯化钠）或植物中毒和起源于肠道的内毒素中毒，低钙血症等代谢疾病，膈痉挛以及可能与遗传有关的痉挛性综合征（如美国花马高血钾性周期性麻痹）等。尤其当脑循环障碍和脑贫血，以及在难产和新陈代谢障碍时多见。阵发性痉挛虽然一般只限于单个肌肉，但有时也波及整个肌群，甚至进而导致身体大部分发生震动。扩及全身的强烈性阵发性痉挛，称为惊厥或搐搦。此时肌肉收缩强而硬。例如尿毒症等疾病。

（2）强直性痉挛　肌肉长时间的均等的持续收缩，如同凝结在某种状态一样者，称强直性痉挛。这是由大脑皮层功能受抑制，基底神经节受损伤，或脑干和脊髓的低级运动中枢受刺激所引起的。强直性痉挛常发生于一定的肌群，例如头向后仰，乃头后部肌肉强直性痉挛所致，咬肌痉挛可使牙关紧闭；眼肌痉挛可使瞬膜突出；颈肌痉挛使颈部硬如板状；背伸肌痉挛使背腰部变为水平（挺直性痉挛）；背腰上方肌肉痉挛致凹背、脊柱下弯（后反张或角弓反张）；背腰下方肌肉痉挛致凸背（前反张或腹弓反张）；背腰一侧肌肉痉挛致身体向侧方弯曲（侧弓反张），因腹肌痉挛而肚腹缩小等。以上各种局限于一定肌群的强直性痉挛统称为挛缩，但有时全身肌肉均发生者，称为强直。最典型而多见的强直性痉挛，见于各种马匹的破伤风时。此外，有机磷中毒，脑炎、脑脊髓炎，士的宁中毒及肉毒中毒等也可见到此症状。

此外，临床上还有一种癫痫性痉挛，是大脑无器质变化而脑神经兴奋性增高，引起异常放电所致。临床上平时不见任何症状而发作时表现为强直-阵发性痉挛，同时感觉与意识也暂时消失，马匹极少见。在马匹有时因大脑皮质器质性变化，而出现癫痫样现象，称为症候性癫痫或癫痫样发作，与上述两种痉挛不完全相同。癫痫性痉挛是突然发生，为时短暂，反复发作。发作时表现为强直性痉挛，瞳孔扩大，流涎，大小便失禁，意识丧失。是由脑部感染，脑肿瘤，大脑皮层额叶部病变，中毒，代谢性疾病所致，如脑炎、尿毒症、副伤寒等。

2. 震颤

由于相互拮抗肌肉的快速、有节律、交替而不太强的收缩所产生的颤抖现象，称为震颤。其幅度可大可小，速度可快可慢，范围可为局限性也可为大范围甚至全身肌肉震颤。检查时，应注意观察其部位、频率、幅度和发生时间（静止时或运动时）。按其发生时间，可分为静止性震颤、运动性震颤和混合性震颤等。

（1）静止性震颤　是指静止时出现的震颤，运动后震颤消失，有时在支持一定体位时，震颤再次出现，主要是由基底神经节受损伤所致。

（2）运动性震颤　又称意向性震颤，是指在运动时出现的震颤。轻者，静止时震颤消失；重者，在头部或肢体维持一定体位时，也可能出现震颤。主要是由小脑受损害所致。

（3）混合性震颤　是指静止时和运动时都发生的震颤，临床上常见于过劳、中毒、脑炎和脊髓疾病时。但某些胆怯、高度神经质马匹，当惊惧、紧张时，寒冷或恶寒战栗时，也出现震颤现象，应加以区别。

（4）纤维性震颤　是指单个肌纤维束的轻微收缩，而不扩及整个肌肉，不产生运动效应的轻微性痉挛。临床上常见其先从肘肌开始，后延及肩部、颈部和躯干肌肉的某些肌纤维，也有只见舌肌肌纤维的痉挛者。在某些纤弱品种马匹发生热性病或传染病时最为常见。肝脂肪营养不良、急性败血症等严重疾病时均可见之。

（四）瘫痪（麻痹）

马匹骨骼肌的随意运动，是靠锥体系统和锥体外系的运动神经元（上运动神经元）及自脊髓腹角和脑神经运动核的运动神经元（下运动神经元）的协同作用而实现。当上、下运动神经元的损伤以致肌肉与脑之间的传导中断或运动中枢障碍所导致的发生骨骼肌随意运动减弱或丧失，称为瘫痪或麻痹。

瘫痪的分类可有多种。根据致病原因可分为器质性瘫痪与机能性瘫痪。器质性瘫痪乃运动神经的器质性疾病所引起。例如脊髓受压（骨软症或纤维性骨营养不良时，因脊椎骨疏松肿大而致椎管变狭，压迫脊髓而引起后肢或前肢瘫痪）、脊椎骨骨折和脑脊髓丝虫病等。机能性瘫痪则是运动神经不具有器质性变化，仅由其机能障碍而引起，例如暂时性血液循环障碍或各种毒素中毒与内毒素中毒等。

按瘫痪程度可分为完全瘫痪或不完全瘫痪。完全瘫痪简称全瘫，是横纹肌完全不能随意收缩；不完全瘫痪简称轻瘫，是随意运动仅仅减弱但仍能不完善的运动。

按发生肢体部位又可分为单瘫、双瘫、截瘫、偏瘫及交叉性瘫痪。少数神经节支配部位的某一肌肉或肌群瘫痪者称为单瘫；两对称部位瘫痪者称为双瘫或两侧瘫；躯体双侧发生瘫痪者称截瘫；一侧大脑半球或锥体传导路径受损伤所引起的半边身体瘫痪称为偏瘫；两侧不对称部位发生瘫痪者称为交叉性瘫痪。马匹因背腰部损伤部位以后的背腰、臀部、尾部和后肢瘫痪者很多见，称为腰麻痹或后躯瘫痪。

根据神经系统损伤的解剖部位不同，可分为中枢性瘫痪和外周性瘫痪。

1. 中枢性瘫痪

中枢性瘫痪是因脑、脊髓的上运动神经元的任何一部分病变所发生，故又称上运动神经元性瘫痪。此时，不仅不能将冲动传递给下运动神经元而随意运动发生障碍，而且控制下运动神经元反射活动的能力也减弱或消失，故脊髓反射机能反而增强。即瘫痪的肌肉的紧张性增高，肌肉较坚实，被动运动开始时阻力较大，继而突然降低，腱反射亢进。

由于瘫痪的肌肉紧张而带有痉挛性，又称痉挛性瘫痪。因其不影响损伤部位以下的脊髓侧角自主神经的正常活动，下运动神经元仍能向肌肉传送神经营养冲动，故瘫痪的肌肉不萎缩，或仅因长期不运动而产生废用性萎缩，所以萎缩的发展缓慢。此种瘫痪提示脑、脊髓损伤，细菌性、病毒性或中毒性脑、脑脊髓炎（例如马传染性脑脊髓炎，梨形虫病，产褥败血症、铅中毒所继发的脑炎），大脑皮层运动区的出血、寄生虫、脓肿、肿瘤等占位性病变而使脑部受压等。

根据椎体系受损伤部位不同，中枢性瘫痪的范围也不同。皮层型（一侧前肢单瘫，病变在对侧前中央回的中点处）、内囊型（偏瘫、病变在对侧内囊）和脑干型（一侧脑神经和对侧肢体交叉性瘫痪）在马匹极少见，脊髓型者则很常见。脊髓的颈膨大以上横贯性损伤，引起四肢瘫痪，甚至呼吸立即停止而死亡；颈膨大处损伤，发生前肢外周性瘫痪和后肢中枢性瘫痪，颈膨大以下至腰膨大以上之间损伤，均伴有损伤以下的中枢性瘫痪、传导型感觉缺失和括约肌不受高级中枢控制；而腰膨大处损伤，则前肢正常，后肢为外周性瘫痪，即常见的截瘫。此种脊髓性瘫痪常由脊椎骨骨折、外伤（如打击）、炎症、出血、肿瘤、寄生虫病、狂犬病等所致。例如临床上所称的“保定栏性瘫痪”即在柱栏保定、直肠检查或灌药时，因为缰绳挣断或脱钩，马匹猛然后退如犬坐状倒地而致腰椎骨折、脊髓挫伤，引起后躯截瘫及尾、肛门括约肌和膀胱括约肌功能障碍。尤其在骨软症或纤维性骨营养不良时，病马容易发生这种意外，故保定应特别注意。这些骨质代谢障碍疾病的病马当上下沟、坑时，也有可能发生此类脊髓损伤，由于指状丝虫晚期幼虫迷路而发生马的“腰痿”即腰麻痹，或骨代谢障碍而椎骨疏松肿大以压迫脊髓所发生的后肢萎缩乃至全瘫，也属此型。

2. 外周性瘫痪

外周性瘫痪是因下运动神经元，包括脊髓腹角细胞、腹根及其分布到肌肉的外周神经或脑干的各脑神经核及其纤维的病变所发生，故又名下运动神经元性瘫痪。下运动神经元为运动神经系统的最后通路，又为反射弧的传出部分，并有传送营养冲动的植物神经成分，故其受损害时，不仅肌肉瘫痪，肌紧张力降低（肌肉松弛、被动运动的阻力减小、活动幅度增大），而且所支配的肌腱和皮肤反射降低，甚至消失，并因失去营养冲动而迅即发生萎缩，故又称弛缓性瘫痪或萎缩性瘫痪。

根据损伤部位与受侵犯的神经核的关系可将瘫痪分为核性、核上性和核下性。核性瘫痪是由于脑神经中或脊髓腹角中的运动细胞核受损害所引起的瘫痪。反射活动消失，肌肉张力缺乏，迅速严重萎缩。核上性瘫痪是由运动核以上部位受损害所引起的随意运动瘫痪，肌肉紧张，反射亢进，肌肉仅因长期不活动而轻度、缓慢萎缩。核下性瘫痪是由运动核以下的部位受损害所引起，其症状几乎与核性瘫痪相同。

中枢性瘫痪与外周性瘫痪的鉴别见表 3-8-1。

表 3-8-1 中枢性瘫痪与外周性瘫痪的鉴别

项目	中枢性瘫痪	外周性瘫痪
肌肉张力	增高、痉挛性	降低、迟缓性
肌肉萎缩	缓慢、不明显	迅速、明显
腱反射	亢进	减弱或消失
皮肤反射	减弱或消失	减弱或消失

四、 感觉机能检查

马匹的感觉机能是由感觉神经系统所完成，它包括 3 个神经元。第一神经元的细胞体位于脊神经节外，其外周突分布于皮肤、黏膜、肌腱、关节等终末感受器，其向心突组成脊神经的背根；第二神经元细胞体位于脊髓背角；第三神经元细胞体位于丘脑。来自终末感受器的各种感觉冲动沿第一神经元外周向心突传于其细胞体，经由向心突而传至第二神经元，再上行传至第三神经元。即经由脊髓而传至间脑的丘脑部，最后传递到大脑皮层产生各种感觉（但感觉冲动必须在中枢神经系统经过综合、分析后，才能产生相应的运动）。故感觉神经元或感觉通路的任何部分发生障碍，均可出现各种类型的感觉障碍。反过来，当感觉发生障碍时，也就说明这种传导结构发生了某种损害。

马匹的感觉，除了视觉、嗅觉、听觉、味觉及平衡感觉外，还包括浅感觉、深感觉，它们都有各自的感受器和传入神经，产生各自的感觉。兽医临床上，将感觉机能分为浅感觉、深感觉和特殊感觉 3 类。

（一） 浅感觉检查

浅感觉是指皮肤和黏膜感觉，包括触觉、痛觉、温觉和电磁觉等。但兽医临床上温觉、电磁觉等有一定局限性，故少用。在马匹，主要检查其痛觉和触觉。由于马匹没有语言，其感觉如何只能根据运动形式加以推断，而且马匹的注意力容易分散，所得的反应往往与所给的刺激不相符合。因此，在检查中不仅要考虑马匹的神经活动类型，而且要注意到当时马匹的心理状态。检查时要尽可能先使马匹安静，最好由经常饲养、管理、使役或调教的人员在旁，并采用温柔的动作进行检查。应在体躯两侧对称部位和欲检部的左、右、前、后等周围部分反复对比，四肢则从其末梢部开始逐渐检查向脊柱部，以期证明该部感觉是否异常以及范围的大小。

检查时，为了避免视觉的干扰，应先将马匹的眼睛遮住，然后用针头以不同的力量针刺皮肤，观察马匹的反应。一般先由感觉较差的臀部开始，再沿脊柱两侧向前，直至颈侧、头部。对于四肢，做环形针刺，较易发现不同神经区域的异常。健康马匹针刺后，立即出现反应，表现相应部位肌肉收缩，被毛颤动或迅速回头、竖耳，或做踢咬动作。

感觉障碍，由于病变部位不同，有末梢性、脊髓性和脑性之分。从临床表现则分为下列 3 种：

1. 感觉增高（感觉过敏）

马对感觉刺激的兴奋阈降低，虽轻微刺激或抚触即可引起强烈反应（检查时应注意，有力的深触诊反而不能显示出感觉过敏点），除起因于局部炎症外，一般情况下马是由感觉神经或其传导路径被损害所致。多提示脊髓膜炎，脊髓背根损伤，视丘损伤，或末梢神经发炎、受压等。尤其视丘部对痛觉刺激最敏感，故视丘受病理性刺激时，可引起剧烈疼痛（甚至镇痛剂也不能止痛）。但脊髓实质、脑干（延脑、脑桥、大脑脚）或大脑皮层患病时均不引起感觉过敏。

2. 感觉减退及缺失

感觉能力降低或感觉程度减弱称感觉减退。严重者，在意识清醒的情况下感觉能力完全缺失。乃由感觉神经末梢、传导路径或感觉中枢障碍所致。局限性感觉减退或缺失，为支配该区域内的末梢感觉神经受侵害的结果。体躯两侧对称性的减退或缺失，多为脊髓横断性损伤，如挫伤、压迫及炎症等；半边肢体的感觉减退或缺失，见于延脑或大脑皮层间的传导路径受损伤，多发生于病变部对侧肢体（但因同时伴有意识丧失，故半边感觉障碍很难被认出）；发生在身体许多部分的多发性感觉缺失，见于多发性神经炎、马媾疫和某些传染病（如腺疫）；于马尾神经炎而发生尾-肛门括约肌麻痹时，则尾与会阴部感觉缺失，此时在感觉正常区和缺乏区之间，隔有一条狭窄的感觉过敏带。此外，全身性皮肤感觉减退或缺失，常见于各种不同疾病所引起的精神抑制和昏迷时，表现为对蝇、虻叮咬，不抖动皮肌或不以尾驱逐，甚至毫无反应。

3. 感觉异常

不受外界刺激影响而自发产生的感觉，如痒感、蚁行感、烘灼感等。由于马匹不像人类能用语言表达，只表现对感觉异常部的舌舔、啃咬、摩擦、搔爬，甚至咬破皮肤而露出肌肉、骨骼仍不止。感觉异常是因感觉神经传导路径存在有强刺激而发生，见于狂犬病、脊髓炎、多发性神经炎、马尾神经炎等。最典型的为各种马匹的狂犬病，马不断咬啮、搔爬、摩擦局部，而致皮肤破损、渗血，甚至已露出肌肉、骨骼而不停止。但在皮肤病或许多寄生虫病、真菌病等也可发生皮肤痒感，应与神经系统疾病相区别。例如荨麻疹、湿疹、螨病、痘、马的夏癣、吸血昆虫刺蜇等，在马的蛲虫病，因肛门及其周围痒感，不断将尾根部向周围物体上摩擦，而使被毛断裂、脱落。

（二） 深感觉检查

深感觉是指位于皮下深处的肌肉、关节、骨、腱和韧带等，将关于肢体的位置、状态和运动等情况的冲动传到大脑，产生深部感觉，即所谓本体感觉，借以调节身体在空间的位置、方向等。因此，临床上根据马匹肢体在空间的位置改变情况，可以检查其本体感觉有无障碍或疼痛反应等。

临床检查深感觉时，多人为地使马匹的四肢采取不自然的姿势，如使马的两前肢交叉站立，或将两前肢广为分开，或将前肢向前远放等，以观察马的反应。在健康马，当人为地使其采取不自然的姿势后，便能自动地迅速恢复原来的自然姿势；在深感觉发生障碍时，可在较长的时间内保持人为的姿势而不改变肢体的位置。深感觉障碍多同时伴有意识障碍，提示大脑或脊髓被侵害，例如慢性脑室积水、脑炎、脊髓损伤、严重肝脏病及中毒等。

（三） 特殊感觉检查

特殊感觉乃由特殊的感觉器官所感受，如视觉、听觉、嗅觉、味觉等。某些神经系统疾病，可使感觉器官与中枢神经系统之间的正常联系破坏，导致相应感觉机能障碍。故通过感觉器官的检查，可以帮助发现神经系统的病理过程。但特殊感觉的异常也可由非神经系统的尤以该感觉器官本身疾病所引起，因此应注意加以区别。

1. 视觉

视器官（眼球和眼的辅助器官）和有关神经，主要是视神经共同调节马匹的视觉。眼球壁内膜（视网膜）神经细胞纤维汇集成视神经乳头后，集合成束，并穿过眼球壁的中膜和外膜，形成视神经，进入颅腔。来自两侧的视神经共同形成视神经交叉后，又再分为视束而终止于丘脑。视神经交叉以后的视束既包含来自同侧的又包含来自对侧的视神经纤维。

马匹视力减弱甚至完全消失即所谓的目盲，除某些眼病所致外，也可由视神经异常所引起。后者，眼球本身并无明显的病变，但瞳孔反射减弱或消失，乃视网膜、视神经或脑的功能减弱或丧失所致称为黑蒙。见于山道年、野萱草根等中毒，一侧视神经障碍时，同侧视力受到影响，视神经交叉以后至脑之间损伤时，两侧视力均受影响。

马匹视觉增强，表现为羞明，除发生于结膜炎、角膜炎等眼科疾病外，罕见于颅内压升高、脑膜炎、日射病和热射病等。视觉异常的马匹，有时出现“捕蝇样动作”，如狂犬病、脑炎、眼炎初期等。

2. 听觉

耳与有关神经主要是听神经共同调节马匹的听觉。即由耳郭收集音波，经外耳道震动鼓膜，通过听小骨传递到内耳，由于外淋巴的震动波及内淋巴，并刺激分布在耳蜗上的蜗神经感受器而产生听觉冲动，沿听神经传向中枢。马匹的听觉不易像人那样容易仔细检查。

听觉迟钝或完全缺失（聋）只是对一定频率范围内的音波听力减少或丧失。除因耳病所致外，也见于延脑或大脑皮层颞叶受损伤时。听觉过敏可见于脑和脑膜疾病。

3. 嗅觉

嗅神经、嗅球、嗅纹和大脑皮层是构成嗅觉装置的神经部分。当这些神经或鼻黏膜疾病（如鼻炎）时则引起嗅觉迟钝甚至嗅觉缺失，如马传染性脑脊髓炎。

五、 反射机能检查

反射是神经活动的最基本方式。无论起源于机体内部或外部的刺激，都是由分布于各个组织和器官中的感受器所感受，经由感觉神经向心地将冲动经脊髓背根传至丘脑下部，然后再到大脑皮层；冲动在中枢神经系统经过分析、综合及协调后，再经脊髓腹根沿运动神经远心地传到相应组织和器官的效应器而实现活动反应。即冲动通过感受器-传入神经-神经中枢-传出神经-效应器而构成反射弧。这种不随意的反射运动，只有在反射弧的结构和机能保持完整时，才能实现。当反射弧的任何一部分发生异常或高级中枢神经发生疾病时，都可使反射机能发生改变。故通过反射检查，可以帮助判定神经系统损害的部位。

（一） 反射种类及其检查方法

兽医临床上所检查的神经反射可分为浅反射、深反射、器官反射等，不同反射的检查，其诊断意义也不同。反射检查结果一般对神经系统受损害部位的确定有诊断价值。但马匹反射障碍检查，常难以收到满意结果，故仅简述兽医临床涉及的反射及其反射弧有关神经作为参考。器官反射如呼吸、咳嗽、心搏动、吞咽、呕吐、排粪、排尿等反射，已分别在前面有关内容中叙述。

1. 浅反射

浅反射指皮肤反射和黏膜反射。

(1) 耳反射　检查者用纸卷毛束等轻触耳内侧被毛，正常时马匹摇耳或转头。反射中枢在延髓和脊髓的第一、第二颈椎段。

(2) 鬐甲反射　轻触鬐甲部被毛，正常时肩部及鬐甲部必出现收缩，抖动，马最明显，反射中枢在脊髓第 7 颈椎段和第 1～2 胸椎段。

(3) 腹壁反射和提睾反射　用针轻刺激腹部皮肤，正常时相应部位的腹肌收缩、抖动，即为腹壁反射。刺激大腿内侧皮肤时，睾丸上提，即为提睾反射。反射中枢均在脊髓胸椎、腰椎段。

(4) 会阴反射　刺激会阴部尾根下方皮肤时，引起向会阴部缩尾的动作。反射中枢在脊髓腰椎、荐椎段。

(5) 肛门反射　刺激肛门周围皮肤时，正常时肛门括约肌迅速收缩。反射中枢在脊髓第 4～5 荐椎段。

(6) 眼睑反射和角膜反射　中枢在延脑，传入神经是眼神经（三叉神经上颌支）的感觉纤维，传出神经为面神经的运动纤维。

(7) 瞳孔反射　中枢在中脑四叠体传入神经为视神经，传出神经为动眼神经的副交感纤维（收缩瞳孔）和颈部交感神经（舒张瞳孔）。

2. 深反射

深反射指肌腱反射，兽医临床检查受一定局限。

(1) 膝反射　检查时调整马匹至侧卧位，让被检测后肢保持松弛，用叩诊锤背面叩击膝韧带直下方。对正常马匹叩击时，下肢呈伸展动作。反射中枢在脊髓第 4～5 腰椎段。

(2) 跟腱反射　或称飞节反射，检查方法与膝反射检查相同。叩击跟腱，正常时跗关节伸展而球关节屈曲。反射中枢在脊髓荐椎段。

（二）反射机能的病理变化

在病理状态下，反射可有减弱、消失或亢进。

1. 反射减弱或反射消失

反射减弱是反射弧的径路受损伤所致。无论反射弧的感觉神经纤维、反射中枢、运动神经纤维的任何一个部位被阻断（例如核性或核下性麻痹）时；或反射弧虽无器质性损害，但其兴奋性降低时，都可导致反射减弱甚至消失。因此，临床检查发现某种反射减弱、消失，常提示其有关传入神经、传出神经、脊髓背根（感觉根）、腹根（运动根），或脑、脊髓的灰白质受损伤，或中枢神经兴奋性降低，例如意识丧失、麻醉、虚脱等。

一定部位的感受器或效应器患病时，虽也出现反射减弱或消失，但前者病马仅有感觉缺失，仍存在随意运动，而后者虽有运动瘫痪但仍有感觉。然而马匹不能述说有无感觉和配合兽医进行随意运动，故难确诊。且单纯感觉或运动纤维受损伤的病例也很稀少。

2. 反射增强或亢进

反射增强是反射弧或中枢兴奋性增高或刺激过强所致；或由大脑对低级反射弧的抑制作用减弱、消失所引起。因此，临床检查发现某种反射亢进，常提示其有关脊髓节段背根、腹根或外周神经过敏，炎症，受压和脊髓膜炎等。在破伤风、士的宁中毒、有机磷中毒、狂犬病等常见全身反射亢进。

当大脑和视丘的下部受损伤或脊髓横贯性损伤以致上运动神经元失去对损伤以下脊髓节段控制时，则与其下段脊髓有关的反射亢进，且活动形式也有所改变。因此，上运动神经元（锥体束）损伤时，可以出现腱反射增强。

六、自主（植物）神经机能检查

脊椎动物在进化过程中形成了特殊的自主神经系统。它的中枢存在于大脑、脑干和脊髓中，神经末梢几乎分布于全身各个器官组织。自主神经系统与中枢神经系统密切联系，构成一个统一完整体系。自主神经控制着不随意运动，调节一些最重要的生命过程，如物质代谢、热的产生和放散、血液循环、呼吸、消化、泌尿、造血机能等，它也保证器官和组织的神经营养，以维持机体内外环境的平衡。

自主神经系统分为副交感神经和交感神经 2 种。凡具有平滑肌的各个器官、心脏和腺体都同时分布有副交感神经和交感神经。二者具有相反的作用，但它们的机能并不是对抗的而是协调的，在大脑皮质的调节下，健康马匹二者之间维持平衡状态。自主神经纤维末梢能释放特殊的化学物质，并作为兴奋传递的媒介，这种化学物质称为介质。介质有乙酰胆碱和交感素 2 种。乙酰胆碱能使末梢节后神经元兴奋，自主神经节前纤维释放乙酰胆碱，副交感神经系的节后纤维也能释放乙酰胆碱，交感系的节后纤维则释放交感素，交感素主要是去甲肾上腺素。病理状态下，交感神经和副交感神经作用平衡被破坏，则产生各种状态。

1. 交感神经紧张性亢进

交感神经异常兴奋时，表现为心搏动亢进，外周血管收缩，血压上升，肠蠕动减弱，瞳孔散大，马出汗增加和高血糖等症状。

2. 副交感神经紧张性亢进

呈现与前者相颉颃作用的症状，即心动徐缓，外周血管紧张性下降，血压降低，贫血，肠蠕动增强，腺体分泌过多，瞳孔收缩，低血糖等。

3. 交感、副交感神经紧张性均亢进

交感神经和副交感神经二者同时紧张性亢进时，马匹出现恐怖感，精神抑制，眩晕。心搏亢进，呼吸加快或呼吸困难，排粪与排尿障碍，子宫痉挛，发情减退等现象。当自主神经系统疾病时，发生运动和感觉障碍，各器官的自主神经系统机能均引起障碍，主要的机能变化为呼吸、心跳的节律，血管运动神经的调节，吞咽，呕吐，消化液，肠蠕动，排泄和视力调节异常等。

自主神经对内脏器官的作用见表 3-8-2。

表 3-8-2　自主神经对内脏器官的作用

内脏器官		自主神经功能	
		交感神经	副交感神经
心血管系统	心	脉搏增多，心跳加强、加快	脉数减少、抑制心跳
	血压	升高	降低
	冠状动脉	扩张	收缩
	其他动脉	收缩	扩张
呼吸系统	支气管	扩张、黏液分泌减少	蠕动加快、分泌增多
消化系统	胃肠道	蠕动减慢，分泌减少	蠕动加快，分泌增多
泌尿生殖系统	膀胱	内括约肌收缩，排空受抑制	内括约肌舒张，排空加强
	其他	子宫收缩	阴茎勃起
	瞳孔	散大	缩小
其他	汗腺	排汗增多	排汗减少
	肾上腺	髓质分泌增多	髓质分泌减少

任务 1　马精神状态检查

【任务目标与质量要求】

制订马匹精神状态检查方案，检查马匹的面部表情、眼、耳、尾、四肢及皮肌的动作，身体的姿势，运动时的反应，以判定马匹精神状态判定其兴奋或抑制状态。能够判定马匹不安、易惊，恐怖、异常敏感、不安、躁狂和狂乱的临诊表现。能够判定马匹精神沉郁、嗜睡、昏迷的临诊表现。结合马匹精神状态检查和相关系统检查进行马匹精神状态健康评价。

【学习产出目标】

（1）熟知马匹神经系统解剖结构和生理功能，熟知马匹精神状态功能调节和神经递质的影响，熟知马匹精神状态检查方法和内容。

（2）判定马匹当前精神状态。

（3）判定马匹精神兴奋状态。

（4）判定马匹精神抑制状态。

【工作程序与方法要求】

1. 马匹精神兴奋状态判定

问诊马工或马主人、教练、骑手了解马匹精神状态变化，详细了解马匹有无不安、易惊，对轻微刺激即产生强烈反应的临诊表现，病马表现攀登饲槽或顶撞墙壁，暴眼凝视，不驯顺，出现攻击（咬、踢）人、马状况，有无癫狂、抽搐、摔倒而骚动不安的临诊表现。结合具体的临诊表现，判定马匹精神状态处于恐怖、异常敏感、不安、躁狂或者狂乱，并能结合临诊表现，进行被检马匹疾病初步诊断。

2. 马匹精神抑制状态判定

问诊马工或马主人、教练、骑手了解马匹精神状态变化，详细了解马匹有无对事物注意力减弱，反应迟钝，离群呆立，头低耳耷，眼半闭或全闭，行动无力，重度萎靡，将鼻、唇抵在饲槽上或倚墙或躺卧而沉睡，卧地不起，呼唤不应，全身肌肉松弛，反射消失，甚至瞳孔散大，粪、尿失禁的临诊表现，进行被检马匹疾病初步诊断。

3. 马匹当前精神状态检查

问诊马工或马主人、教练、骑手调查马匹精神状态既往表现，检查马匹面部状态、眼、耳、尾、四肢及皮肌的动作，身体的姿势，运动反应，判定马匹当前精神状态，初步推断马匹精神兴奋可能疾病为脑膜充血、炎症，颅内压升高，代谢障碍、中暑或中毒。判定马匹精神抑制状态可能疾病为热性病、脑水肿、脑损伤、贫血、出血、颅内占位性压迫、脑膜脑炎、肝肾机能障碍、代谢疾病、中毒等。

【工作任务实施记录与评价】

1. 马匹精神兴奋状态判定评价

师傅指导记录	马匹精神兴奋状态判定评价	评价成绩
		年 月 日

2. 马匹精神抑制状态判定评价

师傅指导记录	马匹精神抑制状态判定评价	评价成绩
		年 月 日

3. 马匹当前精神状态检查评价

马匹编号	面部表现	逍遥动作	特异姿态	外界反射	运动表现
检查质量评价				评价成绩	
				时间	

4. 学徒关键职业能力及职业品质、工匠精神评价

项目	A	B	C	D
工作态度				
吃苦耐劳				
团队协作				
沟通交流				
学习钻研				
认真负责				
诚实守信				

任务 2　马运动机能检查

【任务目标与质量要求】

制订马匹运动机能检查方案，了解马匹运动中枢和传导路径由锥体束系统、锥体外系统、小脑系统 3 部分组成，能够结合被检马匹和具体场景设定不同的检查项目，熟知马匹运动机能的正常状态，能通过马匹运动特异性临诊表现进行马匹运动机能的检查，可判定马匹有无强迫运动、共济失调、不随意运动、瘫痪等机能异常临诊表现，结合马匹头颅、脊柱检查和其他相关系统检查进行马匹运动机能异常症状评价。

【学习产出目标】

（1）熟知马匹运动中枢的解剖结构和生理功能，熟知马匹运动传导路径和运动调节与神经协调机理，熟知马匹运动机能检查方法和内容。

（2）马匹强迫运动与共济失调临诊检查。

（3）马匹不随意运动临诊检查。

（4）马匹瘫痪临诊检查。

【工作程序与方法要求】

1. 马匹强迫运动与共济失调临诊检查

检查时摘除被检马匹缰绳，任其自由活动，认真观察被检马匹运动情况，检查特异性运动姿态，能够判定回转运动、盲目运动、暴进与暴退、滚转运动。检查被检马匹肌肉的张力，协调肌肉的动作，马匹运动和静立时进行外力作用破坏其平衡，观察被检马匹临诊表现，判定其共济失调表现为静止性、运动性、脊髓性、前庭性、小脑性、大脑性。

2. 马匹不随意运动临诊检查

问诊马工或马主人了解马匹不随意运动发生的时间与表现，检查被检马匹特异性运动姿态，判定该运动是否为不随意运动，检查肌肉和外界刺激反射对于该特异性运动的反应和变化，判定不随意运动的类型、幅度、频率、发生部位和出现时间，能够区分阵发性痉挛、强直性痉挛、静止性震颤、运动性震颤、混合性震颤、纤维性震颤。

3. 马匹瘫痪临诊检查

问诊马工或马主人了解被检马匹瘫痪发生的时间及与瘫痪密切相关的事件，检查被检马匹上、下运动神经元可能性损伤，运动中枢障碍可能性，骨骼肌随意运动减弱程度或有无丧失情况，结合肌肉张力、肌肉萎缩、腱反射、皮肤反射检查，判定被检马匹临诊表现为中枢性瘫痪或外周性瘫痪。

【工作任务实施记录与评价】

1. 马匹强迫运动与共济失调临诊检查评价

师傅指导记录	马匹强迫运动与共济失调检查评价	评价成绩
		年　月　日

2. 马匹不随意运动临诊检查评价

师傅指导记录	马匹不随意运动临诊检查评价	评价成绩
		年　月　日

3. 马匹瘫痪临诊检查评价

马匹编号	典型事件	肌肉张力	肌肉萎缩	腱反射	皮肤反射
检查质量评价				评价成绩	
				时间	

4. 学徒关键职业能力及职业品质、工匠精神评价

项目	A	B	C	D
工作态度				
吃苦耐劳				
团队协作				
沟通交流				
学习钻研				
认真负责				
诚实守信				

任务 3　马感觉机能检查

【任务目标与质量要求】

制订马匹感觉机能检查方案，检查马匹皮肤、黏膜、肌腱、关节等反射，检查马匹脊髓反射和鬐甲反射，检查马匹视觉、嗅觉、听觉、味觉及平衡感觉，检查马匹浅感觉、深感觉。结合被检马匹感觉机能检查和相关系统评价进行马匹感觉机能状态评价。

【学习产出目标】

（1）熟知马匹感觉神经系统解剖结构和生理功能，熟知视觉、听觉、嗅觉神经元分布和感觉传导机理，熟知马匹感觉机能检查方法和内容。

（2）马匹浅感觉机能检查。

（3）马匹深感觉机能检查。

（4）马匹特殊感觉机能检查。

【工作程序与方法要求】

1. 马匹浅感觉机能检查

问诊马工或马主人了解马匹感觉机能异常表现，用黑布套或厚毛巾遮蔽被检马匹双眼，给予外界刺激检查皮肤和黏膜感觉，刺激被检马匹体躯两侧对称部位和欲检部的左、右、前、后等周围部分反复对比，四肢检查从末梢部开始逐渐向脊柱部，根据具体反射判定被检马匹触觉、痛觉、温觉的感觉变化和异常，判定被检马匹临诊表现为感觉过敏，感觉减退及缺失，有无感觉异常。

2. 马匹深感觉机能检查

问诊马工或马主人了解马匹感觉机能异常状态，给予马匹声音和按压等外界刺激，判定被检马匹意识状态是否障碍。改变马匹四肢站立姿态，使其站立不自然，先交叉前后腿，然后使前后腿呈外八字站立，根据马匹体位调整时间和体躯运动协调性，判定马匹深感觉机能状态，并初诊被检马匹发生慢性脑室积水、脑炎、脊髓损伤、严重肝脏病及中毒的可能。

3. 马匹特殊感觉机能检查

问诊马工或马主人了解马匹感觉机能异常状态，靠近被检马匹并给予一定视觉刺激，判定马匹视觉的有无及对光强弱刺激的反应。用黑布套或厚毛巾遮蔽被检马匹双眼，对被检马匹发出音响刺激，使用嗜食食物接近鼻端，观察马匹对刺激和食物饮水的反应，以判定相应感觉正常与否。

【工作任务实施记录与评价】

1. 马匹浅感觉机能检查评价

师傅指导记录	马匹浅感觉机能检查评价	评价成绩
		年 月 日

2. 马匹深感觉机能检查评价

师傅指导记录	马匹深感觉机能检查评价	评价成绩
		年 月 日

3. 马匹特殊感觉机能检查评价

马匹编号	视力减弱	视力消失	眼部检查	听觉检查	嗅觉检查
检查质量评价				评价成绩	
				时间	

4. 学徒关键职业能力及职业品质、工匠精神评价

项目	A	B	C	D
工作态度				
吃苦耐劳				
团队协作				
沟通交流				
学习钻研				
认真负责				
诚实守信				

任务4　马反射与自主神经机能检查

【任务目标与质量要求】

制订马匹反射与自主神经机能检查方案，检查马匹浅反射、深反射、器官反射状态，检查马匹呼吸、咳嗽、心搏动、吞咽、呕吐、排粪、排尿等反射有无异常，给予马匹刺激检查被检马匹皮肤反射和黏膜反射，检查马匹膝反射和跟腱反射。检查马匹心脏搏动、胃肠蠕动、排汗、瞳孔开张等状态，判定马匹自主神经功能状态。结合反射机能检查和自主神经机能检查进行马匹健康状态评价。

【学习产出目标】

（1）熟知马匹神经反射生理传导机理，熟知感受器-传入神经-神经中枢-传出神经-效应器反射弧的神经调节机理，熟知马匹反射与自主神经机能检查方法和内容。

（2）马匹反射机能检查。

（3）马匹自主神经机能检查。

【工作程序与方法要求】

1. 马匹反射机能检查

问诊马工或马主人了解马匹反射机能异常状态，进行马匹反射机能异常状态检查。检查被检马匹耳反射、鬐甲反射、腹壁反射和提睾反射、会阴反射、肛门反射、眼睑反射和角膜反射、瞳孔反射等皮肤反射和黏膜反射的异常与否，检查马匹膝反射、跟腱反射有无增强或减弱、消失。检查时注意给予被检马匹刺激的强弱变化与其他反射的干扰。

2. 马匹自主神经机能检查

依据马匹交感神经兴奋表现，判定马匹有无心搏动亢进，外周血管收缩，血压上升，肠蠕动减弱，瞳孔散大，出汗增加和高血糖等，判定马匹心动徐缓，外周血管紧张性下降，血压降低，贫血，肠蠕动增强，腺体分泌过多，瞳孔收缩，低血糖等副交感神经兴奋症状。判定马匹有无恐怖感，精神抑制，眩晕，心搏亢进，呼吸加快或呼吸困难，排粪与排尿障碍，子宫痉挛，发情减退等交感神经和副交感神经同时亢进症状。

【工作任务实施记录与评价】

1. 马匹反射机能检查评价

师傅指导记录	马匹反射机能检查评价	评价成绩
		年　月　日

2. 马匹自主神经机能检查评价

马匹编号	心血管系统	呼吸系统	消化系统	生殖系统	汗腺和瞳孔
检查质量评价				评价成绩	
				时间	

3. 学徒关键职业能力及职业品质、工匠精神评价

项目	A	B	C	D
工作态度				
吃苦耐劳				
团队协作				
沟通交流				
学习钻研				
认真负责				
诚实守信				

项目九
建立疾病诊断

【专业知识准备】

一、就诊马匹疾病诊断建立

（一）症状、诊断及预后的概念和分类

1. 疾病的症状及对症状的评价

马匹患病时，由于组织、器官发生形态改变和机能异常而呈现出异常的临床表现，称之为症状。在兽医临床上，只能运用客观的方法检查患病马匹，对获得的异常表现用症状这个术语表示。从临床观点出发，对症状做如下的分类和评价。

（1）全身症状与局部症状　全身症状一般是指机体对病原因素的刺激所呈现的全身性反应。例如许多发热性疾病常呈现体温升高，脉搏、呼吸增数，食欲减损，全身无力和精神沉郁等。全身症状的有无、轻重，对于判定病性、病情、病程及预后，都可提供有力的参考。局部症状是指某一组织或器官患病时，局限于病灶区的局部性反应，如肺炎时胸部叩诊的浊音区，脑局部病变所引起的眼球震颤，发炎部位的红肿热痛等。根据局部症状，常可推断患病的组织、器官。但从有机体的完整性来看，局部症状只是全身病理过程的局部表现，不能把局部症状孤立起来看，局部病变也会引起全身性反应。例如，便秘本来是局部肠管的阻塞，但经常引起心跳加快，呼吸增数，尿量减少，行为失常，以及水、盐代谢紊乱和血液成分的改变等。

（2）主要症状与次要症状　主要症状是指对疾病诊断有重要意义的症状，例如在心内膜炎时，可以呈现心搏动增强，脉搏加速，呼吸困难，静脉淤血，皮下浮肿和心内杂音等症状，其中只有心内杂音可作为心内膜炎诊断的依据，故称为主要症状，其他症状相对属于次要症状。把疾病的症状分出主要的和次要的，对于建立诊断有帮助。

（3）固定症状与偶然症状　固定症状是指在整个疾病过程中必然出现的症状，偶然症状是指在特殊条件下才能出现的症状。例如，患贫血的马匹，可视黏膜苍白，食欲减退，倦怠无力，呼吸、脉搏增数，不耐使役，容易疲劳等是必须出现的，故属于固定症状；而只有当血红蛋白及红细胞数减少，血液稀薄，携氧能力明显降低，为了满足组织的氧供应，而加速血液循环，因而通过心腔瓣口的血流量增大，使雷诺系数增大，才会产生贫血性杂音，这种杂音在贫血性疾病就属于偶然症状。熟记某一疾病的固定症状，对于发现和认识疾病非常重要。

（4）典型症状与示病症状　典型症状是指能反映疾病临床特征的症状，如胸膜炎的腹式呼吸、胸膜摩擦音、胸部叩诊呈水平浊音。示病症状是指只限于某一种疾病时出现的症状，据此毫不怀疑地建立疾病诊断，如三尖瓣闭锁不全时的阳性静脉搏动，纤维素性肺炎的铁锈色鼻液等。具有示病症状的疾病不多，而呈现典型症状的疾病较多。掌握疾病的典型症状对类似疾病的鉴别诊断很有好处。

（5）综合症候群　在许多疾病过程中，有一些症状不是单独孤立地出现，而是有规律地同时或按一定次序出现，将这些症状合称为综合症候群或综合征。综合症候群虽不如示病症状能指出某一疾病，但能表示一定部位疾病的综合表现。综合症候群大多包括某一疾病的主要的、固定的和典型的症状，因而对疾病的诊断、鉴别诊断和预后判定有重要的意义，如肾脏疾病时的血压升高，左心室肥大，主动脉第二心音增强，以及蛋白尿和尿毒症等，可合称为肾脏病的综合症候群。

2. 疾病诊断的概念及分类

所谓疾病的诊断，即兽医师通过诊察之后，对病马的健康状态和疾病情况提出的概述性判断，通常要指出病名。一个完整的诊断，要求做到：

表明主要病理变化的部位；

指出组织、器官病理变化的性质；

判断机能障碍的程度和形式；

阐明引起病理变化的原因。

例如，亚急性细菌性心内膜炎，相对来说，便是一个比较完整的诊断。但在临床上，由于种种原因，有时很难得出完整的诊断，而只是包含了上面所要求的一项或两项内容。

（1）按诊断时依据内容不同　可分为症状诊断、病理形态学诊断、病因诊断、机能诊断和发病学诊断等。

①症状诊断。仅以症状或一般机能障碍所做的诊断，称为症状诊断，如发热、咳嗽、腹痛、腹泻、跛行等。因为同一症状可见于不同的疾病，而且未能说明疾病的性质和原因，所以这种诊断的价值不大，力求不做出这类诊断。

②病理形态学诊断。根据患病器官及其形态学变化所做出的诊断，称为病理形态

学诊断，如溃疡性口炎、支气管肺炎、渗出性胸膜炎等。这种诊断一般可以指出病变的部位和疾病的基本性质，但仍未说明疾病的发病原因，对于制订预防措施帮助不大，但作为一般的治疗依据还是适用的。

③病因诊断。这种诊断能表明疾病发生的原因，对于疾病防治很有帮助，如炭疽、结核病、放线菌病、肝片吸虫病、风湿性肌炎、霉菌性胃肠炎、营养性缺铁性贫血等。

④机能诊断。表明某一器官机能状态的诊断，称为机能诊断。肺循环高压性肺出血、肠弛缓性阻塞、心功能不全等。

⑤发病学诊断。阐明发病原理的诊断，称为发病学诊断或发病机理诊断。这种诊断不但要阐明疾病发生的具体原因，还要说明疾病的发展过程，疾病的发生与机体内矛盾的关系，以及病理过程的趋向和转归，如营养性继发性甲状旁腺机能亢进症、自体免疫性溶血性贫血、过敏性休克等。发病学诊断，除要求做出“疾病的诊断”外，还要求做出切合某一个体的“病马的诊断”，所以它是一种比较全面准确的诊断。

（2）根据建立诊断的时间　可分为早期诊断和晚期诊断。

①早期诊断。为在发病初期建立的诊断，对于疾病得到早期的防治很重要，尤其在发生传染病时，意义更大，只有建立早期诊断，才能保证畜群得到及时治疗和隔离消毒，以防疾病扩散传播。

②晚期诊断。指疾病发展到中、后期，甚至尸检时建立的诊断，使疾病的有效防治受到时间上的限制。为使疾病能得到早期诊断和及时治疗，应不断提高诊断技术和水平。

（3）根据建立诊断的手段　可分为观察诊断和治疗诊断。

①观察诊断。对有些疾病，一时不能做出诊断，须待一定时间的观察后，发现新的有价值的症状或获得补充检查结果而建立的诊断。

②治疗诊断。根据特殊疗法是否获得疗效而建立的诊断，如怀疑为马血孢子虫病时，当应用台盼蓝治疗收到有效的结果，则可确定诊断。

（4）根据诊断的准确程度　可分为疑问诊断、初步诊断、最后诊断和待除外诊断。

①疑问诊断。系指疾病症状不明显，或病性复杂仅依据当时的情况所做出的暂时性的诊断。在以后的观察治疗过程中，或被证实，或被完全推翻，如疑问诊断是错误的，应随时加以纠正。

②初步诊断。是在经过病史调查、一般检查及系统检查之后所做出的诊断，它是进一步实施诊疗的基础。在任何情况下，初步诊断都是必要的，否则诊疗方案和措施便无从谈起。

③最后诊断。是在经过全面检查，排除类似疾病，并通过治疗验证之后所做出的诊断。对于疾病是否治愈，病马是否死亡或退役，均应做出最后诊断，以便不断总结经验，提高诊断能力和水平。

④待除外诊断。是指有些疾病缺乏特异性或足够的诊断依据，只有在排除了其他一切可能的疾病后，才能做出诊断。临床上常用“××病待除外”或“印象：××病”的形式作为暂时的诊断，以表示诊断欠完善。

3. 疾病预后的判断

在做出疾病诊断之后应对疾病的相对持续时间、可能的转归和马匹的生产性能、使用价值等做出判断，称为预后判定。预后不单是判断病马的生死，同时也要推断患病马匹的生产能力以及是否需要退役或淘汰等问题。诊断越完善，越个体化，则预后判定越正确。

判定疾病的预后，要实事求是，严肃认真，既不能夸大病情，也不应重病说轻；预后良好，也不要盲目乐观；预后不良，也不应轻易放弃诊疗努力；要如实向马主人说明情况，取得合作和支持。

判定疾病的预后，应充分考虑患病马匹的个体特性（如年龄、营养、体质等）、周围的环境（如饲养管理、使役、气候条件和环境污染情况等）和疾病的发展变化，决不能单纯以疾病本身来判断。

兽医实践中，一般把疾病的预后分为预后佳良、预后不良、预后慎重、预后可疑4种：

（1）预后佳良　是指病情轻，患病马匹个体情况良好，不仅能恢复健康，而且不影响生产性能和经济价值。如支气管炎、口炎等。

（2）预后不良　是指由于病情危重尚无有效治疗方法，患病马匹可能死亡，如胃肠破裂或不能彻底治愈，影响生产性能和经济价值，如慢性肺泡气肿等。

（3）预后慎重　是指预后的好坏依病情的轻重、诊疗是否得当及个体条件和环境因素的变化而有明显的不同。如日射病或热射病、有机磷中毒、腹痛病等，可能于短时间内很快治愈，也可能因治疗不当而死亡。

（4）预后可疑　由于资料不全，或病情正在发展变化一时不能做出肯定的预后，称为预后可疑。如马的腺疫，可以得到完全治愈而预后佳良，也可能由于恶性腺疫而预后不良。

（二）建立诊断的方法

建立诊断，就是对疾病本质做出正确的判断，而判断则是一种逻辑思维过程。建立诊断的方法，通常采用以下2种，即论证诊断法和鉴别诊断法。

1. 论证诊断法

论证，就是用论据来证明一种客观事物的真实性。论证诊断法，就是在检查患病马匹所搜集的症状中，分出主要症状和次要症状，按照主要症状设想出一个疾病，把主要症状与所设想的疾病，互相对照印证，如果用所设想的疾病能够解释主要症状，且又和多数次要症状不相矛盾，便可建立诊断。

例如有一匹马，突然发病，食欲废绝，采食和饮水很快停止，腹围迅速膨大，触诊肷部紧张而有弹性，叩诊呈鼓音，胃肠蠕动音减弱或消失，呼吸高度困难，病史调查有采食了大量易发酵的草料，像这样的疾病，略有临床经验的便很容易想到急性胃肠臌气。如果把上述症状与资料记载的急性胃肠臌气的症状相互对比，大多是符合的，而且经胃肠放气，并注入制酵剂和消泡剂后，病马很快恢复，进一步证实急性胃肠臌气的诊断是正确的。

有一定临床经验的兽医大多愿意使用论证诊断法，因为它比较简便，不需要像鉴别诊断法那样罗列许多病名，逐个进行淘汰，才能得出疾病的诊断。尤其当症状暴露得比较充分，或出现综合症状或示病症状，使疾病变得比较明显时，运用论证诊断法就比较适宜。反之，如果症状不够完备，疾病暴露不充分，缺乏临床经验，则以使用鉴别诊断法为宜。

对初学者，在论证诊断时容易出现生搬硬套的现象，按照书本去与病马症状机械对照，却忽略了即便同一种疾病，其病程、病情不同，所表现的症状不尽相同。患病马匹个体的差异，也会使临床表现有不同解释，所以应学会对具体问题具体分析，只有这样才能深刻认识疾病的本质和规律，防止主观臆断、生搬硬套。

2. 鉴别诊断法

在疾病的早期，症状不典型或疾病复杂，找不出可以确定诊断的依据来进行论证诊断时，可采用鉴别诊断法。其具体方法是：先根据一个主要症状或几个重要症状，提出多个可能的疾病，这些疾病在临床上比较近似，但究竟是哪一种，须通过相互鉴别，逐步排除可能性较小的疾病，逐步缩小鉴别的范围，直到剩下一个或几个可能性较大的疾病，就叫作鉴别诊断法，也叫排除诊断法。

在提出待鉴别的疾病时，应尽量将所有可能的疾病都考虑在内，以防止遗漏而导致错误的诊断。但是考虑全面，并不等于漫无边际，而是要从实际所搜集的临床材料出发，抓住主要矛盾来提出病名。一般是先想到常见病、多发病和传染病，因为这些疾病的发病率高。除此以外，也要想到少见病和稀有病，特别是与常见病、多发病的一般规律和临床经验有矛盾时，更应注意。

在实行鉴别诊断时，应根据什么来排除或否定那些可能性较小的疾病呢？主要依据所提出的疾病能否解释病马所呈现的全部临床症状，是否存在或出现过该病的固定症状与示病症状，如果提出的疾病与患病马匹呈现的临床症状有矛盾，则所提出的疾病就可以被否定。经过这样的几次淘汰，可筛选出一个或两个可能性较大的疾病。如果用一个疾病不能解释所有的症状，就应考虑是否存在并发症或伴发症。

例如患病马匹，临床表现呼吸困难，两侧鼻孔流污秽不洁鼻液，胸部听、叩诊有变化，伴随精神沉郁，体温升高等症状。依据上述主要症状，应考虑到腐败性支气管炎、支气管扩张、鼻旁窦坏疽性炎症及坏疽性肺炎等疾病。因为腐败性支气管炎缺乏高热和肺脏浸润的病征，故可排除。支气管扩张时，由于渗出物积聚和分解，呼出气和鼻液也可能有恶臭味，但其渗出物是周期性地出现，而且是在剧烈咳嗽之后，并且全身症状不明显。鼻旁窦坏疽性炎症多为单侧性颌窦发炎，缺乏全身症状，恶臭鼻液多自一侧鼻孔流出。鉴于上述3种疾病与病马呈现的临床症状有矛盾，则可以被否定。而坏疽性肺炎与患病马匹的临床表现基本相符，如果有误咽病史，鼻液内检出弹力纤维，即可诊断为坏疽性肺炎。因为在腐败性支气管炎、支气管扩张、鼻旁窦坏疽性炎症及坏疽性肺炎这4种疾病的早期，在各自的典型症状尚未出现时，它们之间有类似的症状，导致经验不足的兽医往往不能很快识别出来。

一般临床上，是先用鉴别诊断法，后用论证诊断法，也有先用论证诊断法的，这不是刻板的公式，要根据疾病的复杂性和个人的临床经验来决定。为了求得诊断有把握，对于用鉴别法得来的诊断，最好再通过论证诊断法加以证实，所以2种诊断法不是对立的，而是相互补充的。不论采用哪种方法建立诊断，都必须根据疾病的发展变化，经常加以核查。因为疾病的病理过程是不断变化的，有的症状消失，有的症状出现，或者在病理过程中的主要矛盾与次要矛盾发生了相互转化，因此必须用发展观点对待所提出的诊断。这样用动态的观点观察疾病，有助于明确一时未能排除或未能肯定的疾病的诊断。

（三） 建立诊断的步骤

在疾病诊疗过程中，建立正确的诊断，通常是按照以下3个步骤来进行的，即：

步骤1：调查病史，搜集症状。

步骤2：分析症状，建立初步诊断。

步骤3：实施防治，验证诊断。

下面结合一些实际病例，分析如何具体运用建立诊断的3个步骤。

1. 调查病史，搜集症状

完整的病史，对于建立正确诊断非常必要。要得到完整的病史资料，应全面、认真地调查现病史、既往生活史和周围环境因素等，调查中要特别注意病史的客观性，防止主观片面。片面的和不准确的病史，经常会造成诊断上的严重错误，必须注意避免和克服。例如，患胃溃疡的病马，如果只凭马主人诉称，马匹采食不正常，经常排稀粪，运动能力下降，而未反馈病马的行动和姿势异常，多呈运动中腹部敏感表现，粪便颜色暗褐色，就可能把兽医的注意力吸引到一般的口腔疾病或饲料因素方面，而忽略了胃溃疡的考虑。

除调查病史外，对于建立正确诊断更为重要的是对病马进行细致的检查，全面地搜集症状。搜集症状，不但要全面系统，防止遗漏，而且要依据疾病进程，随时观察和补充。因为每一次对病马的检查，都只能观察到疾病全过程中某个阶段的变化，而往往要综合各个阶段的变化，才能获得对疾病较完整的认识。在搜集症状的过程中，还要善于及时归纳，不断地做大体上的分析，以便发现线索，分步提出要检查的项目。具体来说，在调查病史之后，要对主诉提供的材料做个大体上的分析，以便确定检查方向和重点。在一般检查、分项检查、特殊检查及实验室检查之后，要及时对检查结果进行归纳和小结，为最后的综合分析做准备。这样做，看起来多费了些时间，但实际上线索找对了，方向摸准了，更易收到事半功倍的效果。

例如，有一匹病马，病史指出，训练时奔跑无力，易出汗喘促，近月来食欲减退，精神不好，一周前灌药当中发生呛咳。从这一简单病史来看，病马既可能是慢性心机能不全，也可能是慢性消化不良引起的全身机能衰弱。至于灌药呛咳，有两种可能，或者是药液灌到气管内引起的咳嗽，也可能是投药管刺激咽部引起的咳嗽。因此，对此类病马，就应当对消化、呼吸及循环 3 个系统做全面的检查。如果在一般检查中，发现病马体温升高、呼吸加快、咳嗽、流鼻液，则应当在不忽视其他系统的前提下，把呼吸系统暂定为检查的重点。待各个系统检查完毕后，如还不能肯定是支气管、肺或胸膜的疾病，在有条件的情况下，可以进行胸部 X 线检查，或对鼻液、支气管抽吸液进行细胞学检查。经过系统检查和特殊检查之后，即可就各系统检查结果进行比较分析，以便为下一步建立诊断提供全面、客观的依据。

2. 分析症状，建立初步诊断

（1）分析症状　临床实际工作中，不论是所调查的病史材料，还是所搜集到的临床症状，往往都是比较零乱和不系统的，必须进行归纳整理，或按时间先后顺序排列，或按各系统进行归纳，以便对所搜集的症状进行分析评价。在分析症状过程中，应处理好以下 4 种关系：

①现象与本质的关系。一定的临床材料，不管是病史资料、症状表现、实验室检查结果，都具有它们所代表的临床诊断意义，这就是现象与本质的关系。例如，胸膜摩擦音是一种病理现象，它所反映的本质是胸膜面上有纤维蛋白沉着，是由纤维素渗出性胸膜炎引起的。

疾病的症状和疾病的本质，是辩证统一的两个方面，二者互相联系，但不是彼此等同。有些症状比较明显地反映了疾病本质的某些方面，对于建立诊断极有意义；有些则可能是假象，我们应加以识别。在兽医临床上，辨别真假，是一个比较复杂的问题，不仅对马主人的主诉材料要进行分析，而且对临床症状也需辨别。对马主人的主诉材料，主要是对照现症检查的结果，分析鉴别。如果主诉与现症一致，证明主诉是正确的，对提供诊断线索有重要意义；不一致时，则应以现症作为诊断依据。

疾病的临床表现一般都比较复杂，如何透过复杂的临床表现去认识疾病的本质，这就要求掌握认识疾病的理论知识与检查病马的方法。除此以外，还应掌握识别假象，辨症认病的能力。例如，上述病马，一周前在灌药当中咳了几声，究竟是药液误入气管引起的，还是投药管刺激咽部引起的，应仔细分辨，加以区分，才不致发生误诊。

如果经过检查，病马呼吸系统症状不明显，仍以消化系统症状为主，则可认为灌药当时的咳嗽是投药管刺激咽部引起的，而对于指示异物性肺炎来说是一种假象。故在分析症状时，要区别真象和假象，才能真正发现疾病本质。

②共性与个性关系。许多不同的疾病可以呈现相同的症状，即所谓“异病同症”。例如水肿，在一些心脏病、肝脏病、肾脏病和贫血等疾病时都可以出现，水肿是这些疾病的共同症状，是共性，但水肿在这些疾病的表现却各有特点，即个性，如心源性水肿因受重力影响，多出现于胸腹下部及四肢下端，而肾病性水肿则首先出现于皮下疏松组织多的部位，如眼睑等处。

就疾病与病马而言，疾病是共性，病马是个性。因为引起疾病的原因复杂，疾病的类型又不相同，发展阶段也不尽一样，个体差异又很大，故同一种疾病在不同病马身上，其表现是有差异的。有的症状典型，有的表现不明显；有的以这一症状为主，有的以另一症状为主；而且，同一种疾病，即使同一病例，由于疾病发展阶段不同，其症状自然也就有所差别。因此，要求任何病马在相同阶段出现典型化的一般症状，是不可能的。马匹化脓性疾病，通常不表现为白细胞总数增多，而是表现为明显的中性粒细胞核左移。所以，在临床诊断中，只有善于从特殊性发现一般规律，又能用一般规律去指导认识特殊性，才能对疾病的认识越来越深化。鉴别诊断法，就是从共性与个性的关系上来建立疾病的诊断。

③主要症状与次要症状的关系。在分析症状时，不仅要去伪存真，还要抓住主要矛盾。一个疾病可以出现多种症状，即所谓“同病异症”；同一个症状，又可以由不同的疾病引起，所谓“同症异病”。因此，对待症状，不能同等看待，应区分主次，抓住主要症状。在临床上，可根据症状出现的先后和症状的轻重，找出其主要症状。一般说来，先出现的症状大多是原发病的症状，常常是分析症状、认识疾病的向导；明显的和严重的症状往往就是疾病的主要症状，是建立诊断的主要依据。

例如，上述病马，开始时，发现采食减少，运动喘促、乏力，容易出汗，以及一周前在灌药当中出现过咳嗽，是最早出现的症状，是我们最先怀疑某种或某几种疾病的主要线索。经过检查，如果发现有静脉淤血，结膜发绀，四肢下端浮肿，心脏听、叩诊有变化，说明乏力、喘促、易出汗是心脏衰弱的表现，是主要矛盾；而采食减少等消化系统症状是次要症状，灌药当中发生的咳嗽只是一种偶然的现象。临床上对主要症状明显的疾病，以使用论证诊断法为适宜。

④局部与整体的关系。机体是一个复杂的整体，各组织、器官虽有相对的独立性，但又相互密切联系。许多局部病变可以影响全身，相反，全身性的病变又可以局部症状为突出表现。例如局部脓肿可引起发热等全身症状，而钙、磷代谢障碍等全身性疾病，可以表现为骨骼变形、四肢运动障碍等局部症状，所以，对疾病的诊断，必须把局部和整体结合起来进行分析，防止孤立、片面地对待症状。

此外，还应注意症状之间有无内在联系，彼此有无矛盾。只有把由视、触、叩、听诊所搜集到的临床症状与实验室检查和相应的特殊检查相结合，纵横剖析、连贯起来思索，分析各种检查结果彼此之间是否一致，各个症状符合不符合某种疾病应有的症状，才能提出正确的诊断。

（2）建立初步诊断

建立诊断就是对病马所患的疾病提出病名。这一病名应能提出患病器官、疾病性质和发病原因。怎样才能提出恰当的病名？除了上面所说分析症状应注意的几个关系外，还要能善于发现综合症状或示病症状，最后应用论证诊断法或鉴别诊断法，建立初步诊断。在建立诊断时，首先要考虑常见多发病，应注意马匹的种属、年龄，以及地区和环境条件等，如7日龄以内的幼驹易患大肠杆菌病，2～4月龄幼驹多发马腺疫，在某些传染病流行地区首先要考虑传染病，在高氟地带应考虑氟中毒等。

在建立初步诊断时，如果马匹所患疾病不止一种，应分清主次，顺序排列。影响健康最大或威胁生命的疾病为主要疾病，应排在最前面。在发病机理上与主要疾病有密切关系的疾病，称为并发症，列于主要疾病之后；与主要疾病无关而同时存在的疾病，称为伴发症状，排列在最后。例如初步诊断：佝偻病，并发肋骨骨折，伴发螨病。

3. 实施防治，验证诊断

临床工作中，在运用各种检查手段，全面客观地搜集病史、症状的基础上，通过分析加以整理，建立初步诊断后，还须拟定和实施防治计划，并观察这些防治措施的效果，去验证初步诊断的正确性。一般地说，防治效果显效的，证明初步诊断是正确的；防治无效的，证明初步诊断是不完全正确的，此时要重新认识，修正诊断。

实际上，在初诊时就能做出正确无误的诊断，并能拟定出始终可用的防治计划的情况并不多见。这是因为不但常常受科学技术水平的限制，而且也受着疾病发展及其表现程度的限制。所以，对于症状比较复杂的病马，在建立初步诊断后，仍须在治疗过程中不断观察，不断分析研究，如果发现新的情况或病情与初步诊断不符时，应及时做出补充或更正，使诊断更符合于客观实际，直至最后确定诊断。临床工作者，只有通过反复实践，在技术上精益求精，才能不断提高对疾病的认识能力和诊断水平。

综上所述，从调查病史、搜集症状，到综合分析症状，做出初步诊断，实施防治、验证诊断，是认识、诊断疾病的3个过程，这三者相互联系，相辅相成，缺一不可。其中调查病史、搜集症状是认识疾病的基础；分析症状是揭露疾病本质、制订防治措施的关键；实施防治、观察疗效，是验证诊断、纠正错误诊断和发展正确诊断的唯一途径。如果搜集症状不全，或先入为主，主观臆断，根据片面或主观、客观相分离的症状下诊断，就难免得出错误的诊断；如果对搜集的症状不加分析，主次不分，表里不明，那么对疾病的认识就只能停留在表面现象上，无法深入疾病的本质；如果建立初步诊断之后，就不再分析验证，那就无从纠正错误的认识，不能达到建立正确诊断的目的。

（四）建立正确诊断

1. 建立正确诊断的条件

对疾病做出正确诊断，是对马匹疾病实施合理有效治疗的基础。要使诊断正确可靠，必须具备以下条件：

（1）充分收集材料　建立正确的诊断，首先要充分收集关于病马的第一手资料。为此，要对发病原因，病马呈现的症状，以及血、尿、粪的变化，通过病史调查、临床检查、实验室检查，必要时辅助特殊检查，加以全面了解。不能单凭问诊或几个症状，简单地建立诊断。在实际工作中，有时因时间仓促，设备不全和其他条件的限制，或因病马急待处理来不及做细致周密的检查，但决不能强调客观困难，而应积极创造条件，以期占有全部临床资料。系统地、有计划地实施顺序检查，是达到系统全面而不致遗漏主要症状的捷径。临床上，由于实施检查时疏忽而发生误诊的，并非个别。所以，养成按顺序检查的习惯是非常必要的。

（2）保证材料客观、真实　在检查病马、收集症状时，不能先入为主，或“带着疾病”去收集症状。收集症状要如实反映病马的情况，避免牵强附会，不能认为有什么样的病史，一定会出现什么样的症状，更不能以为听诊上出现什么情况，叩诊或特殊检查上也一定会出现什么变化。因为疾病过程是千变万化的，同种疾病并不一定出现相同的症状。虽然在接触到病马，尤其在进行了一般检查和某个重点系统检查后，会不断考虑某些怀疑和可能，也允许有某种假设，但这些假设都应建立在科学的唯物的基础之上，并且要有实际根据和比较圆满的解释，尤其不要局限在少数的假定范围之内，应尽可能广开思路，针对所有可能的疾病进行补充检查，以达到建立正确的诊断。

（3）用发展的观点看待疾病　任何疾病都是不断发展变化的，每一次检查，都只能看到疾病全过程中的某个阶段的表现，因此必须在发展变化中看待疾病，只有综合多个阶段的表现，才能获得较完整的资料和疾病的全貌。用发展的观点看待疾病，就是要正确评估疾病每个阶段所出现的症状的意义，按照各个现象之间的联系，根据主要、次要、共性、个性的关系，阐明疾病的本质，既不应把现实的疾病与资料记载的生搬硬套，也不能只根据某个阶段的症状一成不变地确定诊断。

（4）全面考虑、综合分析　要建立正确的诊断，必须全面考虑，综合分析，合乎逻辑地推理。在提出一组待鉴别的疾病时，应尽可能将全部有可能存在的疾病都考虑在内，以防遗漏而导致错误的诊断。对临床检查结果和实验室检查结果要结合起来分析，既要防止片面依靠实验室检查结果建立诊断，也要避免忽视实验室检查结果的倾向。即使一二次实验室检查为阴性结果，也往往不足以排除某一疾病的存在，例如，肾炎的蛋白尿不是每次实验室检查均出现，而是可以间歇地出现的。

总之，建立正确诊断，一是要实事求是地反映疾病和病马的实际情况，防止主观片面；二是用发展的观点看待事物，避免孤立静止地看待疾病。只有这样，才能充分认识疾病的本质，达到正确诊断疾病的目的。

2. 产生错误诊断的原因

错误的诊断是造成治疗失败的主要原因，它不仅造成个别马匹的死亡或影响其经济价值，而且可能造成疫病蔓延，使畜群遭受危害。导致错误诊断的原因多种多样，概括起来有以下 4 个方面：

（1）由于病史不全面而产生　病史不真实，或者介绍得简单，对建立诊断的参考价值极为有限。例如，病史不是由饲养管理人员提供的，或者是为了推脱责任而做了不真实的回答，或者以其主观看法代替真实情况，对过去治疗经过、用药情况及预防注射等叙述的不具体，以致兽医不能真正掌握第一手资料，从而发生误诊。

（2）由于条件不完备而产生　由于时间紧迫，器械设备不全，检查场地不适宜，马匹过于骚动不安，或卧地不起，难以进行周密细致的检查，也往往引起诊断不够完善，甚至造成错误的诊断。

（3）由于疾病复杂而产生　疾病比较复杂，不够典型，症状不明显，而又忙于做出诊治处理，在这种情况下，建立正确诊断比较困难，尤其对于罕见疾病和本地区从来未发生过的疾病，由于初次接触，容易发生误诊。

（4）由于业务不熟练而产生　由于缺乏临床经验，检查方法不够熟练，检查不充分，认症辨症能力有限，不善于利用实验室检查结果分析病情，诊断思路不开阔而导致错误的诊断。

综上所述，造成错误诊断的原因虽有多种，但不是完全不可避免的。例如，对病史调查一定要做到详细全面，并用自己的检查结果验证其真实性；对于条件不具备的，应尽量争取和创造必要的条件；对于病情比较复杂的，应周密细致地检查，如病情不太严重，而时间又允许作观察的，可不忙于下最后诊断。至于业务不熟练，可以通过学习，刻苦钻研业务，反复操作，或通过会诊，以弥补自己的不足。另外，还可利用尸体剖检来验证生前的诊断，提高对疾病的诊断水平。

（五）症状鉴别诊断技术

症状鉴别诊断，是根据一个主要症状或几个重要症状，提出一组可能的、相似的疾病，通过分析比较、排除鉴别，而达到建立疾病诊断的一种方法。在疾病早期，症状不典型或疾病比较复杂，找不出可以确定诊断的依据来进行论证诊断时，多采用症状鉴别诊断方法来建立疾病诊断。从临床诊断来说，查症（搜集症状）是条件，认症（认识症状）是基础，辨症（鉴别症状）是关键。症状鉴别诊断法是兽医临床工作者重要的基本功。

一般情况下，症状鉴别诊断的基本程序和思路是：分析症状产生的原因，进行症状病因分类；找出症状的临床差别，形成鉴别诊断思维导图；抓住诊断要点，确定疾病诊断。

1. 分析症状产生的原因，进行症状病因分类

许多不同的疾病可以呈现相同的症状，即“异病同症”；同一症状，又可以由不同的原因所引起，即“同症异病”。因此，只要从症状发生的原因入手，就可以把具有同一症状的不同疾病区分开。通常是，先罗列引起症状的各种原因，并从病因学的角度，提出可能的、相似的疾病，再分析患病马匹症状的病因类型，并依据其临床特点与待鉴别的疾病进行比较认证，最后确立疾病诊断。例如，引起呼吸困难的原因主要有肺源性、心源性、中毒性、血源性、中枢性等，而引起心源性呼吸困难的常见疾病有心肌疾病、心内膜疾病及心包疾病等。

2. 找出症状的临床差别，形成鉴别诊断思维导图

即便是同一种症状，在临床表现上也是有差别的。例如，流涎有口流涎和口鼻流涎之分，腹痛也有轻重之别。症状临床表现的差别及伴发症状的有无，可作为鉴别诊断的线索和症状分类的依据。临床表现，可形成症状分类分型，建立鉴别诊断思维导图，是临床实用的一种鉴别诊断方法。

3. 抓住诊断要点，确定疾病诊断

在症状鉴别诊断过程中，不管是采用病因分类法，还是运用症状分类法，最终都要对患病马匹的临床表现与待鉴别的疾病进行比较和排除。排除和否定可能性较小的疾病，主要依据所提出疾病的诊断要点能否解释病马所呈现的全部临床症状，是否存在或出现过该病的固定症状和示病症状，如果两者有矛盾，则所提出的疾病就可以被否定。熟记和熟练掌握各种疾病尤其常见多发病的诊断要点，对确定疾病诊断是非常重要的。

二、 常见马病综合征诊断

（一） 消化系统疾病综合征诊断技术

1. 口腔、咽、食道疾病综合症状

口腔、咽、食道疾病的共同症状是流涎、咀嚼和吞咽障碍。口腔疾病因无吞咽障碍，唾液一般不混有饲料，唾液含于口内或挂在口角，呈白色泡沫状或牵缕状，且有不同程度的咀嚼障碍，进一步检查可发现口腔及牙齿病变。咽及食道疾病都表现有咽下障碍和流涎，唾液不仅含于口内，挂于口角，还从两侧鼻孔流出，常混有饲料，采食及饮水时尤为明显。咽部疾病，在吞咽时立即有水和食物从鼻腔逆出，咽部肿胀，触压敏感，头颈伸展，避免运动。食道疾病，在多次吞咽动作后才有饲料和饮水从口、鼻流出，行食道触诊、探诊可见食道异常改变。食道炎，触诊发炎部位敏感，胃管插至发炎部位，马匹表现不安。食道痉挛时，在左侧颈静脉沟部可见自上而下或自下而上的波浪状收缩，外部触诊，感到食道呈硬索状，发作时胃管不能插入，发作停止后，则胃管可以顺利插入。食道麻痹，胃管插入无阻力。食道憩室，如胃管插至室壁上，胃管不能插入，否则可顺利通过。

2. 消化障碍性胃肠病的综合症状

患病马匹呈现食欲障碍，偏食或异嗜，口腔干燥或湿润，有舌苔、口臭，肠音减弱或增强，粪便干燥、稀软或水样，混有多量粗纤维或谷粒料，附有多量黏液、血液，臭味较大。全身症状不明显或重剧，体温正常或升高，脉搏、呼吸正常或增数。有的有轻微腹痛，消化不良，精神、体温、脉搏等全身状态无明显变化。胃肠炎，则精神、体温、脉搏等全身状态和自体中毒症状重剧，泻粪常混有脓血等异常混合物。

3. 马匹腹痛病的综合症状

轻度腹痛，病马前肢刨地，后肢踢腹，伸展背腰，回顾腹部，有的卧地，并长时间取侧卧姿势，一般不滚转，腹痛间歇往往在 30 min 以上，多见于不完全阻塞性大肠便秘。中度腹痛，除刨地、顾腹等表现外，病马常低头蹲尻、细步急走，有时低头闻地，寻地试卧，卧地后偶尔滚转，腹痛间歇期一般为 10～30 min，多见于完全阻塞性大肠便秘。剧烈腹痛，病马闹动不安，急起急卧，有时猛然摔倒，急剧滚转，不听吆喝，甚至驱赶不起，有的仰卧抱胸，有的呈犬坐姿势，腹痛间歇期很短，甚至呈持续性腹痛，多见于肠变位或急性胃扩张。

饮食欲减少或停止，肠音减弱、消失或亢进，排粪减少、停止或频频排少量稀软便，口腔干燥或湿润，有的腹围膨大。体温、呼吸、脉搏初期无明显改变，中后期脉搏增数，有的腹围不大而呼吸促迫，结膜潮红或暗红。

五大腹痛病诊断要点：

(1) 肠痉挛　听诊肠音增强，连绵不断，排稀软粪便，口腔湿润，耳鼻发凉，多呈间断性腹痛。发作时腹痛剧烈，间歇时安静如常，而体温呼吸、脉搏变化不大。

(2) 胃扩张　采食后短时间内发生腹痛，或在其他腹痛病经过中腹痛加剧，全身出汗，腹围不大而呼吸促迫，有嗳气，可听到食道逆蠕动音，口腔黏滑，结膜潮红，脉搏增数，全身症状比较明显。插入胃管排出多量气体及一定量食糜，或胃排空机能障碍。

(3) 肠臌胀　病马腹痛剧烈，腹围膨大，呼吸困难，有采食大量易发酵饲料之后不久发病的病史，且腹围膨大和腹痛出现的时间基本一致，为原发性肠臌气。如病马在腹痛出现后 4～6 h 才逐渐呈现腹围膨大和呼吸困难的，可能是继发性肠臌气。

(4) 肠便秘　病马表现轻度或中度的腹痛，口腔稍干燥，肠音不整或减弱，排粪减少或停止，而脉搏、呼吸、结膜等全身状态改变不大的，可能是不完全阻塞性大肠便秘。病马腹痛剧烈、肠音减弱或消失、排粪停止、口腔干燥、脉搏、呼吸、心音等全身症状重剧，伴有嗳气等胃扩张症状的，可能是小肠便秘；伴有腹围膨大等肠臌气症状的，可能是完全阻塞性大肠便秘。

（5）肠变位　病马呈现类似完全阻塞性肠便秘的症状，腹痛剧烈，全身症状重剧，应用大剂量镇痛剂，腹痛仍不见减轻；或在腹痛过程中症状急剧加重；腹腔穿刺液呈血水样；直肠检查触摸到局限性气胀，肠系膜紧张呈索状，肠管的位置和走向发生改变，加以牵拉时，病马则剧烈闹动，疼痛不安。

4. 肝病的综合症状

通常见有可视黏膜黄染，食欲减退，消化紊乱，排粪时干时稀。精神沉郁，甚至出现昏迷，心动徐缓。肝区触诊敏感，叩诊浊音区扩大，肝功能试验有不同程度的改变。有的患病马匹无色素部皮肤发生光敏性皮炎。慢性肝病还表现消瘦、贫血、浮肿及腹水等症状。

（二）呼吸系统疾病综合征诊断技术

1. 上呼吸道疾病的综合症状

通常表现为喷嚏或咳嗽、流鼻液，无呼吸困难或呈吸气性呼吸困难，胸部听、叩诊变化不明显。如鼻液多，呼吸时闻有鼻狭音，常打鼻喷或喷嚏，鼻黏膜潮红肿胀，以及鼻腔狭窄等，可能是鼻腔疾病。如患病马匹呈现单侧性脓性鼻液，鼻腔狭窄，吸气困难，鼻旁窦的外形发生明显改变，可能是鼻旁窦的疾病。如咳嗽重，头颈伸展，喉部肿胀，触诊敏感，可能是喉的疾病。

2. 支气管疾病的综合症状

患病马匹通常表现为，咳嗽多，流鼻液，胸部听诊有啰音，叩诊无浊音，全身症状较轻微。大支气管疾病，咳嗽多，流鼻液，肺泡呼吸音普遍增强，可听到干啰音或大、中水泡音，X线检查，肺部有较粗纹理的支气管阴影。细支气管疾病，呼气性呼吸困难，广泛性干啰音和小水泡音，肺泡呼吸音增强，胸部叩诊音比较高朗，继发肺泡气肿时，肺叩诊界扩大。

3. 炎性肺病的综合症状

通常见有混合性呼吸困难，流鼻液、咳嗽，肺泡呼吸音减弱或消失，出现病理性呼吸音，肺叩诊有局限性或大片浊音区，X线检查，可见相应的阴影变化。体温升高，全身症状重剧，白细胞增多，核型左移或右移。

4. 非炎性肺病的综合症状

呼气性或混合性呼吸困难，胸部听、叩诊异常，一般无热，白细胞计数一般无异常。肺气肿，呈现呼气性呼吸困难，二段呼气明显，肺泡呼吸音减弱，叩诊呈过清音，X线检查肺液透明。肺充血或肺水肿，混合性呼吸困难，两侧鼻孔流多量白色细小泡沫样鼻液，胸部听诊有广泛的小水泡音或捻发音，叩诊呈浊鼓音。X线检查，肺阴影一致加深，重者呈现心力衰竭的体征。

5. 胸膜疾病的综合症状

患病马匹呈现混合性呼吸困难，腹式呼吸明显，无鼻液，咳嗽少，胸壁敏感，听诊有胸膜摩擦音，叩诊呈水平浊音，胸腔穿刺有大量渗出液或漏出液，超声检查可出现高回声亮线。

（三） 循环系统疾病综合征诊断技术

1. 心功能不全的综合症状

通常见有心搏动次数增多或减少，脉搏减弱或脉律不齐，心音亢盛或减弱，或只听到第一心音，而第二心音听不到，有的发生心音分裂，心内杂音，或心音混浊。表在静脉怒张，黏膜发绀，呼吸急促、浅表，或伴发肺水肿，有泡沫性鼻液。精神沉郁，或高度沉郁乃至晕厥倒地，痉挛抽搐。慢性心功能不全，常见马匹耐力和生产性能下降，食欲减损，全身乏力，动则发喘，容易出汗，表在静脉淤血，或于四肢下端出现浮肿，可见有肝、肾、肺、胃肠淤血所引起的机能障碍，体腔积液。

2. 外周血管衰竭综合症状

通常见有体温低下，四肢末梢厥冷，呼吸、脉搏增数，肌肉无力，精神沉郁，甚至发生痉挛性惊厥。循环血量不足，中心静脉压降低，静脉穿刺血流不畅，毛细血管再充盈时间延长，尿量减少或无尿。由脱水引起的血管衰竭，除有脱水的病史外，可见皮肤干燥，弹力减退，眼窝凹陷，血液黏稠，血细胞比容增高，血浆蛋白含量增多。休克引起的血管衰竭，除心源性休克有急性心力衰竭的症状外，其他如感染性休克、创伤性休克、过敏性休克等，除有一定病史外常呈现渴欲增进，黏膜苍白，皮肤出冷汗，血压低下，脉搏细弱，或全身抽搐和昏迷。

（四） 神经系统疾病综合征诊断技术

1. 脑病的综合症状

精神状态异常，过度兴奋，或精神沉郁、昏睡乃至昏迷，意识紊乱和运动障碍，不注意周围事物，对外界反应迟钝或消失，皮肤痛觉和反射减弱或消失；运动不顾障碍物，盲目运动或圆圈运动，采食饮水状态异常，饲草含于口内而忘却咀嚼，嗅觉、味觉错乱。眼球震颤、斜视，瞳孔大小不等，鼻唇部肌肉挛缩，牙关紧闭，舌纤维性震颤。有的口唇歪斜，耳下垂，舌脱出，吞咽障碍，听觉减弱，视觉障碍。

2. 脊髓病的综合症状

常可见节段性的感觉机能紊乱，截瘫或单瘫，反射亢进或消失，肛门和膀胱括约肌功能障碍，排粪、排尿障碍。脊髓实质的疾病，可见有脊髓传导路径损伤的症状，如一侧或两侧的痛觉消失或深感觉障碍。脊髓膜的疾病，常见有脊神经根的刺激症状，如一定区域的痛觉过敏。腰荐部脊髓损伤，可呈现排尿、排粪机能高度障碍，致使粪尿失禁或潴留，后肢瘫痪。前段胸髓损伤，不但排尿、排粪机能障碍，而且整个后躯感觉消失及瘫痪，但腱反射增强，可能只见膈的呼吸运动（腹式呼吸）而不见胸廓参与呼吸运动。颈髓中段损伤，表现为两前肢感觉消失和瘫痪，甚至有窒息死亡的危象。

（五） 泌尿系统疾病综合征诊断技术

1. 肾脏疾病的综合症状

常见有尿量减少，有的尿量增加，眼睑或腹下有浮肿，动脉压升高，主动脉瓣区第二心音增强，尿中有蛋白质、红细胞、肾上皮细胞和管型，严重的出现尿毒症，呼出气有尿臭味，并有痉挛、昏迷等神经症状。

2. 尿路疾病的综合症状

屡见马匹取排尿姿势，仅有少量尿液排出，排尿带痛，表现不安、呻吟，两后肢交互踏地。尿液混浊，或混有脓、血、细砂砾样物，膀胱触诊敏感，空虚或膨满。尿沉渣中有多量扁平上皮或尾状上皮细胞及磷酸铵镁结晶。

（六） 血液及造血系统综合征诊断技术

1. 贫血性疾病的综合症状

如可视黏膜发淡或苍白，精神沉郁，食欲减退，倦怠无力，不耐使役，容易疲劳，可能有浮肿，呼吸、脉搏显著加快，心脏听诊有缩期杂音（贫血性杂音）。

急性失血性贫血，起病急骤，可视黏膜苍白，体温低下，四肢发凉，脉搏细速，出冷黏汗，甚至陷入低血容量性休克而迅速死亡，血液检查呈正细胞正色素型贫血。

慢性失血性贫血，发病后病程进展缓慢，可视黏膜逐渐苍白，日趋瘦弱，贫血渐进增重，后期常伴有四肢和胸腹下浮肿，后期体腔积水，血液检查呈正细胞低色素型贫血。

溶血性贫血，起病快速或较慢，可视黏膜苍白黄染，往往排血红蛋白尿，体温正常或升高，病程短急或缓长，血液检查为正细胞正色素或低色素型贫血，间接胆红素增多。

缺铁性贫血，起病缓慢，可视黏膜逐渐苍白，体温不高，病程较长，血液检查呈小细胞低色素型贫血。

缺钴性贫血，具地区性、群发性，起病徐缓，食欲减退，逐渐消瘦，体温不高，病程长，血液检查呈大细胞正色素型贫血。

再生障碍性贫血，除继发于急性辐射损伤外，一般起病较慢，可视黏膜苍白，全身症状越来越重，而且伴有出血综合征，血液检查呈正细胞正色素型贫血。

2. 出血性疾病的综合症状

可视黏膜或皮肤有出血斑点，黏膜下或皮下有大小不等的血肿，粪便、鼻液、尿液、眼房液以及胸腹腔穿刺液混血，关节腔出血肿胀。有的发生肺出血而呼吸困难，有的因脑出血而瘫痪。血液检查，出血时间正常或延长，血管脆性阳性或阴性，血小板数减少或正常，血块收缩不良或正常，凝血时间延长或正常，凝血酶原时间延长或正常。

（七） 营养代谢疾病综合征诊断技术

群牧马匹表现消化紊乱、异嗜，食欲减损或偏食，有的长期腹泻或排稀软便；生长迟缓，发育停滞，身体消瘦，被毛粗乱，肋骨可数，肚腹蜷缩；生产性能下降、繁殖机能障碍，长期不发情或发情延迟，屡配不孕或孕期返情，胚胎早期死亡、早产、流产、胎衣迟滞，受精率下降，公马性欲低下，精子异常；骨骼、关节变形、运动机能障碍，关节粗大，长骨变形，脊柱弯曲，头骨肿胀变形，骨疣增生，不明原因骨折，病马喜卧，不愿站立，行走缓慢，跛行，骨短粗；呈现贫血，被毛脱落，被毛变色，皮屑增多，皮肤皲裂，蹄变形等。有的马匹呈现神经症状，昏睡、昏迷，抽搐、痉挛、惊厥，头颈歪斜，后躯摇摆，步样蹒跚，盲目行走等；免疫机能低下，细菌、病毒、寄生虫等感染性疾病的发病率增加。此外，营养代谢病还具群发性、地方流行性、多取慢性经过等特点。

（八） 中毒疾病综合征诊断技术

通常表现为重剧的消化障碍、食欲废绝，流涎、呕吐，腹痛、腹泻、腹胀，粪便混有黏液和血液；明显的神经症状，瞳孔缩小或散大，精神兴奋、狂暴或沉郁、昏睡，肌肉痉挛或麻痹，反射减退或感觉消失；体温一般正常或低下。此外，还有一定的呼吸、循环、泌尿和皮肤症状，如呼吸迫促而困难，心搏动亢进，脉律不齐，多尿、少尿甚至尿闭，或血尿、血红蛋白尿，有的皮肤上出现疹块。慢性中毒，发病时症状不明显，病程较长，一般表现为消瘦、贫血及消化障碍等。

中毒病除具上述症状外，其发生的一般规律为：多数马匹同时或相继发病，患病马匹具有共同的临床表现和相似的剖检变化，有相同的发病原因，采食同一饲料的马匹发病，而病马与健马同圈不发生传染。

三、 常见马病鉴别诊断

（一） 腹痛

腹痛又称疝痛，是一个综合征，见于各科疾病，包括症候性腹痛、假性腹痛和真性腹痛。症候性腹痛是由感染因素或寄生虫所引起的，如肠型炭疽、巴氏杆菌病、病毒性动脉炎、沙门氏菌病、马圆形线虫病、蛔虫病等。假性腹痛病系指由胃肠道以外器官所引起的，见于急性肾炎、膀胱炎、尿结石、子宫套叠、子宫扭转等。真性腹痛指的是由胃肠疾病所引起的，常见于肠痉挛、肠臌胀、肠便秘、肠变位、肠结石、肠积沙、胃扩张等疾病。

1. 腹痛的症状分类

马腹痛按其临床表现和发生频度分为以下 4 种：

（1）常见的五大真性腹痛病，包括急性胃扩张、肠痉挛、肠臌气、肠便秘和肠变位。

（2）反复发作性腹痛病，包括肠系膜动脉血栓-栓塞、肠结石、肠积沙、蛔虫性阻塞、肥大性肠炎、慢性胃扩张、肠系膜淋巴结脓肿等。

（3）排粪排尿姿势的腹痛病，包括直肠便秘、直肠破裂、膀胱括约肌痉挛、输尿管结石、尿道结石、子宫扭转、子宫套叠等。

（4）伴有发热的腹痛病，包括肠型炭疽、巴氏杆菌病、出血性肠炎、腹膜炎等。

2. 腹痛的鉴别诊断项目及程序

通常按问诊、临床检查和特殊检查的顺序进行。

（1）问诊　问诊包括10项内容：一问发病时间，以推断病程；二问起病情况，以判断是突然起病还是缓慢发病；三问腹痛表现，以了解腹痛程度和性质；四问排粪排尿，以考虑胃肠是否阻塞及阻塞程度；五问饮食欲，以估计病情的轻重及阻塞程度；六问治疗情况，以保证治疗的合理性；七问腹围变化，以确定是原发性还是继发性肠臌胀，是完全阻塞性还是不完全阻塞性大肠便秘；八问腹痛史，以判定是否属反复发作性腹痛病；九问饲养情况，以推测腹痛病的种类；十问妊娠情况，以明确腹痛是否与生殖器官疾病有关。

（2）临床检查　可概括为：一测（体温）、二数（呼吸和脉搏）、三听（心音、胃肠蠕动音或食道逆蠕动音）及四看（腹痛程度、腹围大小、结膜颜色和口腔变化）等10项。

（3）特殊检查　包括胃管插入、腹腔穿刺、直肠检查等。胃管插入可确定有无胃扩张及胃扩张的类型。腹腔穿刺可查明有无肠变位、胃肠破裂、腹膜炎等。直肠检查可确认便秘的部位、结粪的大小和硬度；确定变位肠段和变位的类型；确定有无胃扩张、肠结石、肠积沙以及肾、膀胱、子宫疾病等假性腹痛病。

3. 腹痛的鉴别诊断要点

（1）常见的五大真性腹痛病鉴别要点

①肠痉挛。间歇性腹痛，肠音增强，连绵不断，排稀软便，口腔湿润，耳鼻发凉，而体温、脉搏、呼吸变化不大的，即可诊断为肠痉挛。

②急性胃扩张。采食后短时间内发生腹痛，或在其他腹痛病经过中腹痛加剧，腹围不大而呼吸促迫，口腔黏滑、酸臭，有嗳气，可闻食道逆蠕动音的，即可初步诊断为急性胃扩张。插入胃管排出大量气体和食糜的，即可确诊为气胀性胃扩张；证实胃排空机能障碍的，即可诊断为食滞性胃扩张；排出大量液体的，是液性胃扩张；排出大量气体和黄绿色的液状内容物，隔数小时腹痛加剧，胃扩张又复发的，即可诊断为继发性胃扩张。

③肠臌气。腹痛剧烈，腹围膨大，结膜潮红，呼吸困难，即可诊断为肠臌气。腹围膨大与腹痛出现的时间基本一致的，是原发性肠臌气；腹痛开始数小时后腹围才逐

渐膨大的，是继发性肠臌气。

④肠变位。腹痛剧烈，大剂量应用镇痛剂腹痛不见减轻，或在腹痛病经过中全身症状急剧加重，肠音减弱或消失，排粪停止，腹腔穿刺呈血水样，继发胃扩张或肠臌胀的，可初步诊断为肠变位。继发胃扩张的，可能是小肠变位；继发肠臌气的，可能是大肠变位。直肠检查可确定变位肠段。

⑤肠便秘。轻度或中度腹痛，肠音减弱，排粪减少，腹围不大，而全身症状不明显的，可初步诊断为不全阻塞性大肠便秘，如盲肠便秘、左下大结肠便秘或胃状膨大部便秘。直肠检查可确定阻塞肠段。腹痛剧烈，肠音减弱或消失，排粪停止，口腔干燥，全身症状明显，应考虑完全阻塞性便秘。伴有嗳气等急性胃扩张症状的，可能是小肠便秘；伴有腹围膨大等肠臌气症状的，可能是小结肠、骨盆曲便秘，直肠检查可确定便秘部位。

（2）反复发作性腹痛病的鉴别要点　长时间（数月或数年）内，不定期地反复发生腹痛，可考虑下列疾病。

①肠系膜动脉血栓-栓塞。采食后或运动中反复发生腹痛，有微热、中热甚至高热，直检前肠系膜动脉或分支可确认动脉瘤，其触诊特点是搏动微弱或无搏动，有局限性气肠，腹腔穿刺液呈深黄、黄红、樱桃红乃至暗红色，粪便混血（多为潜血）。

②肠结石。不全阻塞时，易误诊为肠痉挛；完全阻塞时，易误诊为便秘。其特点为，有慢性消化不良病史，有长期饲喂麸皮等富含磷酸镁饲料的生活史，直肠检查可摸到肠结石。

③肠积沙。多为不全阻塞，易误诊为便秘。其特点是，有啃食泥沙或煤渣的生活史；淘洗所排粪便含沙质多；直检时，手臂常沾有沙粒，且可于十二指肠第二弯曲部、胃状膨大部、左下大结肠或骨盆曲部触摸到黏硬的沙包。

④慢性胃扩张。采食后常有轻度乃至中度腹痛，平时呈胸式呼吸为主的呼吸困难，饲喂后尤甚，常有嗳气，导胃有气体及一定量食糜排出，直检可摸到极度膨满的胃壁，触压有黏硬感，脾脏后移。

⑤蛔虫性阻塞。多见于1～2岁幼驹。其特点为，往往伴有明显的黄疸，可继发液性胃扩张，腹痛剧烈，肠音强盛，粪便检查有大量的蛔虫卵，有时随粪便排出蛔虫，应用敌百虫等驱虫药效果良好。

⑥肥大性肠炎。慢性病程，持续数月乃至数年。反复发作性中度腹痛，肠音增强，粪便干细小，易误诊为卡他性肠痉挛；又因采食后继发胃扩张，而误诊为原发性胃扩张，直检小肠肥厚如胃导管状。

⑦肠系膜淋巴结脓肿。常见于6岁以内的马，有腺疫史。其特点为，直检前肠系膜根部可摸到铅球大、排球大乃至篮球大的肿胀物，通过直肠对肿胀物进行穿刺，常能抽取到脓汁。

(3) 取排粪排尿姿势的腹痛病鉴别要点　有些腹痛病马，拱腰举尾，不断努责，而取排粪排尿姿势，应考虑下列疾病。

①直肠便秘。入手直肠膨大部或狭窄部即可摸到秘结的粪块。

②直肠破裂，入手即知。检视肛门部有无血迹，检手一到直肠膨大部，即出示手掌有无血迹，然后再深入触摸，以确定破裂部位。

③膀胱括约肌痉挛（尿疝）。起病突然，腹痛剧烈，全身大汗，频取排尿姿势但不见尿液排出，多发于公马。直检膀胱高度充满，触压也不排尿，导尿管插至膀胱颈口部受阻，应用解痉药有效。

④输尿管结石。有反复发作性腹痛史，腹痛剧烈，伴有血尿，有时直检可能触摸到输尿管内的结石。

⑤子宫扭转。发生于妊娠末期或分娩过程中，腹痛剧烈，阵缩频频而不见胎衣，不流胎水，扭转在子宫颈之后的，阴道检查可发现膣腔呈管状，越向内越窄，顶端有螺旋状皱褶；扭转在子宫颈之前的，则直检可触摸到子宫体上的扭转部。

⑥子宫套叠。多发生于产后 24 h 内，中度或轻度腹痛，产道检查可触摸到子宫角尖端套入子宫或阴道内。

此外，膀胱炎、尿道结石也表现排尿带痛的症状，应注意鉴别。

(4) 伴有高热的腹痛病的鉴别要点

①高热起病，腹痛剧烈，呼吸促迫，结膜发绀，全身症状明显或重剧的，应注意肠型炭疽、巴氏杆菌病、出血性肠炎等。肠型炭疽：皮肤浮肿，脾脏肿大，病程短急。死前数小时耳尖血涂片染色可确诊是否炭疽杆菌，死后天然孔出血，炭疽沉降反应阳性。应注意流行病学资料。巴氏杆菌病：大面积皮肤浮肿，病程短急，但肝脾不大。血液细菌学检查可见两极着染的巴氏杆菌。出血性小肠炎：继发液性胃扩张，腹腔穿刺液可能呈红色，直检没有肠阻塞结粪存在。

②高热起病,全身症状明显或重剧,腹痛沉重而外观稳静,肚腹蜷缩,背腰拱起,站立不动或细步轻移的,应疑似腹膜炎,可依据触压腹壁敏感和腹腔穿刺有渗出液而确诊。

③高热起病,呼吸迫促,结膜潮红,大出汗,有的伴有腹痛,且步样紧张,低头伸颈,细步急走,应考虑蹄叶炎,可依据趾(指)动脉亢进,蹄壁增温,钳压疼痛而确诊。

④伴有发热，有反复发作性腹痛史的，要考虑肠系膜动脉血栓和胆管结石。前者腹腔穿刺液混血，直检肠系膜动脉瘤搏动微弱，局限性气肠。后者黄疸明显，肝功能改变明显，胆色素检验为阻塞性或肝细胞性黄疸，B 超检查可确认胆管结石的存在。

（二） 腹泻

排粪次数增多，不断排出粥样、液状或水样稀便的，临床上称之为腹泻，是肠黏膜分泌旺盛、吸收障碍及肠道运动亢进的结果。腹泻是临床常见的综合征，是许多疾病的伴发症状。

1. 腹泻病因分类

按病因可分为以下几种。

(1) 细菌性腹泻　引起马腹泻的细菌主要有大肠杆菌、沙门氏菌、放线杆菌、A型魏氏梭菌等。

(2) 病毒性腹泻　马病毒性腹泻，见于轮状病毒病、冠状病毒病等。

(3) 寄生虫性腹泻　马寄生虫性腹泻，见于消化道线虫病等。

(4) 中毒性腹泻　见于砷、汞、铜、钼、氟、有机磷、食盐中毒及有毒植物、真菌毒素中毒等。

(5) 饮食性腹泻　由饲料质地不良、饲养失宜所致的消化不良、胃肠炎等；采食某种或某类食物后不久即发生腹泻的，称为特殊食物不耐受性腹泻。

(6) 营养性腹泻　继发性铜缺乏、硒缺乏、铁缺乏等疾病时，可伴有腹泻。

(7) 原因不明性腹泻　如马结肠盲肠炎等。

2. 腹泻发生机制分类

马匹腹泻发生机制还不十分明确，仅对结肠性腹泻的发生机制进行分类。

(1) 黏膜渗透性异常　造成结肠黏膜渗透性异常的因素主要有：结肠黏膜炎症，见于寄生虫性结肠炎；结肠黏膜表面积减少，如组织细胞真菌病、弥漫性淋巴肉瘤；结肠黏膜损伤，见于脂肪酸、胆碱、泻药等。

(2) 运动异常　结肠运动低下，见于神经生理疾病；肠道肌肉发生浸润，见于网状内皮细胞真菌病；结肠不能收缩，见于结肠炎。

(3) 离子转运异常　刺激结肠分泌，如胆盐、脂肪酸、硫代丁二酸二辛钠（DSS）等；结肠渗出性疾病，见于结肠炎、结肠阻塞、盐类泻药等。

(4) 微生物消化异常　细菌过度繁殖，产生多量渗透活性分子，造成肠道吸收障碍。

3. 腹泻病变部位的确定

判定腹泻病变部位主要依据临床表现、实验室检查及肠管机能试验。

(1) 小肠性腹泻　小肠性腹泻的临床指征：发热、腹泻、腹痛、食欲减退、肠音增强或减弱等。小肠性腹泻实验室检查项目：粪便寄生虫卵、白细胞检查、粪便培养、血常规检查、血清白蛋白、球蛋白含量、血清电解质测定及血气分析等。小肠机能试验：*D*-葡萄糖吸收、*D*-木糖吸收、粪便脂肪含量、血清胡萝卜素、肠活体组织检查、^{51}Cr 蛋白分泌、粪便 pH 测定等。伴有腹泻的小肠疾病主要有沙门氏菌病、侵袭性大肠杆菌病、巴氏杆菌性小肠炎等细菌感染性疾病，马病毒性动脉炎等病毒性疾病，以及真菌感染、原虫、线虫感染、环境毒素中毒等。

(2) 结肠性腹泻　结肠性腹泻的临床指征：马表现为腹部膨满、腹泻、里急后重、粪便带血等。伴有腹泻的结肠疾病：在马，常见的有结肠盲肠炎、圆线虫病、沙门氏菌病、马肉芽肿性肠炎及其他原因引起的马慢性腹泻。

4. 腹泻鉴别诊断思路

首先，根据病史和临床表现区分是急性腹泻还是慢性腹泻。

急性腹泻的临床特征是：发热，暴发性腹泻，粪便混有血液或黏膜碎片，黏膜充血，脱水明显，全身症状重剧。急性腹泻，常见于细菌、病毒、寄生虫感染及环境毒素中毒。成年马匹急性重度腹泻的鉴别要点见表 3-9-1。

表 3-9-1 成年马匹急性重剧腹泻的鉴别要点

致病因素	发热	下痢	粪便白细胞	颊部病变	血液计数	血清蛋白	必要的检查方法
侵袭性细菌	+	常见	+	−	左移	白蛋白减少	粪便培养
肠毒性细菌	−	−	−	−	PCV 极高	增加	粪便 PH 碱性粪便培养、接种
病毒	+	不定	−	反刍兽常见	WBC 减少	正常	粪便、鼻分泌物培养、血清学
线虫寄生	−**	罕见	−**	+	贫血	减少	粪便虫卵检查
真菌	+	可能	+	−	左移	球蛋白正常或增加	霉菌感染其他症状
重金属	−	常见	?	−	不定	正常	重金属定量分析

注：**虫体损伤肠道继发肠道感染时可见。

慢性腹泻的临床特征是：体温正常或升高，复发性或持续性腹泻，食欲减退或亢进，食粪癖，体重持续性减轻，体躯下部水肿，皮肤病等。慢性腹泻，可见于寄生虫感染、圆线虫幼虫移行、慢性沙门氏菌病等。马慢性腹泻的病因及诊断方法见表 3-9-2。

表 3-9-2 马慢性腹泻的病因及诊断方法

引起马慢性腹泻的疾病	诊断方法
寄生虫感染	粪便寄生虫卵检查
圆线虫幼虫移行	粪便虫卵检查
慢性沙门氏菌病	粪便培养
马红球菌病	病史
慢性肝病	肝功能检查
慢性直肠病	直肠检查
腹部肿瘤	病理学检查、腹腔探查、活体组织学检查
慢性心衰	心脏检查
后腔静脉肿块	开腹探查
肠系膜脓肿	开腹探查
网状内皮细胞真菌病	真菌培养

其次，根据流行病学特点、临床症状、实验室检查，对腹泻病马进行病因学归类。

最后，根据病原学检验、特殊诊断方法，并结合病史和临床特点，确定腹泻的病因、病性和病变部位。

（三） 咳嗽

咳嗽是一种保护性反射动作，借助于咳嗽能将呼吸道内的分泌物和异物排出体外，而病理性咳嗽是呼吸系统疾病的常见症状。

1. 咳嗽的病因分类

按病因可分为以下几种类型。

（1）炎性咳嗽　是由呼吸系统炎性疾病所引起的。见于上呼吸道疾病，如咽炎、喉炎、感冒、流行性感冒及支气管炎等；支气管、肺及胸膜疾病，如支气管炎、肺炎、肺充血及水肿、肺气肿、胸膜炎等。

（2）感染性咳嗽　是由传染病、寄生虫病所引起的。见于传染性胸膜炎、传染性鼻炎、霉形体感染；肺线虫病、蛔虫性肺炎等。

（3）异物性咳嗽　是由饲料粉末、灰尘、呕吐物、烟雾、刺激性气体或药物，以及误咽、误投等因素使异物进入呼吸道，刺激呼吸道黏膜而引起的咳嗽。

（4）过敏性咳嗽　是由草花粉、树花粉、霉菌孢子、有机尘埃等变应原物质进入呼吸道，发生变应反应所致。如过敏性鼻炎等。

（5）压迫性咳嗽　如纵隔、支气管和肺门淋巴结肿大、肿瘤，心包积液、胸腔积液等均可压迫或牵引呼吸器官，而发生咳嗽。

2. 咳嗽的临床分类

临床上根据咳嗽的性质、次数、强度、持续时间及有无疼痛可分为以下几种类型。

（1）干咳　咳嗽的声音清脆、干而短，无痰，指示呼吸道内无分泌物，或仅有少量的黏稠分泌物。常见于喉和气管异物、急性喉炎的初期、慢性支气管炎、胸膜炎、肺结核等。

（2）湿咳　咳嗽的声音钝浊、湿而长，指示呼吸道内有多量稀薄渗出物。常见于咽喉炎、支气管炎、支气管肺炎、肺脓肿、异物性肺炎等。

（3）稀咳　为单发性咳嗽，每次仅出现一两声咳嗽，常常反复发作而带有周期性。见于感冒、慢性支气管炎、肺结核等。

（4）连咳　咳嗽频繁，连续不断，严重的转为痉挛性咳嗽。见于急性喉炎、传染性上呼吸道卡他、支气管炎、支气管肺炎等。

（5）痉挛性咳嗽　即发作性咳嗽。咳嗽剧烈，连续发作，指示呼吸道黏膜遭受强烈的刺激，或刺激因素不易排除。常见于异物进入上呼吸道时及异物性肺炎等。

（6）痛咳　咳嗽带痛，咳嗽短而弱。常见于急性喉炎、喉水肿和胸膜炎等。

3. 咳嗽的鉴别诊断思路

对咳嗽重、流鼻液，伴有吸气性呼吸困难或无呼吸困难，而胸部听、叩诊变化不大的，应考虑是上呼吸道疾病，要进一步检查鼻腔、咽、喉、气管及鼻旁窦。

对咳嗽多、流鼻液，胸部听诊有啰音，叩诊无浊音的，应考虑是支气管疾病。

对有咳嗽、鼻液少、混合性呼吸困难或呼气性呼吸困难，胸部听、叩诊有变化，应怀疑肺脏疾病。

对有短痛咳、无鼻液，腹式呼吸明显的，应怀疑胸膜疾病。

对持续性咳嗽，特别是在运动、采食、夜间或早晚气温较低时咳嗽加重的，应怀疑慢性支气管炎、支气管扩张、鼻疽、肺结核、慢性肺泡气肿等。

（四） 呼吸困难

呼吸困难是指呼吸运动加强、呼吸次数改变和呼吸节律异常，有时呼吸式也发生改变。高度呼吸困难，称为气喘。呼吸困难是由许多原因引起或许多疾病伴有的一种临床常见的症状。

1. 呼吸困难的病因分类

呼吸困难，按其发生的原因可分为以下几种。

（1）气道性呼吸困难　是通气障碍所致的呼吸困难，临床上表现为吸气困难，为上呼吸道狭窄的特征，可见于鼻炎、鼻腔狭窄、喉水肿、气管炎、支气管炎、气管狭窄、上呼吸道肿瘤及呼吸道异物等。

（2）肺源性呼吸困难　是换气障碍所致的呼吸困难，包括非炎性肺病和炎性肺病所致的换气障碍性呼吸困难。肺源性呼吸困难除慢性肺泡气肿和马慢性阻塞性肺病为呼气性呼吸困难外，其他疾病均表现为混合性呼吸困难。非炎性肺病，包括肺充血、肺水肿、肺出血、肺不张、急性肺泡气肿、慢性肺泡气肿、间质性肺气肿等；炎性肺病，包括支气管肺炎、纤维素性肺炎、化脓性肺炎、坏疽性肺炎、间质性肺炎以及侵害肺的某些传染病及寄生虫病，如鼻疽、结核、马传染性胸膜肺炎等。

（3）呼吸肌及胸腹活动障碍性呼吸困难　呼吸运动障碍性呼吸困难，是胸壁、腹肌、膈肌疾病所致的呼吸运动障碍性呼吸困难，临床表现为混合性呼吸困难。障碍胸壁运动的疾病呈现腹式呼吸，见于胸膜炎、胸腔积液、胸腔积气、肋骨骨折等；障碍腹肌、膈肌运动的疾病呈现胸式呼吸，见于腹膜炎、腹壁创伤、腹腔积液、胃肠胀满、膈肌炎、膈破裂、膈麻痹等。

（4）血源性呼吸困难　为携氧障碍性呼吸困难，是由红细胞减少或血红蛋白变性所致的携氧障碍性呼吸困难，临床表现为混合性呼吸困难，伴有黏膜和血液颜色的改变，见于贫血、亚硝酸盐中毒、CO 中毒等。

（5）心源性呼吸困难　为肺循环淤滞性呼吸困难，是心力衰竭尤其左心衰竭时常见的一个症状，临床表现为混合性呼吸困难，常有心力衰竭的体征，见于心肌炎、心内膜炎、心包炎等。

(6) 中枢性呼吸困难　为呼吸中枢调节机能障碍性呼吸困难，主要是由中枢神经系统损伤或机能障碍所致的肺通气和换气障碍，临床表现为混合性呼吸困难，具有一般脑症状和局部脑症状，常表现呼吸节律异常，见于脑震荡、脑肿瘤、脑出血、脑炎以及高热、酸中毒、尿毒症、某些中毒病等。

(7) 细胞性呼吸困难　为内呼吸障碍性呼吸困难，是由组织氧失利用所致，表现为混合性呼吸困难，见于氢氰酸中毒，其特点是静脉血鲜红。

2. 呼吸困难的症状分类

呼吸困难在临床上有 3 种表现形式：

(1) 吸气性呼吸困难　其特征是，吸气用力，吸气时间延长，常伴有狭窄音，指示病变部位在上呼吸道，常见于上呼吸道狭窄性疾病，如鼻炎、鼻腔狭窄、鼻窦炎、鼻腔鼻疽；喉炎、喉水肿、喉肿瘤、喉偏瘫（喘鸣症），气管狭窄、咽、颈淋巴结肿胀等。此外，流感、马腺疫、血斑病等疾病经过中，也可伴有吸气性呼吸困难。

(2) 呼气性呼吸困难　其特征是，呼气用力，呼气时间延长，呈明显的二段呼气，可伴有喘沟。主要是由于肺泡弹性减退或细支气管狭窄，致使肺泡内气体排出发生障碍，见于慢性肺泡气肿、细支气管炎、马慢性阻塞性肺病。

(3) 混合性呼吸困难　即吸气和呼气均发生困难，并伴有呼吸次数的增加，是临床常见的一种呼吸困难。表现有混合性呼吸困难的疾病很多，涉及众多组织器官，可见于除慢性肺泡气肿以外的非炎性肺病和炎性肺病；障碍胸壁、腹壁、膈肌运动的疾病；红细胞减少或血红蛋白变性等血源性因素；心力衰竭所致的肺循环瘀滞；中枢神经系统损伤或机能障碍等。

3. 呼吸困难的鉴别诊断思路

(1) 吸气性呼吸困难的类症鉴别　吸气性呼吸困难，表明气体通过上呼吸道发生障碍，即通气障碍，可能是上呼吸道狭窄性疾病，应进一步检查鼻、咽、喉及气管，找出狭窄或阻塞部位。如果鼻液多，呼吸时伴有鼻音，常打鼻喷或喷嚏，鼻黏膜潮红肿胀，以及鼻腔狭窄，可能是鼻腔疾病，如鼻炎、鼻腔肿瘤、鼻腔异物等；如果低头时一侧鼻孔流大量鼻液，鼻旁窦的外形异常，可能是鼻旁窦的疾病，如鼻旁窦炎等；如果咳嗽重，头颈伸展，喉部肿胀，触诊敏感，可能是喉的疾病，如喉炎、咽喉炎等。此外，鼻腔鼻疽、马腺疫等，也可发生吸气性呼吸困难等上呼吸道狭窄的症状，应注意鉴别。

(2) 呼气性呼吸困难的类症鉴别　表明肺内气体排出障碍，病变可能在细支气管或肺，常见于细支气管管腔狭窄或肺泡弹性减退的疾病，应根据胸部听、叩诊等变化，加以鉴别。如果听诊肺泡呼吸音减弱，叩诊呈过清音，肺叩诊界扩大，可确诊为慢性肺泡气肿；如果听诊有广泛性干啰音和小水泡音，肺泡呼吸音增强，胸部叩诊音高朗，继发肺泡气肿时肺界扩大，可诊断为细支气管炎。

（3）混合性呼吸困难的类症鉴别　混合性呼吸困难伴有呼吸式改变的，指示呼吸肌及胸腹活动障碍性呼吸困难。

伴有胸式呼吸的，见于腹肌、膈肌运动障碍的疾病。对肚腹膨大的，要考虑胃肠膨胀（积食、积气、积液）、腹腔积液（腹水、弥漫性腹膜炎、膀胱破裂）；肚腹不膨大的，要考虑腹膜炎初期、腹壁创伤、膈肌炎、膈破裂、膈麻痹等。

伴有腹式呼吸的，见于胸壁运动障碍的疾病。对左右呼吸不对称的，要考虑肋骨骨折、气胸等；对呈断续性呼吸的，要考虑胸膜炎初期；对于呼吸浅表、快速而用力的，要考虑胸腔积液、胸膜炎中后期。

混合性呼吸困难伴有呼吸节律明显改变的，常指示中枢性呼吸困难。对神经症状明显的，要考虑各种脑病，如脑炎、脑水肿、脑出血、脑肿瘤等；对全身症状重剧的，要考虑全身性疾病的危重期及濒死期。

混合性呼吸困难伴有心功能不全体征的，常指示心源性呼吸困难。左心衰竭性呼吸困难可见有肺循环淤血的表现，如肺淤血、肺水肿；右心衰竭性呼吸困难可见有体循环淤滞的表现，如浮肿、腹水、胸腔积液等。心源性呼吸困难主要见于心内膜疾病、心肌疾病和心包疾病。

混合性呼吸困难伴有黏膜和血液颜色改变的，常指示血源性呼吸困难。其可视黏膜潮红、静脉血鲜红、极度呼吸困难、病程短急的，要考虑氢氰酸中毒和CO中毒；其可视黏膜苍白的，常提示贫血性呼吸困难；其可视黏膜发绀和血液呈暗褐色的，除见于各种原因引起的缺氧外，还应考虑亚硝酸盐中毒。

混合性呼吸困难伴有流鼻液、咳嗽的，常提示肺源性呼吸困难。对频发咳嗽、胸部听诊有啰音，肺泡呼吸音增强，叩诊无变化，且全身症状较轻微的，可能是支气管疾病；对胸部听、叩诊有变化，且全身症状较重剧的，则多是肺的疾病。如果听诊有湿啰音和捻发音，肺泡呼吸音有强有弱，叩诊呈小片浊音区，可能是细支气管和肺都有病变，如支气管肺炎；如果听诊局部肺泡呼吸音消失，并有支气管呼吸音，叩诊出现大片浊音区，多是肺实变的疾病，如纤维素性肺炎的肝变期等；如听诊有啰音或捻发音，肺泡呼吸音有强有弱，叩诊出现浊鼓音，多是肺泡内同时存在液体和气体，兼有肺泡弹性减退的疾病，如肺水肿、纤维素性肺炎的充血水肿期和溶解吸收期等；如果听诊有空瓮性呼吸音，叩诊出现破壶音，无疑是肺有大空洞，可见于肺脓肿、肺坏疽、肺结核等。

（五）水肿

水肿又称为浮肿，是皮下组织的细胞及组织间隙液体潴留过多所致。水肿是临床较为常见的综合征。

1. 水肿的分类

水肿的分类方法有很多，常见的有以下几种。

（1）按水肿的发生机制

①钠、水异常潴留。肾脏对水、钠排出减少兼或重吸收增加，便可发生组织间隙水、钠潴留而发生水肿，见于急性肾小球肾炎、慢性肾炎、心力衰竭、肝硬化腹水等疾病。多为全身性水肿。

②毛细血管通透性增加。各种致病因子，如病原微生物、创伤、烧伤、冻伤、化学伤、昆虫叮咬、药物过敏、组织缺氧、酸中毒等，均可使毛细血管通透性增高引起组织间液生成增多而发生水肿。

③毛细血管流体静压增高。可使血浆液体成分滤出增加，组织间液生成增多而引发水肿。见于静脉栓塞、肿瘤压迫、心脏衰竭、肝硬化等。

④血浆胶体渗透压降低。见于饥饿、慢性消化道疾病、慢性消耗性疾病、肾功能不全、严重烧伤及肝脏疾病时，或是由于蛋白质摄取不足，或是消耗过多，或是合成障碍，而引起血浆胶体渗透压降低，主要是引发全身性水肿。

⑤组织间液渗透压升高。一般在局部炎症，引起局部组织间液渗透压升高，出现局部水肿。而由心、肝、肾等功能不全引起的水、钠潴留，则是全身性组织间液渗透压升高，故出现全身性水肿。

⑥淋巴回流受阻。见于淋巴管阻塞，如淋巴管炎、肿瘤压迫等。其水肿多为局部性。

（2）按水肿的性质　可分为炎性水肿与非炎性水肿。两者的区别在于，炎性水肿以局部红、肿、热、痛为特征，而非炎性水肿无热无痛，一般不伴有机能障碍。

（3）按水肿的范围　可分为局部性水肿和全身性水肿。局部炎性水肿、淋巴回流受阻性水肿、局部静脉栓塞等为局部性水肿；心性、肾性、肝性、营养性水肿为全身性水肿。

（4）按水肿的病因　可分为心性水肿、肾性水肿、肝性水肿、营养性水肿及超敏反应性水肿。病因分类法更便于临床应用。

2. 水肿的鉴别诊断要点

（1）心性水肿　心性水肿是心脏衰弱，造成体循环淤滞的结果。其水肿的特点是，逐渐形成水肿，多发于远离心脏及血液还流困难的部位，如胸下、腹下及四肢的末梢部位，常是先从四肢末梢开始，而后扩展至全身，往往呈对称性分布，无热无痛。轻度的心性水肿可于白天调教或训练后有所减轻或消失，过夜后又加重。心性水肿的诊断主要依据是充血性心力衰竭的体征和循环淤滞的临床表现，常伴有体腔积水及脏器淤血的症状。

（2）肾性水肿　肾性水肿是由水、钠潴留、血浆蛋白质丢失所引起。其特征是，水肿出现迅速，水肿部位不受重力影响，以富有疏松结缔组织的部位最明显，最初表现于尿、蛋白尿、管型尿等症状。肾性水肿见于肾炎、肾病等。

(3) 肝性水肿　肝性水肿是由水、钠潴留、低蛋白血症所引起，见于肝硬化。在腹水之前常有轻度四肢水肿。肝性水肿的诊断主要依据是肝功能障碍、营养不良、腹水等症状。

(4) 营养性水肿　是由低蛋白血症所引起，常见于慢性消化不良、慢性消耗性疾病、重症贫血、营养衰竭症等。其特征是，水肿先从四肢开始，然后扩展到全身。营养性水肿的诊断主要依据是营养不良、消瘦、贫血等。

(5) 超敏反应性水肿　超敏反应性水肿见于血管神经性水肿、荨麻疹、血斑病等。血管神经性水肿的特征是，水肿突然出现，迅速消退，常伴有黏膜下水肿。荨麻疹的水肿好发部位为胸下。血斑病的水肿，其特征是在可视黏膜出血的同时，鼻唇、眼睑、四肢上部、体躯两侧发现无痛或热痛轻微的硬固性水肿，其周边呈河堤状，常左右对称。此外，在恶性水肿炭疽等疫病，也常伴有皮下水肿，应注意鉴别。

(六) 后躯运动障碍

后躯运动障碍是指腰荐和后肢随意运动能力完全丧失或不全丧失，临床主要表现为一侧或两侧后肢跛行，后躯共济失调，完全麻痹或不全麻痹。

1. 后躯运动障碍的临床分类及诊断要点

根据后躯障碍发生的肢体部位，可分为单纯腰荐性、两后肢性及一侧后肢性 3 种类型。

单纯腰荐运动障碍，在临床上较为少发，可见于背最长肌、腰荐椎骨疾病，如背最长肌炎、脊椎骨骨折及脱位、腰背风湿等。腰荐运动障碍表现为，背腰僵硬，步履拘束，起卧困难，有时以蹄尖着地前进。

两后肢运动障碍，多与腰荐运动障碍同时发生，是由第 2 胸髓以后的脊髓损伤所致。临床表现为后躯运动失调，不全麻痹或完全麻痹，呈截瘫状，可见于脑脊髓丝虫病等。

一侧后肢运动障碍，常见于支配该侧肢体的外周神经、肌肉、骨及关节疾病。少见于第 2 胸髓以后的脊髓一侧性损伤，临床表现为一侧后肢跛行或麻痹。

2. 后躯运动障碍的解剖学分类及诊断要点

按受损的组织，后躯运动障碍可分为神经损伤性（脊髓和外周神经）、肌肉损伤性、骨、关节损伤性及血管损伤性 4 种类型。

(1) 神经损伤性后躯运动障碍

①脊髓损伤性后躯运动障碍。是由第 2 胸髓以后的脊髓损伤所致。

脊髓全横断损伤，可见于脊髓外伤、脊髓炎、脊髓膜炎、脊髓受压等。其临床特点是，后躯运动障碍，轻者共济失调，重者截瘫，完全麻痹或不全麻痹；感觉和反射机能异常，损伤后方感觉减弱或消失，反射亢进或消失；排粪、排尿失禁。第 3 胸髓至第 3 腰髓损伤，呈现上位运动神经元损伤的症状，第 4 胸髓至第 3 荐髓损伤，表现下位运动神经元损伤的症状。

脊髓半横断损伤，常为脊髓一侧性损伤，多见于脊髓外压迫性疾病和脊髓外伤。其临床特征是，损伤侧后肢完全麻痹或不全麻痹，但感觉机能正常。第 2 胸髓至第 3 腰髓一侧性损伤，呈上位运动神经元损伤症状，第 4 腰髓至第 2 荐髓一侧腹神经根或脊髓灰质损伤，表现下位运动神经元损伤的症状。

②外周神经损伤性后躯运动障碍。是由于支配后肢的外周神经，如坐骨神经、股神经、胫神经及腓神经的损伤所致。其特征是，多为一侧性后肢运动障碍，表现下位运动神经元损伤的症状。因损伤的外周神经的不同，其运动障碍的表现形式和感觉消失的区域各异，故可据此作为定位诊断的依据。

（2）骨、关节损伤性后躯运动障碍　是由腰荐、四肢骨及关节疼痛性疾病或机能障碍性疾病所致。疼痛性疾病包括骨营养不良、骨炎、骨折、关节扭挫、脱位及关节炎等。机能障碍性疾病，可见于骨瘤、骨折部愈合不良、关节愈着、筋腱短缩、韧带骨化等。腰荐骨及关节疾病常产生整个后躯运动障碍，后肢骨及关节疾病，多引起一侧后肢运动障碍。

骨、关节损伤性后肢运动障碍的特征是，既无上位运动神经元损伤的症状，也无下位运动神经元损伤的症状，常可查出骨、关节肿胀、变形及疼痛。临床常用传导麻醉法、关节腔及腱鞘内麻醉法作为辅助诊断，必要时还可行骨及关节 X 线检查。

（3）肌肉损伤性后躯运动障碍　是由腰荐及后肢肌肉疼痛性疾病或运动不能性疾病所致，常见于肌炎、肌肉断裂、肌肉转位、营养性肌病、肌肉萎缩及挛缩等。其特点是，创伤性损伤，运动障碍多为一侧后肢，无上位运动神经元损伤症状，也无下位运动神经元损伤症状。肌营养不良、肌病性运动障碍，常为两侧性，临床上与下位运动神经元损伤性运动障碍颇为相似，但一般无感觉障碍。

（4）血管损伤性后躯运动障碍　是由于分布于后肢的血管发生栓塞或因持续性压迫而使肌肉发生缺血性麻痹甚至坏死，临床上少见。好发血管是髂外动脉和股动脉。其临床特征是，运动障碍常为一侧后肢，呈间歇性跛行，股动脉搏动消失，患肢变冷无汗，后期发生缺血性坏死。

3. 后躯运动障碍的病因学分类及诊断要点

按病因可分为以下几种类型：

（1）中毒性因素　可见于铅、砷、汞及氯化烃等中毒。其特点是，进行性发生后躯运动障碍，有接触毒物病史，常伴有中枢神经系统机能障碍症状。

（2）变性性因素　常见疾病有椎间盘病、变性性脊髓病、脊髓脱髓鞘病等。其特点是，起病隐袭，进行性增重，或突然发作，表现脊髓损伤的症状。

（3）炎性因素　见于脊髓炎、脊髓膜炎及外伤性、化脓性、风湿性肌炎等。其特征是，多伴有炎性刺激症状，如感觉过敏、疼痛等传染性因素，主要见于马传染性贫血性脑脊髓炎、狂犬病、肉毒中毒等传染性疾病，以及弓形虫病、脑脊髓丝虫病等寄生虫疾病。其特点是，伴有发热及中枢神经系统机能障碍症状。

（4）畸形性因素　包括先天性和遗传性 2 种，如先天性后躯麻痹，多见于新生畜及幼龄马匹。

（5）肿瘤性因素　引起的后躯运动障碍，在马匹较为少见。

四、 兽医处方应用规范及处方格式

（一） 基本要求

（1）本规范所称兽医处方，是指执业兽医师在马匹诊疗活动中开具的，作为马匹用药凭证的文书。

（2）执业兽医师根据马匹诊疗活动的需要，按照兽药使用规范，遵循安全、有效、经济的原则开具兽医处方。

（3）执业兽医师在注册单位签名留样或者专用签章备案后，方可开具处方。兽医处方经执业兽医师签名或者盖章后有效。

（4）执业兽医师利用计算机开具、传递兽医处方时，应当同时打印出纸质处方，其格式与手写处方一致；打印的纸质处方经执业兽医师签名或盖章后有效。

（5）兽医处方限于当次诊疗结果用药，开具当日有效。特殊情况下需延长有效期的，由开具兽医处方的执业兽医师注明有效期限，但有效期最长不得超过 3 天。

（6）除兽用麻醉药品、精神药品、毒性药品和放射性药品外，马匹诊疗机构和执业兽医师不得限制马匹主人持处方到兽药经营企业购药。

（二） 处方笺格式

兽医处方笺规格和样式（见附件）由农业部规定，从事马匹诊疗活动的单位应当按照规定的规格和样式印制兽医处方笺或者设计电子处方笺。兽医处方笺规格如下：

（1）兽医处方笺一式三联，可以使用同一种颜色纸张，也可以使用 3 种不同颜色纸张。

（2）兽医处方笺分为两种规格，小规格为：长 210 mm、宽 148 mm；大规格为：长 296 mm、宽 210 mm。

（三） 处方笺内容

兽医处方笺内容包括前记、正文、后记三部分，要符合以下标准：

（1）前记　对个体马匹进行诊疗的，至少包括马匹主人姓名或者马匹饲养单位名称、档案号、开具日期和马匹的种类、性别、体重、年（日）龄。

对群体马匹进行诊疗的，至少包括饲养单位名称、档案号、开具日期和马匹的种类、数量、年（日）龄。

（2）正文　包括初步诊断情况和 Rp（拉丁文 Recipe“请取”的缩写）。Rp 应当分列兽药名称、规格、数量、用法、用量等内容；对于食品马匹还应当注明休药期。

（3）后记　至少包括执业兽医师签名或盖章和注册号、发药人签名或盖章。

（四）处方书写要求

兽医处方书写应当符合下列要求：

（1）马匹基本信息、临床诊断情况应当填写清晰、完整，并与病历记载一致。

（2）字迹清楚，原则上不得涂改；如需修改，应当在修改处签名或盖章，并注明修改日期。

（3）兽药名称应当以兽药国家标准载明的名称为准。兽药名称简写或者缩写应当符合国内通用写法，不得自行编制兽药缩写名或者使用代号。

（4）书写兽药规格、数量、用法、用量及休药期要准确规范。

（5）兽医处方中包含兽用化学药品、生物制品、中成药的，每种兽药应当另起一行。

（6）兽药剂量与数量用阿拉伯数字书写。剂量应当使用法定计量单位：质量以千克（kg）、克（g）、毫克（mg）、微克（μg）、纳克（ng）为单位；容量以升（L）、毫升（mL）为单位；有效量单位以国际单位（IU）、单位（U）为单位。

（7）片剂、丸剂、胶囊剂以及单剂量包装的散剂、颗粒剂分别以片、丸、粒、袋为单位；多剂量包装的散剂、颗粒剂以 g 或 kg 为单位；单剂量包装的溶液剂以支、瓶为单位，多剂量包装的溶液剂以 mL 或 L 为单位；软膏及乳膏剂以支、盒为单位；单剂量包装的注射剂以支、瓶为单位，多剂量包装的注射剂以 mL 或 L、g 或 kg 为单位，应当注明含量；兽用中药自拟方应当以剂为单位。

（8）开具处方后的空白处应当画一斜线，以示处方完毕。

（9）执业兽医师注册号可采用印刷或盖章方式填写。

（五）处方保存

（1）兽医处方开具后，第一联由从事马匹诊疗活动的单位留存，第二联由药房或者兽药经营企业留存，第三联由马匹主人或者饲养单位留存。

（2）兽医处方由处方开具、兽药核发单位妥善保存 2 年以上。保存期满后，经所在单位主要负责人批准、登记备案，方可销毁。

（六） 处方笺样式

<table>
<tr><td colspan="2">××××××××处方笺
马匹主人/饲养单位________________ 档案号________
马匹种类________ 动物性别________ 体重/数量________
年（日）龄________ 开具日期________________</td></tr>
<tr><td>诊断：</td><td>Rp：</td></tr>
<tr><td colspan="2">执业兽医师________ 注册号________ 发药人________</td></tr>
</table>

注："××××××××处方笺"中，"××××××××"为从事马匹诊疗活动的单位名称。

任务1　建立就诊马匹疾病诊断

【任务目标与质量要求】

掌握症状、诊断及预后的概念，熟知局部症状和全身症状表现，能够区分主要症状与次要症状，进行疾病典型症状和示病症状归纳收集，能够归纳综合症候群。结合疾病表现进行症状诊断、病理形态学诊断、病因诊断、机能诊断和发病学诊断。能够进行疾病的预后判断。在疾病的症状描述过程中对器官和系统疾病综合征应进行系统分析，结合诊断进行症状与疾病名称推导。

【学习产出目标】

（1）熟知症状、诊断及预后的概念，能够区分主要症状和次要症状，判定典型症状和示病症状。

（2）判定马匹综合症候群类型。

（3）判定马匹早期诊断和后期诊断。

（4）判定马匹观察诊断和治疗诊断。

（5）马匹疾病预后判断。

【工作程序与方法要求】

1. 马匹疾病主要症状分析

进行马匹疾病的临诊检查，收集疾病信息，归纳器官症状表现和系统症状表现，进行症状分类，初步建立诊断，明确对诊断有重要意义的症状，区分由于疾病导致的主要症状和次要症状之间的逻辑联系，进行主要症状和次要症状分类和推导，用思维导图工具进行初步诊断建立。

2. 判定马匹疾病典型症状和示病症状

分析收集的疾病症状和信息，区分能够反映疾病临床特征的症状，判定具体的器官机能紊乱表现和衍生症状，结合临诊检查收集的症状查询资料，对照某一疾病示病症状进行判定，明确固有症状，进行综合论证分析推导，确定示病症状的可信度。

3. 马匹疾病诊断

结合收集疾病的症状，进行临诊分析判定症状诊断、病理形态学诊断、病因诊断、机能诊断和发病学诊断，将临床症状类型区分为观察诊断和治疗诊断，分析症状进行疑问诊断和待除外诊断，结合诊断过程进行早期初步诊断和后期最终诊断。

4. 马匹疾病预后判断

依据疾病诊断之后应对疾病的相对持续时间、可能的转归和马匹的生产性能、使用价值等做出判断，综合考虑患病马匹的个体特性（如年龄、营养、体质等）、周围的环境（如饲养管理、使役、气候条件和环境污染情况等）和疾病的发展变化进行判断，判定疾病预后为预后佳良、预后不良、预后慎重、预后可疑，并进行实践观察和评价。

【工作任务实施记录与评价】

1. 马匹疾病主要症状分析评价

师傅指导记录	马匹疾病主要症状分析评价	评价成绩
		年　月　日

2. 判定马匹疾病典型症状和示病症状评价

师傅指导记录	马匹典型症状和示病症状评价	评价成绩
		年　月　日

3. 马匹疾病诊断评价

<table>
<tr><th>马匹编号</th><th>症状诊断</th><th>病理诊断</th><th>病因诊断</th><th>机能诊断</th><th>治疗诊断</th></tr>
<tr><td></td><td></td><td></td><td></td><td></td><td></td></tr>
<tr><td></td><td></td><td></td><td></td><td></td><td></td></tr>
<tr><td></td><td></td><td></td><td></td><td></td><td></td></tr>
<tr><td></td><td></td><td></td><td></td><td></td><td></td></tr>
<tr><td></td><td></td><td></td><td></td><td></td><td></td></tr>
<tr><td rowspan="2">检查质量评价</td><td rowspan="2" colspan="3"></td><td>评价成绩</td><td></td></tr>
<tr><td>时间</td><td></td></tr>
</table>

4. 学徒关键职业能力及职业品质、工匠精神评价

项目	A	B	C	D
工作态度				
吃苦耐劳				
团队协作				
沟通交流				
学习钻研				
认真负责				
诚实守信				

任务2　常见马病综合征诊断

【任务目标与质量要求】

掌握马匹消化系统综合征诊断技术，能够对腹痛和腹泻进行分析；掌握马匹呼吸系统疾病综合征诊断技术，能够对咳嗽和呼吸困难进行分析，判定马匹神经系统机能状态，区别马匹中枢兴奋和抑制的临诊表现；能够对马匹循环系统疾病综合征进行分析，判定水肿和贫血症状。在马匹综合征诊断中，对典型症状进行识别和分析，分析主要症状和次要症状之间的关系，并进行论证推理。

【学习产出目标】

（1）熟知马匹消化系统综合征和呼吸系统综合征，能够识别马匹精神兴奋和抑制状态，熟知马匹循环系统综合征。

（2）判定消化系统综合征。

（3）判定呼吸系统综合征。

（4）判定神经系统综合征。

（5）识别循环系统综合征临诊表现。

【工作程序与方法要求】

1. 马匹消化系统综合征分析

进行马匹疾病的临诊检查，收集疾病信息，对收集症状进行分类，结合消化系统功能和器官结构，分析发生症状与器官功能紊乱间的关系，结合消化系统综合征表现进行食欲、饮欲、咀嚼、吞咽、胃肠内容物性质、胃肠音、粪便检查和肝脾检查，进行消化系统综合征各症状间的分析推理，结合马匹临诊症状确定具体的综合征类型。

2. 马匹呼吸系统综合征分析

分析收集的疾病症状和信息，区分能够反映疾病临床特征的症状，判定马匹呼吸系统鼻腔检查症状、喉和气管检查症状、支气管和肺检查症状、胸廓检查症状与临诊典型症状的关系，结合马匹症状分析呼吸功能紊乱对马匹各系统影响，确定呼吸系统综合征原发器官疾病和继发器官疾病之间的病程演进过程。

3. 马匹神经系统综合征分析

结合收集疾病的症状，进行临诊分析判定症状诊断，分析识别马匹神经系统脑病、脊髓病的不同表现，对精神兴奋和沉郁、嗜睡、昏迷的症状进行分析归纳，判定神经系统疾病综合征与肝、肾疾病的关系，判定脊髓疾病损伤部位具体位置在神经根、节段、传导路径、腰荐部、胸髓、颈髓。

4. 循环系统综合征临诊表现识别

依据疾病症状，收集分析症状与循环系统功能进行对照，判定症状归属与心血管系统、外周血管、心脏、血细胞、造血系统，体温低下，四肢末梢冷厥，呼吸、脉搏增数，肌肉无力，精神沉郁、痉挛性惊厥等症状能进行循环系统功能紊乱分析，判定心脏疾病症状为心区触诊敏感，叩诊有疼痛反应，表现呻吟、躲闪、反抗等。

【工作任务实施记录与评价】

1. 马匹消化系统综合征分析评价

师傅指导记录	消化系统综合征分析评价	评价成绩
		年　月　日

2. 马匹呼吸系统综合征分析评价

师傅指导记录	呼吸系统综合征分析评价	评价成绩
		年　月　日

3. 马匹神经系统综合征分析评价

马匹编号	精神兴奋	精神抑制	沉郁病因	嗜睡病因	昏迷病因
检查质量评价				评价成绩	
				时间	

4. 学徒关键职业能力、职业品质及工匠精神评价

项目	A	B	C	D
工作态度				
吃苦耐劳				
团队协作				
沟通交流				
学习钻研				
认真负责				
诚实守信				

任务3　常见马病鉴别诊断

【任务目标与质量要求】

制订马病鉴别诊断方案，按照主要症状设想出一个疾病，把主要症状与所设想的疾病，互相对照印证，如果用所设想的疾病能够解释主要症状，且又和多数次要症状不相矛盾，便可论证诊断结论。先根据一个主要症状或几个重要症状，提出多个可能的疾病，这些疾病在临床上比较近似，但究竟是哪一种，须通过相互鉴别，逐步排除可能性较小的疾病，逐步缩小鉴别的范围，直到剩下一个或几个可能性较大的疾病，鉴别分析确定疾病名称。

【学习产出目标】

（1）熟知马匹腹痛和腹泻的诊断方法和鉴别主要内容，熟知咳嗽和呼吸困难鉴别诊断内容，熟知后躯运动障碍和昏迷鉴别诊断主要方法和内容。

（2）判定马匹腹痛综合征。

（3）判定马匹咳嗽综合征。

（4）判定马匹后躯运动障碍综合征。

（5）判定马匹昏迷综合征。

【工作程序与方法要求】

1. 马匹腹痛综合征鉴别

询问马工或马主人，明确发病时间，以推断病程，询问起病情况，以判断是突然起病还是缓慢发病，问腹痛表现，以了解腹痛程度和性质，问排粪排尿，以考虑胃肠是否阻塞及阻塞程度，问饮食欲，以估计病情的轻重及阻塞程度，问治疗情况，以保证治疗的合理性，问腹围变化，以确定是原发性还是继发性肠臌胀，是完全阻塞性还是不完全阻塞性大肠便秘，问腹痛史，以判定是否属反复发作性腹痛病，问饲养情况，以推测腹痛病的种类，问妊娠情况，以明确腹痛是否与生殖器官疾病有关。

2. 马匹咳嗽综合征鉴别

依据马匹视诊检查结果，判定咳嗽的性质、次数、强度、持续时间及有无疼痛，对咳嗽重、流鼻液，伴有吸气性呼吸困难或无呼吸困难，而胸部听、叩诊变化不大的，应考虑是上呼吸道疾病，要进一步检查鼻腔、咽、喉、气管及鼻旁窦。对咳嗽多、流鼻液，胸部听诊有啰音，叩诊无浊音的，应考虑是支气管疾病。对有咳嗽、鼻液少、混合性呼吸困难或呼气性呼吸困难，胸部听、叩诊有变化，应怀疑肺脏疾病。

3. 马匹后躯运动障碍综合征鉴别

依据马匹临诊检查，判定腰荐和后肢随意运动能力完全丧失或不全丧失程度，判定为一侧或两侧后肢跛行，后躯共济失调，完全麻痹或不全麻痹。后躯运动障碍可分为神经性（脊髓和外周神经）、肌肉性、骨、关节性及血管性 4 种类型。依据症状进行椎间盘病、变性性脊髓病、脊髓脱髓鞘病、脊髓炎、脊髓膜炎及外伤性、化脓性、风湿性肌炎等疾病判定。

4. 马匹昏迷综合征分析

依据马匹昏迷症状检查，骨骼肌随意运动姿势反射丧失状况，盲目运动，视力障碍，但瞳孔正常。眼头反射正常，但眼球不能随物体移动，判定病因为病毒性、细菌性、寄生虫性脑炎和脑膜脑炎、脑挫伤、脑震荡、脑水肿、脑出血、中暑等。依据消化障碍、黄疸、营养不良、出血倾向、腹水、肝功能指标异常，血氨浓度升高等症状，判定肝性脑病。

【工作任务实施记录与评价】

1. 马匹腹痛综合征鉴别评价

师傅指导记录	马匹腹痛综合征鉴别评价	评价成绩
		年　月　日

2. 马匹咳嗽综合征鉴别评价

师傅指导记录	马匹咳嗽综合征鉴别评价	评价成绩
		年　月　日

3. 马匹后躯运动障碍综合征鉴别

马匹编号	神经性	肌肉性	骨、关节性	血管性	风湿性
检查质量评价				评价成绩	
				时间	

4. 学徒关键职业能力、职业品质及工匠精神评价

项目	A	B	C	D
工作态度				
吃苦耐劳				
团队协作				
沟通交流				
学习钻研				
认真负责				
诚实守信				

任务4　处方开写

【任务目标与质量要求】

制订马匹疾病治疗处方收集整理和归档方案，识别处方笺样式符合规定，依据处方笺前记、正文、后记明确药物用量、用法，对照马匹信息，核对药物名称和规格、数量、用法、用量及休药期，确定用药剂量的准确和合理，确定兽医师签字真实有效。按照规定时限进行处方笺的留存、保管、备案和销毁。

【学习产出目标】

（1）熟知兽医处方笺开写规范，熟知兽药剂量和调剂方法，熟知兽药规格、数量、用法、用量，熟知处方笺的格式和存档要求。

（2）判定处方笺格式规范。

（3）判定处方笺药物信息清晰明确。

（4）判定药物剂量合理。

（5）留存保管处方笺。

【工作程序与方法要求】

1. 判定处方笺格式

检查处方笺，判定前记记录包括马匹主人姓名或者马匹饲养单位名称、档案号、开具日期和马匹的种类、性别、体重、年（日）龄；正文包括初步诊断情况和Rp（拉丁文Recipe“请取”的缩写）。Rp应当分列兽药名称、规格、数量、用法、用量等内容；对于食用马匹还应当注明休药期，后记包括执业兽医师签名或盖章和注册号、发药人签名或盖章。

2. 检查处方笺药物信息

检查处方笺，兽药名称应当以兽药国家标准载明的名称为准。兽药名称简写或者缩写应当符合国内通用写法，不得自行编制兽药缩写名或者使用代号，书写兽药规格、数量、用法、用量，包含兽用化学药品、生物制品、中成药的，每种兽药应当另起一行。

3. 检查药物剂量

检查处方笺兽药剂量与数量用阿拉伯数字书写，剂量应当使用法定计量单位，质量以千克（kg）、克（g）、毫克（mg）、微克（μg）、纳克（ng）为单位；容量以升（L）、毫升（mL）为单位；有效量单位以国际单位（IU）、单位（U）为单位。片剂、丸剂、胶囊剂以及单剂量包装的散剂、颗粒剂分别以片、丸、粒、袋为单位；多剂量包装的散剂、颗粒剂以 g 或 kg 为单位；单剂量包装的溶液剂以支、瓶为单位，多剂量包装的溶剂以 mL 或 L 为单位；软膏及乳膏剂以支、盒为单位；单剂量包装的注射剂以支、瓶为单位，多剂量包装的注射剂以 mL 或 L、g 或 kg 为单位，应当注明含量；兽用中药自拟方应当以剂为单位。

4. 留存保管处方笺

检查处方笺，兽医处方开具后，第一联由从事马匹诊疗活动的单位留存，第二联由药房或者兽药经营企业留存，第三联由马匹主人或者饲养单位留存，兽医处方由处方开具、兽药核发单位妥善保存 2 年以上。保存期满后，经所在单位主要负责人批准、登记备案，方可销毁。

【工作任务实施记录与评价】

1. 判定处方笺格式评价

师傅指导记录	判定处方笺格式评价	评价成绩
		  年　月　日

2. 检查处方笺药物信息评价

师傅指导记录	检查处方笺药物信息评价	评价成绩
		  年　月　日

3. 检查药物剂量评价

马匹编号	药物规格	药物数量	药物用量	药物用法	单行书写
检查质量评价				评价成绩	
				时间	

4. 学徒关键职业能力及职业品质、工匠精神评价

项目	A	B	C	D
工作态度				
吃苦耐劳				
团队协作				
沟通交流				
学习钻研				
认真负责				
诚实守信				

项目十
就诊马匹治疗

【专业知识准备】

一、 投药技术

（一） 灌药法

1. 方法

病马柱栏内站立保定，用一条软细绳从柱栏横木铁环中穿过，一端制成圆套从笼头鼻梁下面穿过，套在上颚切齿后方，另一端由助手或马主人拉紧将马头吊起，使口角与耳根连线与地面平行，助手（马主人）的另一手把住笼头。术者站在斜前方，左手持药盆，右手持灌角（或药瓶）从一侧口角通过门、臼齿间的空隙入口并送达舌根背部，抬高灌角或瓶底，并轻轻振抖。如用橡胶瓶时可压挤瓶体促进药液流出，伴随着有吞咽动作后继续灌服，直至灌完。注意要等咽下一口再灌第二口，不要连续灌注。

2. 注意事项

（1）每次灌药量不宜过多，不要太快，不能连续灌。马灌药时不能紧抓舌头不放。

（2）头部仰起的高度，以口角与眼角连线与地面平行为准，不宜过高。

（3）灌药中，病马如发生强烈咳嗽，应立即停止灌药，并使其头部低下，使药液咳出，安静后再灌药。

（4）灌药时，如有药液流出，应用药盆接取，以免流失。

（二） 胃管投药法

1. 方法

将病马在柱栏内妥善保定，马主人站在马头左侧握住笼头，固定马头，不要过度前伸。术者站于马头稍右前方，用左手无名指与小指伸入左侧上鼻翼的副鼻腔，中指、食指伸入鼻腔与鼻腔外侧的拇指固定内侧的鼻翼。右手持胃管将前端通过左手拇指与食指之间沿鼻中隔徐徐插入胃管，同时左手食指、中指与拇指将胃管固定在鼻翼边缘。当胃管前端抵达咽部后，随病马咽下动作将胃管轻轻插入食道。有时病马可能拒绝不咽，推送困难，此时应稍停或轻抽动胃管（或在咽喉外部进行按摩），诱发吞咽动作，趁机将胃管插入食道。为了检查胃管是否正确进入食道内，可做充气检查。如是食道，再将胃管前端推送到颈部下1/3处。投药前，必须按表3-10-1正确判断是否插入食道，否则，会将药误灌入气管和肺内，引起异物性肺炎，甚至造成死亡。

投药结束，再灌以少量清水，冲净胃管内残留药液，而后右手将胃管折曲一段，徐徐抽出，当胃管前端退至咽部时，以左手握住胃管与右手一同抽出。用毕胃管洗净后，放在0.2%新洁尔灭溶液中浸泡消毒待用。

表3-10-1　胃管插入食道或气管的判断要点

判断方法	插入食道内	插入气管内
手感和观察反应	胃管推进到咽喉时稍有抵抗感，易引起吞咽动作，随吞咽胃管进入食道，推送胃管稍有阻力感，发滞	无吞咽动作，无阻力，有时引起咳嗽，插入胃管不受阻
观察食道变化	胃管前段在食道沟呈现明显的波浪式蠕动下移	无
向胃管内充气反应	随气流进入，颈沟部可见有明显波动。同时压挤橡胶球将气排空，不再鼓起，进气停止而有一种回声	无
将胃管一端放在耳边听诊	听到不规则“咕噜”声或水泡音，无气流冲击耳边	随呼吸动作听到有节奏的呼出气流音，冲击耳边
将胃管一端浸入水盆内	水内无气泡或仅有极少量气泡	随呼吸动作水内出现多量气泡
触摸颈沟部	手摸颈沟部感到有一坚硬的索状物	无
鼻嗅胃管气味	有胃内酸臭味	无

2. 注意事项

（1）插入或抽动胃管时要小心、缓慢，不得粗暴。

（2）当病马呼吸极度困难或有鼻炎、咽炎、喉炎、高温时，忌用胃管投药。

（3）当证实胃管插入食道深部后再进行灌药。如灌药后引起咳嗽、气喘，应立即停灌。如灌药中因马匹骚动使胃管移动脱出时，应停止灌药，待重新插入判断无误后再继续灌药。

（4）经鼻插入胃管，常因操作粗暴或反复投送、强烈抽动或管壁干燥等，刺激鼻黏膜肿胀发炎，有时血管破裂引起鼻出血。在少量出血时，可将马匹头部适当高抬或吊起，冷敷额部，并不断淋浇冷水。如出血过多冷敷无效时，可用1%鞣酸棉球塞于鼻腔中，或皮下注射0.1%盐酸肾上腺素，或注射止血药。

（5）药物如误投入呼吸道，马匹立即表现不安，频繁咳嗽，呼吸急促，鼻翼开张或张口呼吸；继则可见肌肉震颤，出汗，黏膜发绀，心跳加快，心音增强，音界扩大；数小时后体温升高，肺部出现明显大范围的啰音。如灌入大量药液时，可造成马匹的窒息或迅速死亡。在灌药过程中，一旦发现异常，应立即停止并使马匹低头，促进咳嗽，呛出药物。其次应用强心剂或给以少量阿托品兴奋呼吸中枢，同时应大量注射抗菌药物，直至恢复。严重者，可按异物性肺炎的疗法进行抢救。胃管插入食道或气管的判断要点见表 3-10-1。

二、 注射技术

（一） 注射用具准备

1. 器械盘

常规放置无菌持物钳、皮肤消毒液（3%碘酊和 75%乙醇）、棉签。

2. 注射器和针头

注射器由针筒和活塞两部分组成，有玻璃、金属、尼龙、塑料 4 种，按其容量分为 1 mL、2.5 mL、5 mL、10 mL、20 mL、30 mL、50 mL、100 mL 等规格，注射针头有 4.5#、5#、5.5#、6#、6.5#、7#、8#、9#、12#、16#、20# 等规格。大量输液时则有容量较大的输液瓶（吊瓶）。此外远距离吹管注射器、注射枪等，适用于野生马匹饲养场。使用时，按注射方法和剂量，选择适宜的注射器及针头，并应检查针头和针筒是否适合，金属注射器的橡胶垫是否老化，松紧度的调节是否适宜，然后清洗干净、煮沸或高压蒸汽灭菌备用。

3. 注射药物

常用药物有水溶液、油剂、混悬剂、结晶和粉剂等，根据实际处方要求准备。

（二） 注射液吸取

1. 安瓿内药液

将安瓿尖端药液弹至体部，用酒精棉球消毒安瓿颈部，砂轮在安瓿颈部划一锯痕，再次消毒，折断安瓿。将针头斜面向下放入安瓿内液面之下，抽动活塞吸药。吸药时手持针栓柄，不可触及针栓其他部位。抽毕，将针头垂直向上，轻拉针栓，使针头中的药液流入注射器内，使气泡聚集在注射器针座处，轻推针栓，驱出气体。将安瓿套在针头上备用。

2. 密封瓶内药液

除去铝盖或中心部分，用 2%碘酊、75%乙醇棉签消毒瓶盖，待干。将针头插入瓶内，注入所需药量等量的空气（增加瓶内压力，避免形成负压），倒转药瓶及注射器，使针尖在液面以下，吸取所需药量。

3. 结晶、粉剂或油剂药物

结晶、粉剂用无菌生理盐水或注射用水（或专用溶媒）溶化，待充分溶解后吸取。混悬液应先摇匀再吸药。油剂可先用双手对搓药瓶后再抽吸。油剂及混悬剂抽吸时应选用稍粗的针头。

（三） 注射注意事项

（1）严格遵守无菌操作原则，防止感染。对被毛浓厚的马，可先剪毛。用棉签蘸2%碘酊消毒注射部位，以注射点为中心向外螺旋式旋转涂擦，碘酊干后，用75%乙醇以同法脱碘，待干后方可注射。

（2）认真执行查对制度，对马主人、药名、剂量、浓度、时间、用法尤其要注意。

（3）注意检查药液质量，如药液变色、沉淀、混浊、药物有效期已过或安瓿有裂缝，均不能使用。多种药物混合注射需注意配伍禁忌。

（4）选择合适的注射部位，防止损伤神经和血管，不能在炎症、硬结、瘢痕及皮肤病处进针。注射药物应按规定时间现配现用，以防药物效价降低或污染。

（5）运用无痛注射技巧。首先要分散马匹的注意力，采取适当的体位，使肌肉松弛，注射时做到"二快一慢"，即进针和拔针快，推注药液慢，但对骚动不安的马匹应尽可能在短时间内注射完毕。

（四） 注射方法

1. 肌内注射

肌内注射是将药物注入肌肉内的一种方法。肌肉内血管丰富，药液注入肌肉内吸收较快，且由于肌肉内的感觉神经较少，疼痛轻微。肌内注射一般适用于刺激性较强和较难吸收的药物；进行血管内注射而有副作用的药液；油、乳剂等不能进行血管内注射的药液等。但因肌肉组织致密，仅能注射较少剂量。

（1）准备　根据注射药量多少，可用 2 mL、5 mL、10 mL、20mL 的注射器及相应针头。

（2）部位　成年马与驹多在颈侧及臀部，应避开大血管及神经径路的部位。臀部肌内注射应该选择臀部的外上 1/4 处。

（3）方法　马匹适当保定，局部常规消毒处理。手的拇指与食指轻压注射局部，右手持注射器，使针头与皮肤呈垂直，迅速刺入肌肉内。一般刺入 2～3 cm，而后用左手拇指与食指握住露出皮外的针头结合部分，右手抽动针管活塞，观察无回血后，即可缓慢注入药液。如有回血，可将针头拔出少许再行试抽，见无回血后方可注入药液。注射完毕，用左手持酒精棉球压迫针孔部，迅速拔出针头。为术者安全起见，也可以右手持注射针头，迅速用力直接刺入注射部位，然后将注射器连接上针头，使两者紧密接触好，再行注射药液。

（4）注意事项

①针体一般只刺入2/3，切勿把针体全部刺入，以防针体从根部折断。

②万一针体折断，保持局部与肢体不动，迅速用止血钳夹住断端拔出。如不能拔出时，先将病马保定好，行局部麻醉后迅速切开注射部位，拔出折断针体。

③针头如刺入神经时，则马匹表现疼痛不安，此时应变换针头方向，再注射药液。

④对强刺激性药物如水合氯醛、钙制剂、浓盐水等，不能肌肉内注射。

⑤长期作肌内注射的马匹，注射部位应交替更换，以减少硬结的发生。

2. 静脉内注射

静脉内注射又称血管内注射，是将药液注入静脉内，治疗危重疾病的一种主要给药方法。药液直接注入脉管内，随血液分布全身，药效快，作用强，注射部位疼痛反应较轻。药物直接进入血液，不会受到消化道及其他脏器的影响而发生变化或失去作用。病马能耐受刺激性较强的药液（如钙制剂、水合氯醛、10%氯化钠等），且容纳的药量大。但药物代谢较快，作用时间较短。静脉内注射主要用于大量的输液、输血，以治疗为目的的急需速效给药的情况（如急救、强心药等）；或注射药物有较强的刺激作用，不能作皮下、肌内注射，只能通过静脉内才能发挥药效的药物。静脉输液是利用液体静压的原理，将一定量的无菌溶液（药液）或血液直接滴入静脉的方法。

（1）准备

①根据注射用量可备50～100 mL注射器及相应的注射针头。大量输液时则应用输液瓶（250 mL、500 mL、1 000 mL）和输液器。静脉输液的用品还包括注射盘、瓶套、开瓶器、止血带、血管钳、胶布、剪毛剪、无菌纱布，必要时备小夹子及绷带，药液、输液卡、输液架等。

②注射药液的温度要尽可能地接近于体温（尤其在冬季）。

③站立保定，小马驹侧卧保定或伏卧保定。

（2）部位　在颈静脉的上1/3与中1/3的交界处。

（3）方法　马的颈静脉位于颈静脉沟内，比较浅显。术者用左手拇指横压注射部位稍下方（近心端）的颈静脉沟，使脉管充盈怒张，右手持针头使针尖斜面向上，沿颈静脉径路，在压迫点前上方约2 cm处，使针尖与皮肤呈30°～45°角，准确迅速地刺入静脉内，感到空虚或听到清脆声，见有回血后，减小角度，再沿脉管向前进针少许，松开左手，固定好针头的连接部，验证有回血后，作静脉推注或滴注输液。注射完毕，左手持酒精棉棒或棉球压紧针孔，右手迅速拔出针头，而后涂5%碘酊消毒。

（4）注意事项

①严格遵守无菌操作要求，对所有注射用具及注射局部，均应进行严密消毒。

②检查针头是否畅通，如因针孔被组织块或血凝块堵塞时，应及时更换针头。

③注射时要看清脉管径路，明确注射部位，准确一针见血，防止乱刺，以免引起

局部血肿或静脉炎。

④针头刺入静脉后，要再顺静脉方向向前进针 1～2 cm，以防注射中针头滑脱。

⑤刺针前应排净注射器或输液管中的空气。

⑥注射对组织有强烈刺激的药物时，最好先注入少量的生理盐水，证实针头确实在血管内，再调换应注射的药液，以防药液外溢而导致组织坏死。

⑦输液过程中，要经常注意观察马匹的表现，如有骚动、出汗、气喘、肌肉震颤或出现皮肤丘疹、眼睑和唇部水肿等征象时，应立即停止注射。当发现输入液体突然过慢或停止以及注射局部明显肿胀时，应检查有无回血，如针头已滑出血管外，则应重新刺入。

⑧根据病马的个体大小、病情、药物性质调节输液滴速，注射速度不宜过快，注射药液的总量不能过多。

⑨对极其衰弱或心机能障碍的病马静脉注射时，尤应注意输液反应，对心肺机能不全者，要控制注射速度和输入量，防止发生肺水肿。

（5）药液外漏皮下的处理　静脉内注射时，常因病马骚动等致使药液漏于皮下。一经发现，应立即停止注射，根据不同的药液可采取下列措施处理：

①立即用注射器尽可能抽出外漏的药液。

②等渗溶液（如生理盐水或等渗葡萄糖），一般令其自然吸收。

③高渗盐溶液，应向肿胀局部及其周围注入适量的灭菌注射用水，以稀释之。

④刺激性强或有腐蚀性的药液，则应向其周围组织内注入生理盐水；如系氯化钙液，可注入 10％硫酸钠或 10％硫代硫酸钠 10～20 mL，使氯化钙变为无刺激性的硫酸钙和氯化钠。

⑤局部可用 5％～10％硫酸镁进行温敷，以缓解疼痛。

⑥如系大量药液外漏，应做早期切开排液，并用高渗硫酸镁溶液引流。

3. 皮下注射

皮下注射是将药液注入皮下结缔组织内，经毛细血管、淋巴管吸收进入血液，发挥药效作用的一种方法。凡是易溶解、无强刺激性的药品及疫苗、菌苗、血清等，某些局部麻醉，不能口服或不宜口服药物要求在一定时间内发生药效时，均可作皮下注射。皮下注射药物的吸收比经口给药和直肠给药发挥药效快而确实，与血管内注射比较，危险性小，操作容易，大量药液也可注射，而且药效作用持续时间较长。

（1）准备　根据注射药量多少，可用 2 mL、5 mL、10 mL、20 mL、50 mL 的注射器及相应针头。

（2）部位　多选在皮肤较薄、富有皮下组织、活动性较大的部位，多在颈部两侧。

（3）方法　注射时，术者左手中指和拇指捏起注射部位的皮肤，同时以食指尖下压呈皱褶陷窝，右手持连接针头的注射器，针头斜面向上，从皱褶基部陷窝处和皮肤呈30°～40°角，刺入针头的2/3（根据马匹体型的大小，适当调整进针深度），此时如感觉针头无阻抗，且能自由活动针头时，左手把持针头连接部，右手抽吸，无回血即可推压针筒活塞注射药液。如需注射大量药液时，应分点注射。注完后，左手持干棉签按住刺入点，右手拔出针头，局部消毒。

（4）注意事项

①刺激性强的药品不能做皮下注射，特别是对局部刺激较强的钙制剂、砷制剂、水合氯醛及高渗溶液等，易诱发炎症，甚至组织坏死。

②注射药液量大时，需分点注射。注射后应轻轻按摩或进行温敷，以促进吸收。长期注射者应经常更换注射部位。

4. 腹腔内注射

腹腔内注射是利用药物的局部作用和腹膜的吸收作用，将药液注入腹腔内的一种方法。当静脉管不宜输液时可用本法，本法还可用于排出腹腔内的积液，借以冲洗、治疗腹膜炎。

（1）部位　马的右侧肷窝部。

（2）方法　单纯为了注射药物，马可选择肷部中央。局部剪毛消毒，术者一手把握腹侧壁，另一手持连接针头的注射器于肷部中央处，垂直刺入，刺入腹腔后，摇动针头有空虚感，即可注射。注入药物后，局部消毒处理。

（3）注意事项　腹腔内有各种内脏器官，在注射或穿刺时，容易受损伤，所以要特别注意。腹腔内注射宜在空腹进行，防止腹压过大而误伤其他脏器。

5. 气管内注射

（1）应用　气管内注射是将一种或几种药物混合后，缓慢地注入马匹气管内，以治疗顽固性咳嗽、气管炎、支气管炎及肺炎等呼吸系统疾病的方法。

（2）部位　马在颈上部气管腹侧面正中，气管环之间。

（3）操作　术部剪毛、消毒（先用碘酊消毒，再用酒精脱碘）。术者左手找到气管环间隙，右手持注射器，从间隙处将针头刺入气管内，摆动针头无阻力，感觉前端空虚，再缓慢注入药液。注完后，左手持酒精棉球压住注射部位，右手拔出针头，局部消毒。

（4）注意事项

①药液注射前，应将其加温至接近马匹体温以减轻刺激反应。

②注射速度不宜过快，可一滴一滴地注入，以免刺激气管黏膜而咳出药液。

③注射药液量不宜过大，避免量大引发气管阻塞而发生呼吸困难。马气管注射用药量一般为20～30 mL。

④如果马匹咳嗽剧烈，可先注入2%的盐酸普鲁卡因液2～5 mL，降低气管的敏感性，然后再注入所需药液。

6. 眼球后注射

眼球后注射是将药液直接注入眼球后部的视圆锥内，或经巩膜渗透进入眼球内的一种注射方法。用于眼部手术的球后麻醉、眼后部炎症、玻璃体积血、视网膜血管病变等的局部给药。

（1）准备　1～5 mL 注射器、5～7 号针头、药品等。

（2）部位　注射部位于下眼睑眶缘中与外 1/3 交接处。

（3）方法　局部常规消毒。将头部保定确实后，左手食指放在上眼睑上方，在注射部位向眼眶后缘压迫眼球，使眼球与眼眶之间出现一凹陷，右手食指与拇指将针头贴向眼眶后缘垂直进针约 2 cm 左右，手下有突破感时，表明已穿过眶隔，此时应改变方向，即改以 30°角斜向鼻侧，使针进至外直肌和视神经之间。入针约 3 cm 后，返抽注射器，如无回血，即边注药边略进针数毫米。注射完毕拔出注射针后，局部加压 1～2 min，局部消毒。

（4）注意事项　保定一定要确实，否则可能由于骚动而伤及眼球或视神经。眼球后注射药量不宜过大，一般以 2～5 mL 为宜（视不同的马匹而定）。注射次数不宜过多，以免引起眼底出血。进针不能太深太快，使用的针头不能太锐利。若发现眶内出血，应立即加压包扎。球后出血，是注射时损伤眶内血管引起，表现为进行性突眼、眼压升高和皮下淤血等。处理方法是压迫眼球，静脉快速注射 20%甘露醇 100～500 mL。

三、导胃与洗胃技术

1. 应用

主要用于诊断和治疗马急性胃扩张以及各种饲料或药物中毒等疾病。目的是清除胃内容物，避免或减少毒物被吸收。也用于胃炎的治疗和或取胃液供实验室检查等。

2. 用具

导胃用具同马胃管给药，胃管内径应为 2 cm。洗胃应用 39～40 ℃温水。此外根据需要可用 2%～3%碳酸氢钠溶液、1%～2%食盐水、0.1%高锰酸钾溶液等。还应准备吸引器。

3. 操作方法

马匹在六柱栏内站立保定。先用胃导管测量从口、鼻到胃的长度，并做好标记。马从鼻端至第 14 肋骨胃管即进入胃，经鼻腔插入胃导管。固定好马匹的头部，经鼻腔插入胃导管时，直接从鼻腔把胃导管插入食道内。经口插入胃导管时，先在口腔内放置开口器，再经开口器的中间孔将胃导管插入食道内。马经鼻腔徐徐插入胃管，胃导管到胸腔入口及贲门处时阻力较大，应先缓慢插入，以免损伤食道黏膜，必要时先灌入少许温水，待贲门弛缓后，再继续推送入胃。胃导管前端经贲门到达胃内后，阻力突然消失，此时可有酸臭气体或食糜排出，如不能顺利排出胃内容物时，接上漏斗，每次灌入 36～39 ℃温水 1 000～2 000 mL，或根据需要用 2%～3%碳酸氢钠溶液或石灰水溶液、1%～2%盐水、0.1%高锰酸钾溶液 1 000～2 000 mL。利用虹吸原理，高举漏斗，不待药液流尽，随即压低病马头部和漏斗，或用抽气筒反复抽吸以洗出胃内容物。如此反复多次，逐步排出胃内大部分内容物，或洗净胃内的有害液体和物质为止。治疗胃炎时，导出胃内容物后，要灌入防腐消毒药。冲洗完毕后，慢慢抽出胃导管，解除保定。

4. 注意事项

(1) 操作过程中，马匹易骚动，要注意人、马安全。

(2) 使用的胃管要根据马匹的种类选定，胃管长度和粗细要适宜。

(3) 胃导管插入过程中，要注意判断胃导管是否准确插入食道内，其判断方法同“胃管投药法”。

(4) 当胃内中毒物质不明时，应抽出胃内容物送检，为避免其化学性质发生改变，洗胃液应选用温开水。

(5) 洗胃过程中，应随时观察马匹的脉搏、呼吸的变化，防止意外。

(6) 处理马食滞性胃扩张时，先导出部分胃内容物，再反复洗胃，但每次灌注的水量不宜过多，以 1 000～2 000 mL 为宜，以防胃破裂。

(7) 每次灌注的量与导出的量应基本相符。

四、 穿刺技术

（一） 盲结肠穿刺

马肠管穿刺术，适用于排除盲肠、结肠内的气体，以及向肠管内注入防腐药液等。其具体部位和方法分述如下：

1. 盲肠穿刺术

穿刺部位在右侧肷窝的中心处。即从右侧髋结节中央点与最后肋骨所引的水平线中点前方 1～2 cm 处。

2. 结肠穿刺术

结肠穿刺在左侧腹部膨胀还应套上胶管，通向肛门外，以便放气。同时通入直肠内的手应注意针头的位置，未穿刺之前，针尖不能露出手外，否则，容易损伤其他肠管。

病马取站立保定，也可采取横卧保定。术部剪毛消毒，用兽用封闭针头进行穿刺。如穿刺盲肠时，针尖斜向对侧肘头方向刺入，深达 8～10 cm，然后用酒精棉球在皮肤针孔周围缠绕在针头上，以保护针孔不被穿刺物所污染。针孔进入肠管后，肠管内的气体则从针眼内排出。若针头堵塞，可用针芯疏通后再继续放气。排气完后，术者左手紧压术部皮肤，右手食指堵住针眼，拇指和中指拔出针头，然后术部涂以碘酊。结肠穿刺，在左侧膨胀最明显处，针头垂直皮肤刺入。

在穿刺放气过程中，首先应注意不要用穿过的针头，反复穿刺，以免引起感染、化脓。穿刺放气时，一定要固定好针头，否则，由于肠管蠕动，改变针头方向和深度，容易损伤其他肠管，造成不良后果。

（二）腹腔穿刺

1. 适应证

主要用于诊断肠变位、胃肠破裂，内脏出血等疾病。用于治疗腹膜炎时，放出腹水或注入药液。肠变位时，由于肠管及肠系膜扭结、嵌闭、套叠而发生出血性炎症，血液成分渗漏到腹膜腔内穿刺液呈现红色血样。胃破裂时穿刺液一般呈酸性，并可发现胃内容物；肠破裂时穿刺液有植物纤维；肝、脾及血管破裂时穿刺液为大量血液；膀胱破裂时，腹膜腔穿刺液有尿液。

2. 腹膜腔穿刺术

腹膜腔穿刺主要用于诊断某些疾病，如腹膜炎、胃、肠、肝、脾、子宫、膀胱破裂、肠变位等，同时腹膜炎的治疗也常采用之。其具体部位和方法：马的腹膜腔穿刺点，在胸骨剑状软骨突后方 10～15 cm，白线偏左 2 cm 处；也可采用腹下穿刺，其穿刺点在脐前或剑状软骨后方 10～15 cm，白线偏右 2 cm 处。

马匹取站立保定，术部剪毛消毒后，右手持针（兽用静脉注射针头）与皮肤垂直刺入 2～3 cm。如有液体，则可从针孔内自由流出。如不能自由流出时，可用注射器检查针孔是否被堵，用注射器推进少许空气，针孔通畅后，液体即自然流出。也可用注射器抽取，或调整针头的深浅度，以获取腹腔液。如用套管针穿刺，术部剪毛消毒后，先用手术刀在术部切开皮肤 1～2 cm，左手拇指将皮肤压向一侧，再用套管针（必须事先消毒灭菌）从切口处进行穿刺。此时用力不能过大，否则容易损伤肠管。当套管针进入腹腔时阻力突然减小，先拔出针芯，并注意固定套管针。如有液体，则可从针孔内自由流出。穿刺后，拔出套管针时，应先将针芯插入针管后，再拔出针管，切口皮肤进行缝合。操作完毕后，术部必须用碘酊棉球消毒。

3. 穿刺液检查

（1）穿刺液的物理性质　正常腹膜腔的穿刺液仅有少量液体，呈淡黄色、透明、不易凝固、比重为 1.015～1.017。腹膜炎时，穿刺液混浊、不透明、易凝固、比重增加；若出血性炎症时混有血液；化脓性炎症时混有脓汁。腹膜腔穿刺液为血样液体，可见于肝脾破裂或肠系膜动脉栓塞及其他机械性肠变位；混有胃肠内容物则为胃肠破裂。

（2）穿刺液的化学性质　着重检查所含蛋白质的性质，鉴别穿刺液是渗出液还是漏出液。

检查方法：冰醋酸反应。

原理：由于在渗出性胸膜炎时，渗出液有大量的浆膜黏蛋白（是一种酸性蛋白）遇醋酸液生成云雾状混浊物所致。

操作：于量筒中注入蒸馏水 50～100 mL，加冰醋酸 1～2 滴，充分混合后，加穿刺液 1～2 滴，立刻发生云雾状混浊，并直达管底时为阳性反应，为渗出液；反之，无云雾状痕迹或微微混浊，中途消失的，为阴性反应，为漏出液（表 3-10-2）。

表 3-10-2　渗出液与漏出液鉴别诊断表

区别	渗出液	漏出液
性状	多混浊，易凝固，混有血液、脓汁、纤维凝块	透明，不易凝固，无混有物
比重	多高于 1.015～1.018	常低于 1.015～1.017
冰醋酸反应	阳性	阴性
蛋白含量	大于 30 g/L，有白蛋白、球蛋白及纤维蛋白等	小于 25 g/L，主要为白蛋白
细胞成分	细胞很多 急性、化脓性病程，可见多数嗜中性白细胞；慢性可见多数淋巴细胞。 可见多数红细胞	细胞较少 主要为内皮细胞或有少数淋巴细胞，或有极少红细胞

（3）显微镜检查　将穿刺物脱去纤维蛋白原取出后立即放入有玻璃珠的容器中，振荡 20～30 min 后，再将此液离心（1 500～3 000 r/min）3～5 min；弃去上清液；取其沉淀物涂片；待干后瑞氏染色，镜检。若发现大量嗜中性白细胞，为急性炎症象征（如急性腹膜炎、化脓性腹膜炎等）；如果发现大量淋巴细胞，则为慢性炎症的表现。

五、 子宫冲洗

阴道冲洗主要是为了排出炎性分泌物，用于阴道炎的治疗；子宫冲洗主要是排出子宫内的分泌物和脓液，用于子宫内膜炎和子宫蓄脓的治疗。

1. 准备

根据马匹种类准备无菌的各型开膣器、颈管钳子、颈管扩张棒、子宫冲洗管、洗涤器以及温生理盐水及 5％～10％的葡萄糖液、0.1％雷佛诺尔、0.1％～0.5％高锰酸钾溶液等冲洗液。

2. 操作方法

先充分洗净外阴部，而后插入涂有润滑剂的开膣器开张阴道。如要冲洗子宫，先用颈管钳子钳住子宫外口左侧下壁并拉向阴门附近，然后依次应用由细到粗的颈管扩张棒，插入颈管使之扩张，再进行冲洗。冲洗时，可采用带回流支管的子宫冲洗管或小马匹灌肠器，其末端接有带漏斗的长橡胶管。术者可直接从阴道或者通过直肠把握子宫颈的方法将冲洗管送入子宫内，确认子宫冲洗管已插入子宫角内后，用手固定好颈管钳子和子宫冲洗管防止滑脱，然后将洗涤器的胶管连接在冲洗管上，将药液注入子宫内。每次注入的药液不宜过多，边注入边排出，直至排出的溶液变为透明为止。另一侧子宫角也以同法冲洗。

3. 注意事项

①严格遵守消毒规则，避免因操作人员消毒不严而引起的医源性感染。

②在操作过程中，动作应轻柔，不可粗暴，以免对病马阴道、子宫造成损伤，特别是在冲洗管插入子宫内时，更需谨慎缓慢进行。

③用于阴道、子宫冲洗或投置的药物不得有强烈刺激性或腐蚀性。

④应坚持每天或隔天冲洗一次，连续 3～5 次。每次冲洗液的用量不宜过大，一般用 500～1 000 mL 即可。

⑤冲洗结束后，应尽量排净子宫内残留的冲洗液。

⑥病情严重时，应配合进行全身治疗，才能获得理想的治疗效果。

六、 输液疗法

脱水的程度不同，临床表现也不完全一样。根据脱水的程度，大致可以把脱水分为 3 种形式：轻度脱水失水量占体重的 4%～6%；中度脱水失水量占体重的 6%～10%；重度脱水失水量占体重的 10%以上。轻度脱水临床表现不明显，主要是饮欲增加、精神沉郁和尿量的减少。

（一） 高渗性脱水治疗技术

1. 诊断

中度和重度脱水的临床表现大致相同，但是程度上有差别，主要表现为：

（1） 口腔干燥、饮欲增加（但重病马除外）；食欲下降或废绝，腹围缩小（肠阻塞或过食精料病例除外）；肠音低沉或消失，直肠干燥，粪干量少。

（2） 精神沉郁、行动迟缓、乏力、喜卧地；被毛粗乱、皮肤弹性降低。

（3） 患病马匹口腔干燥，耳、鼻端发凉；眼球内陷、角膜干燥、结膜充血，重度脱水病马可视黏膜发绀。

（4） 呼吸、心跳加快，脉细弱，心音初期亢进，有的可听到心包摩擦音。严重时，心音低沉混浊，脉不感于手。

（5） 血液和尿液检查：血容量下降，血液浓稠，血钠水平升高，红细胞数、血红蛋白和血细胞比容（PCV）平行上升。尿量锐减，比重上升。

（6） 严重的脱水，可导致以酸中毒为主的自体中毒，直接和间接地影响到脑细胞的功能，从而引起马匹昏迷。

2. 治疗

（1）治疗原则　首先解除病因，治疗原发病；然后对轻度脱水病马或者对有饮欲、消化功能基本正常的马给予低盐液补水，口服补液盐（ORS）是补水的最佳选择；对中、重度脱水或不能经口补水的病马，则应静脉输入低盐溶液，可以选用0.45%氯化钠溶液、5%～10%葡萄糖液或乳酸钠林格氏液。整个治疗过程中，还应顾及病马的血钾含量和酸中毒情况并给予适当纠正。

（2）补液量　根据临床表现决定补液量，这需要有一定的临床经验，关键是边补液边观察，补液到排尿量明显增加就可停止。也可以按如下公式计算病马补液量，依据病马临床症状进行补液量估测。

体液丢失量(L)＝估计脱水相当于体重的%×现有体重(kg)

据血清钠值$[Na^+]_i$)和血清钠正常值($[Na^+]$)计算：

体液丢失量(L)＝体重(kg)×体液百分比(60%)($[Na^+]_i/[Na]-1$)

$[Na^+]_i$:检测的病马血清钠数值,i表示具体病例中的病马；

$[Na^+]$:正常马匹的血清钠数值,一般取中位数。

以上这几种方法所测定的补液量都是体液的丢失量，也就是脱水的治疗量。但所需补液量还应包括正常代谢的每日维持（生理）需要量，这是维持治疗量。所以临床上一般把所需补水总量划分为脱水治疗量和维持治疗量2部分。维持治疗量一般按每天每千克体重需水50～100 mL计算。

（二）等渗性脱水治疗技术

1. 症状

与高渗性脱水基本相似，病马表现为尿少、乏力、眼球下陷和皮肤干燥，较严重的病马脉搏细速、血压下降并常伴有代谢性酸中毒。尽管有比较明显的脱水症状，但不思饮水，另外实验室检查血钠基本正常或稍高。等渗性脱水如不及时处理，由于不断的丢失水分及机体的保钠功能，可转变成高渗性脱水。

2. 治疗

（1）治疗原则　输入偏低渗的溶液(以2/3等渗电解质溶液为宜),生理盐水中$[Na^+]$和$[Cl^-]$均为154 mmol/L,其中$[Cl^-]$明显高于血浆$[Cl^-]$(103 mmol/L),大量输入后易发生高氯性酸中毒。

（2）治疗方法　对于等渗性脱水以5%～10%的葡萄糖1/3配合生理盐水（糖盐水或林格氏液等渗盐溶液也可以）2/3比较好，也可以应用平衡盐溶液。平衡盐溶液有2种，一种是乳酸钠林格液，是1.86%（1/6 mol/L）乳酸钠溶液与复方氯化钠溶液1∶2混合；另一种是1.25%碳酸氢钠溶液与生理盐水1∶2混合。

补液的量是体液的丢失量与机体正常代谢的每日维持(生理)需要量之和。每日维持(生理)需要量参照高渗性脱水,体液的丢失量可以根据血细胞比容值(PCV)计算：

$$体液丢失量（L）=\frac{病马 PCV 值}{正常 PCV 值}\times体重（kg）\times0.25$$

补液量确定后，一般先只补其1/2～2/3，待缺水改善，尿量排出增多时适时补充钾，一般当病马尿量达1 mL/(kg·h)以上时，即应在补液中加入氯化钾以缓慢补钾。

（三）低渗性脱水治疗技术

1. 症状

与高渗性脱水基本相似，病马表现为精神沉郁、乏力，眼球下陷和皮肤干燥，饮食欲下降，早期出现多尿及低渗尿；较严重的病马嗜睡、恶心呕吐、脉搏细速、血压下降，尿量减少，甚至发生低血容量性休克，并常伴有代谢性酸中毒，表现为中枢神经细胞水中毒的症状，如定向力障碍、抽搐、惊厥、昏迷和反射消失等。尽管有比较明显的脱水的症状，但不思饮水，另外实验室检查血钠基本正常或稍高。

2. 治疗

一般只补等渗的电解质溶液，如生理盐水、林格氏液、糖盐水等；缺钠严重的应补高渗盐水，以迅速提高细胞外液的渗透压；出现休克症状的，则应在补氯化钠溶液的同时给予血浆、全血等胶体溶液，以较快地纠正血容量缺失。一般不用等渗糖或高渗糖溶液，如果过多地补给葡萄糖溶液，则会加重病情，甚至产生水中毒，纠正可能同时发生的酸中毒。如尿量增加，应酌情补钾。

如果有条件检验血清钠的含量，可用下面的公式计算补钠量。

需补钠的总量（mmol/L）=（$[Na^+]$ − $[Na^+]_i$）$\times W\times K$

$[Na^+]$：血清钠的正常值的低限135 mmol/L（正常值135～170 mmol/L）；

$[Na^+]_i$：患病马匹血清钠的值mmol/L；

W：马匹体重；

K：细胞外液占体重的百分比（大约20%）。

任务1 投药技术

【任务目标与质量要求】

制订马匹投药技术方案，确定马匹保定方法，整理、清洁、消毒投药技术所需器械，配制调剂投药技术所需药品，熟练掌握灌药方法，能够正确投插胃管并判定胃管投插进入马匹胃内，应用灌药法投服寄生虫驱虫药物，应用胃管投药法投服2～3 L药液。观察判断马匹灌药和胃管投药过程中和投药后的生理状态反应，能够及时处理治疗过程中突发情况。

【学习产出目标】

（1）熟知马匹经口灌药技术方法、内容和应用，熟知马匹胃管投药技术方法、内容和应用，熟知胃管插入胃内和气管内的判定方法，熟知投药法治疗过程中突发情况的处理。

（2）投药技术马匹保定。

（3）熟知投药技术注意事项。

（4）马匹灌服驱虫药物。

（5）马匹胃管投服健胃散剂。

【工作程序与方法要求】

1. 投药技术马匹保定

病马柱栏内站立保定，用一条软细绳从柱栏横木铁环中穿过，一端制成圆套从笼头鼻梁下面穿过，套在上颚切齿后方，另一端由助手或马主人拉紧将马头吊起，使口角与耳根连线与地面平行，助手（马主人）的另一只手把住笼头，实施灌药。将病马在柱栏内妥善保定，马主人站在马头左侧握住笼头，固定马头，不要过度前伸。术者站于马头稍右前方，经鼻腔插入胃管。

2. 熟知投药技术注意事项

每次灌药量不宜过多，不要太快，不能连续灌。马灌药时不能紧抓舌头不放，头部仰起的高度，以口角与眼角连线与地面平行为准，不宜过高，灌药中，病马如发生强烈咳嗽，应立即停止灌药，并使其头部低下，使药液咳出，安静后再灌药，灌药时，如有药液流出，应用药盆接取，以免流失。

3. 马匹灌服驱虫药物

马匹保定确实后，使其口角与耳根连线与地面平行，助手的另一只手把住笼头。术者站在斜前方，左手持药盆，右手持灌角（或药瓶）从一侧口角通过门、臼齿间的空隙入口并送达舌根背部，抬高灌角或瓶底，并轻轻振抖。如用橡胶瓶时可压挤瓶体促进药液流出，伴随着有吞咽动作后继续灌服，直至灌完。注意要等咽下一口再灌第二口，不要连续灌注。

4. 马匹胃管投服健胃散剂

马匹保定后，将胃管插入食道后前端推送到颈部下 1/3 处。投药前，必须按表 3-10-1 正确判断是否插入食道，否则，会将药误灌入气管和肺内，引起异物性肺炎，甚至造成死亡。投药结束，再灌以少量清水，冲净胃管内残留药液，而后右手将胃管折曲一段，徐徐抽出，当胃管前端退至咽部时，以左手握住胃管与右手一同抽出。用毕胃管洗净后，放在 2% 百毒杀溶液中浸泡消毒待用。

【工作任务实施记录与评价】

1. 马匹投药技术评价

师傅指导记录	马匹投药技术评价	评价成绩
		年 月 日

2. 熟知投药技术注意事项评价

师傅指导记录	投药技术注意事项评价	评价成绩
		年 月 日

3. 马匹胃管投服健胃散剂评价

马匹编号	药物调剂	胃管准备	胃管投插	安全检查	投服药物
检查质量评价				评价成绩	
				时间	

4. 学徒关键职业能力及职业品质、工匠精神评价

项目	A	B	C	D
工作态度				
吃苦耐劳				
团队协作				
沟通交流				
学习钻研				
认真负责				
诚实守信				

任务 2　注射技术

【任务目标与质量要求】

制订马匹注射技术治疗方案，熟练使用注射用器具和用品，能够选取符合注射要求的器械盘、注射器、针头等器具，熟练进行注射部位消毒，准确吸取注射用药物，按照规范注射操作步骤完成药物注射，核对马匹、药名、剂量、浓度、时间、用法，检查药液质量和配伍禁忌。

【学习产出目标】

（1）熟知马匹注射技术常用方法和内容，熟知注射用品和器具及消毒方法，熟知注射部位选取和消毒方法，熟知注射技术信息核对和检查确认内容。

（2）注射技术器具选择。

（3）注射技术注意事项。

（4）马匹肌内注射。

（5）马匹静脉注射。

【工作程序与方法要求】

1. 注射技术器具选择

注射器由针筒和活塞两部分组成，有玻璃、金属、尼龙、塑料 4 种，按其容量分为 1 mL、2.5 mL、5 mL、10 mL、20 mL、30 mL、50 mL、100 mL 等规格，注射针头有 4.5#、5#、5.5#、6#、6.5#、7#、8#、9#、12#、16#、20# 等规格。按注射方法和剂量，选择适宜的注射器及针头，并应检查针头和针筒是否适合，金属注射器的橡胶垫是否老化，松紧度的调节是否适宜，然后清洗干净、煮沸或高压蒸汽灭菌备用。

2. 注射技术注意事项

对被毛浓厚的马，先剪毛，用棉签蘸 2%碘酊消毒注射部位，以注射点为中心向外螺旋式旋转涂擦，碘酊干后，用 75%酒精以同法脱碘，待干后方可注射，查对马匹、药名、剂量、浓度、时间、用法，检查药液质量，如药液变色、沉淀、混浊、药物有效期已过或安瓿有裂缝，均不能使用。多种药物混合注射需注意配伍禁忌。选择合适的注射部位，防止损伤神经和血管，不能在炎症、硬结、瘢痕及皮肤病处进针。注射药物应按规定时间现配现用，以防药物效价降低或污染。注射时分散马匹注意力，采取适当的体位，使肌肉松弛，注射时做到“二快一慢”，即进针和拔针快，推注药液慢，但对骚动不安的马匹应尽可能在短时间内注射完毕。

3. 马匹肌内注射

成年马与驹多在颈侧及臀部，应避开大血管及神经径路的部位。臀部肌内注射应该选择臀部的外上1/4处，马匹保定，局部常规消毒处理。手的拇指与食指轻压注射局部，右手持注射器，使针头与皮肤呈垂直，迅速刺入肌肉内。刺入2～3 cm，而后用左手拇指与食指握住露出皮外的针头结合部分，右手抽动针管活塞，观察无回血后，即可缓慢注入药液。如有回血，可将针头拔出少许再行试抽，见无回血后方可注入药液。注射完毕，用左手持酒精棉球压迫针孔部，迅速拔出针头。

4. 马匹静脉注射

在颈静脉的上1/3与中1/3的交界处注射，根据注射用量可备50～100 mL注射器及相应的注射针头。大量输液时则应用输液瓶（250 mL、500 mL、1 000 mL）和输液器。静脉输液的用品还包括注射盘、瓶套、开瓶器、止血带、血管钳、胶布、剪毛剪、无菌纱布，注射药液的温度要尽可能地接近于体温，站立保定，小马驹侧卧保定或俯卧保定，沿颈静脉径路，在压迫点前上方约2 cm处，使针尖与皮肤成30°～45°角，准确迅速地刺入静脉内，感到空虚或听到清脆声，见有回血后，减小角度，再沿脉管向前进针少许，松开左手，固定好针头的连接部，验证有回血后，作静脉注射。

【工作任务实施记录与评价】

1. 注射技术器具选择评价

师傅指导记录	注射技术器具选择评价	评价成绩
		年 月 日

2. 注射技术注意事项评价

师傅指导记录	注射技术注意事项评价	评价成绩
		年 月 日

3. 马匹肌内注射评价

马匹编号	器具选择	处方查对	药物配伍	注射保定	注射操作
检查质量评价				评价成绩	
				时间	

4. 学徒关键职业能力、职业品质及工匠精神评价

项目	A	B	C	D
工作态度				
吃苦耐劳				
团队协作				
沟通交流				
学习钻研				
认真负责				
诚实守信				

任务3　导胃与洗胃技术

【任务目标与质量要求】

制订马匹导胃和洗胃治疗方案，熟知马匹导胃的临诊应用，熟知马匹洗胃的技术应用，能够进行导胃和洗胃马匹的保定，准备洗胃和导胃所需器具和药品，能够判定胃管投插进入食道和气管的区别，熟悉马匹导胃和洗胃的注意事项，能够进行导胃和洗胃意外情况的处理，遵循导胃和洗胃技术操作规范完成操作。

【学习产出目标】

（1）熟知马匹导胃和洗胃治疗的方法和内容，熟知导胃和洗胃治疗适应证，熟知导胃和洗胃的注意事项。

（2）判定导胃和洗胃适应证。

（3）导胃和洗胃马匹、药物、器具准备。

（4）胃管投插安全性评价。

（5）导胃和洗胃治疗实施。

【工作程序与方法要求】

1. 导胃和洗胃适应证

进行临诊检查，询问马工或马主人了解马匹消化系统有关信息，综合进行判定后，确定实施导胃和洗胃治疗，用于马急性胃扩张治疗以及各种饲料或药物中毒等疾病。应用导胃和洗胃治疗，清除马匹胃内容物，避免或减少毒物被吸收，也用于胃炎的治疗和或提取胃液供实验室检查。

2. 导胃和洗胃马匹、药物、器具准备

马匹在六柱栏内站立保定，导胃用胃管内径应为 2 cm。洗胃应用 39～40 ℃温水。此外根据需要可用2%～3%碳酸氢钠溶液、1%～2%食盐水、0.1%高锰酸钾溶液等。还应备吸引器或真空泵。胃管应严格消毒，马匹头颈部保定应结合胃管投插操作进行适应性调整。先用胃导管测量从口、鼻到胃的长度，并做好标记。马从鼻端至第 14 肋骨，经鼻腔插入经油剂润滑的胃导管。

3. 胃管投插安全性评价

导胃和洗胃操作过程中，马匹易骚动，要注意人马安全，胃管长度和粗细要适宜，胃导管插入过程中，要注意判断胃导管是否准确插入食道内，当胃内中毒物质不明时，应抽出胃内容物送检，洗胃液应选用温开水，洗胃过程中，应随时观察马匹的脉搏、呼吸的变化，防止意外，处理马食滞性胃扩张时，先导出部分胃内容物，再反复洗胃，但每次灌注的水量 1 000～2 000 mL 为宜，以防胃破裂，每次灌注的量与导出的量应基本相符。

4. 导胃和洗胃治疗实施

马经鼻腔插入胃导管，应徐徐插入，胃导管到咽部及贲门处时阻力较大，应先缓慢插入，以免损伤食道黏膜，必要时先灌入少许温水，待贲门弛缓后，再继续推送入胃。胃导管前端经贲门到达胃内后，阻力突然消失，此时可有酸臭气体或食糜排出，如不能顺利排出胃内容物时，接上漏斗，每次灌入 36～39 ℃温水 1 000～2 000 mL，或根据需要用2%～3%碳酸氢钠溶液或石灰水溶液、1%～2%盐水、0.1%高锰酸钾溶液 1 000～2 000 mL。利用虹吸原理，高举漏斗，不待药液流尽，随即压低病马头部和漏斗，或用真空泵反复抽吸以洗出胃内容物。

【工作任务实施记录与评价】

1. 导胃和洗胃适应证评价

师傅指导记录	导胃和洗胃适应证评价	评价成绩
		年　月　日

2. 导胃和洗胃马匹、药物、器具准备评价

师傅指导记录	导胃和洗胃操作准备评价	评价成绩
		年　月　日

3. 胃管投插安全性评价

马匹编号	适应证判定	马匹保定	器具准备	胃管投插	安全评价
检查质量评价				评价成绩	
				时间	

4. 学徒关键职业能力、职业品质及工匠精神评价

项目	A	B	C	D
工作态度				
吃苦耐劳				
团队协作				
沟通交流				
学习钻研				
认真负责				
诚实守信				

任务4　穿刺技术

【任务目标与质量要求】

制订穿刺治疗技术方案，熟知马匹盲肠穿刺、结肠穿刺和腹腔穿刺的适应证，熟知马匹穿刺技术具体的穿刺部位选择，熟知穿刺技术操作方法和步骤，能够应用盲肠穿刺技术进行马匹盲肠臌气的治疗，能够应用结肠穿刺技术治疗结肠臌气，能够应用腹腔穿刺技术提取腹腔液，能够进行腹腔穿刺液的检查。操作过程中对马匹保定确实，器械和穿刺部位严格消毒，穿刺位置准确，不造成二次损伤。

【学习产出目标】

（1）熟知马匹盲肠穿刺、结肠穿刺、腹腔穿刺治疗技术适应证，熟知盲肠穿刺、结肠穿刺、腹腔穿刺治疗技术方法和步骤，熟知穿刺技术注意事项和要求。

（2）判定马匹穿刺技术适应证。

（3）盲肠穿刺技术应用。

（4）结肠穿刺技术应用。

（5）腹腔穿刺技术应用。

【工作程序与方法要求】

1. 马匹穿刺技术适应证

马肠管穿刺术，适用于排除盲肠、结肠内的气体，以及向肠管内注入防腐药液等。腹腔穿刺技术主要用于诊断肠变位、胃肠破裂、内脏出血等疾病。用于治疗腹膜炎时，放出腹水或注入药液。肠变位时，由于肠管及肠系膜扭结、嵌闭、套叠而发生出血性炎症，血液成分渗漏到腹膜腔内穿刺液呈现红色血样。胃破裂时穿刺液一般呈酸性，并可发现胃内容物；肠破裂时穿刺液有植物纤维；肝、脾及血管破裂时穿刺液为大量血液；膀胱破裂时，腹膜腔穿刺液有尿液。

2. 盲肠穿刺技术应用

病马取站立保定，术部剪毛消毒，用兽用封闭针头进行穿刺，针尖斜向对侧肘头方向刺入深达 8～10 cm，然后用酒精棉球在皮肤针孔周围缠绕在针头上，以保护针孔不被穿刺物所污染。进入肠管后，肠管内的气体则从针眼内排出。若针头堵塞，可用针芯疏通后再继续放气。排气完后，术者左手紧压术部皮肤，右手食指堵住针眼，拇指和中指拔出针头，然后术部涂以碘酊。

3. 结肠穿刺技术应用

病马站立保定，术部剪毛消毒，在左侧膨胀最明显处，针头垂直皮肤刺入。必要时可采取直肠内穿刺放气，直肠内穿刺放气较为困难，穿刺时针头上还应套上胶管，通向肛门外，以便放气。同时通入直肠内的手应注意针头的位置，未穿刺之前，针尖不能露出手外，以免损伤其他肠管。在穿刺放气过程中，不要用穿过的针头，反复穿刺，以免引起感染、化脓。穿刺放气时，固定好针头，以免肠管蠕动改变针头方向和深度，损伤其他肠管，造成不良后果。

4. 腹腔穿刺技术应用

马匹取站立保定，腹膜腔穿刺点，在胸骨剑状软骨突后方 10～15 cm，白线偏左 2 cm 处；也可采用腹下穿刺，其穿刺点在脐前或剑状软骨后方 10～15 cm，白线偏右 2 cm 处。术部剪毛消毒后，右手持针（兽用静脉注射针头）与皮肤垂直刺入 2～3 cm。如有液体，则可从针孔内自由流出。如不能自由流出时，可用注射器检查针孔是否被堵，用注射器推进少许空气，针孔通畅后，液体即自然流出。也可用注射器抽取，或调整针头的深浅度，以获取腹腔液。如用套管针穿刺，术部剪毛消毒后，先用手术刀在术部切开皮肤 1～2 cm，左手拇指将皮肤压向一侧，再用套管针（必须事先消毒灭菌）从切口处进行穿刺。此时用力不能过大，否则容易损伤肠管。

【工作任务实施记录与评价】

1. 穿刺技术适应证评价

师傅指导记录	穿刺技术适应证评价	评价成绩
		年　月　日

2. 盲肠穿刺技术应用评价

师傅指导记录	盲肠穿刺技术应用评价	评价成绩
		年　月　日

3. 腹腔穿刺技术应用评价

马匹编号	适应证	穿刺部位	器具准备	手术消毒	腹腔液判定
检查质量评价				评价成绩	
				时间	

4. 学徒关键职业能力、职业品质及工匠精神评价

项目	A	B	C	D
工作态度				
吃苦耐劳				
团队协作				
沟通交流				
学习钻研				
认真负责				
诚实守信				

任务 5　子宫冲洗

【任务目标与质量要求】

制订马匹子宫冲洗治疗方案，熟悉母马生殖器官解剖结构，熟知子宫冲洗适应证，能够判定母马生殖器官疾病类型，熟知子宫冲洗器具和药品准备并选择适宜的器具和药品，熟知子宫冲洗的操作方法和步骤，熟知子宫冲洗的注意事项，能够进行子宫冲洗医疗失误的判定和矫正。

【学习产出目标】

（1）熟知马匹子宫冲洗适应证，熟知子宫冲洗的器具和药品选择，熟知子宫冲洗注意事项。

（2）判定马匹子宫冲洗适应证。

（3）子宫冲洗准备。

（4）子宫冲洗技术操作。

（5）子宫冲洗注意事项。

【工作程序与方法要求】

1. 判定子宫冲洗适应证

询问马工或马主人了解马匹生殖周期和妊娠状态，外部观察判定马匹妊娠状态，直肠检查判定马匹妊娠状态。子宫冲洗主要是排出子宫内的分泌物和脓液，用于子宫内膜炎和子宫蓄脓的治疗；阴道冲洗主要是为了排出炎性分泌物，用于阴道炎的治疗。用开膣器检查母马生殖道，判定阴道颜色和子宫颈口开张状况，检查阴道和子宫颈口分泌物，判定适应证类型。

2. 子宫冲洗准备

询问马工或马主人了解马匹生殖器官疾病，进行临床检查，检查母马生殖道疾病症状和分泌物性质，判定炎症性质，通过既往史调查选择药物进行配伍调剂，根据马匹体型大小准备无菌的各型开膣器、颈管钳子、颈管扩张棒、子宫冲洗管、洗涤器以及温生理盐水及5％～10％的葡萄糖液、0.1％雷佛诺尔、0.1％～0.5％高锰酸钾溶液等冲洗液。

3. 子宫冲洗技术操作

确实保定马匹后，先充分洗净外阴部，而后插入涂有润滑剂的开膣器开张阴道。如要冲洗子宫，先用颈管钳子钳住子宫外口左侧下壁并拉向阴门附近，然后依次应用由细到粗的颈管扩张棒，插入颈管使之扩张，再进行冲洗。冲洗时，可采用带回流支管的子宫冲洗管，其末端接有带漏斗的长橡胶管，术者可直接从阴道或者通过直肠把握子宫颈的方法将冲洗管送入子宫内，确认子宫冲洗管已插入子宫角内后，用手固定好颈管钳子和子宫冲洗管防止滑脱，然后将洗涤器的胶管连接在冲洗管上，将药液注入子宫内。每次注入的药液不宜过多，边注入边排出，直至排出的溶液变为透明为止。另一侧子宫角也以同法冲洗。

4. 子宫冲洗注意事项

严格遵守消毒规则，避免因操作人员消毒不严而引起的医源性感染，在操作过程中，动作应轻柔，不可粗暴，以免对病马阴道、子宫造成损伤，特别是在冲洗管插入子宫内时，更需谨慎缓慢进行。用于阴道、子宫冲洗或投置的药物不得有强烈刺激性或腐蚀性，每天或隔天冲洗一次，连续3～5次，每次冲洗液的用量不宜过大，一般用500～1 000 mL即可。冲洗结束后，应尽量排净子宫内残留的冲洗液，病情严重时，应配合进行全身治疗，才能获得理想的治疗效果。

【工作任务实施记录与评价】

1. 判定子宫冲洗适应证评价

师傅指导记录	判定子宫冲洗适应证评价	评价成绩
		年　月　日

2. 子宫冲洗准备评价

师傅指导记录	子宫冲洗准备评价	评价成绩
		年　月　日

3. 子宫冲洗技术操作评价

马匹编号	临诊检查	适应证判定	器具准备	药物配伍	子宫冲洗
检查质量评价				评价成绩	
				时间	

4. 学徒关键职业能力、职业品质及工匠精神评价

项目	A	B	C	D
工作态度				
吃苦耐劳				
团队协作				
沟通交流				
学习钻研				
认真负责				
诚实守信				

任务6　输液疗法

【任务目标与质量要求】

制订马匹输液疗法方案，能够估算马匹体重，检查马匹精神状态和脱水程度，依据马匹临诊症状判定马匹脱水程度，熟悉马匹输液疗法的适应证，能够依据马匹脱水程度确定输液疗法药物、剂量和分组，能够判定高渗性脱水、等渗性脱水和低渗性脱水类型，熟悉马匹输液疗法方法和操作步骤。能够进行输液疗法后马匹脱水矫正情况判定。

【学习产出目标】

(1) 熟知马匹输液疗法的内容和操作步骤，能够估算马匹体重，熟悉输液疗法常用药物治疗作用和剂量，熟知马匹不同类型脱水症状。

(2) 判定马匹脱水程度。

(3) 判定脱水类型。

(4) 明确输液疗法原则。

(5) 确定输液药物类型和剂量。

【工作程序与方法要求】

1. 判定马匹脱水程度

检查马匹可视黏膜、尿液、粪便和皮肤、眼眶周围，判定马匹脱水程度，轻度脱水失水量占体重的4%～6%；中度脱水失水量占体重的6%～10%；重度脱水失水量占体重的10%以上。轻度脱水临床表现不明显，主要是饮欲增加、精神沉郁和尿量的减少。估算马匹体重，检查马匹体温、脉搏、呼吸，进行心脏检查，结合颈静脉充盈程度和微循环检查，判定马匹心脏功能是否可进行输液疗法。

2. 判定脱水类型

马匹口腔干燥、饮欲增加；食欲下降或废绝，腹围缩小；肠音低沉或消失，直肠干燥，粪干量少，精神沉郁、行动迟缓、乏力、喜卧地；被毛粗乱、皮肤弹性降低，患病马匹口腔干燥，耳、鼻端发凉；眼球内陷、角膜干燥、结膜充血，重度脱水病马可视黏膜发绀，呼吸、心跳加快，脉细弱，心音初期亢进，有的可听到心包摩擦音。严重时，心音低沉混浊，脉不感于手，为中度和重度高渗性脱水症状。等渗性脱水有比较明显的脱水的症状，但不思饮水，另外实验室检查血钠基本正常或稍高。低渗性脱水病马表现为精神沉郁、乏力，眼球下陷和皮肤干燥，饮食欲下降，早期出现多尿及低渗尿；较严重的病马嗜睡、恶心呕吐、脉搏细速、血压下降，尿量减少，甚至发生低血容量性休克，并常伴有代谢性酸中毒，表现定向力障碍、抽搐、惊厥、昏迷和反射消失等。

3. 明确输液疗法原则

询问马工或马主人了解马匹发病原因和既往史，详细了解治疗用药和经过，对轻度脱水病马或者对有饮欲、消化功能基本正常的马，给予低盐液补水，口服补液盐（ORS）是补水的最佳选择；对中、重度脱水或不能经口补水的病马，则应静脉输入低盐溶液，可以选用0.45%氯化钠溶液、5%～10%葡萄糖液或乳酸钠林格氏液。整个治疗过程中，还应顾及病马的血钾含量和酸中毒情况并给予适当纠正。

4. 确定输液药物类型和剂量

高渗性脱水选用0.45%氯化钠溶液、5%～10%葡萄糖液或乳酸钠林格氏液。等渗性脱水以5%～10%的葡萄糖1/3配合生理盐水（糖盐水或林格氏液等渗盐溶液也可以）2/3，应用平衡盐溶液1.86%（1/6 mol/L）乳酸钠林格液溶液与复方氯化钠溶液1∶2混合或另一种是1.25%碳酸氢钠溶液与生理盐水1∶2混合。低渗性脱水只补等渗的电解质溶液，如生理盐水、林格氏液、糖盐水等；缺钠严重的应补高渗盐水，以迅速提高细胞外液的渗透压，一般不用等渗糖或高渗糖溶液。

【工作任务实施记录与评价】

1. 判定马匹脱水程度评价

师傅指导记录	判定马匹脱水程度评价	评价成绩
		年　月　日

2. 判定脱水类型评价

师傅指导记录	判定脱水类型检查评价	评价成绩
		年　月　日

3. 确定输液药物类型和剂量评价

马匹编号	体重估算	脱水程度	药物类型	药物剂量	输液疗效
检查质量评价				评价成绩	
				时间	

4. 学徒关键职业能力及职业品质、工匠精神评价

项目	A	B	C	D
工作态度				
吃苦耐劳				
团队协作				
沟通交流				
学习钻研				
认真负责				
诚实守信				

参考文献

［1］韩国才．传统马业与现代马业［J］．中国畜牧杂志，2004（12）：37-39.

［2］曹晓娟，王怀栋，王勇．基于SWOT分析的我国马产业发展对策［J］．黑龙江畜牧兽医，2020（10）：23-28.

［3］张正祎，李要南，黄万胜．马术服务综合体的内涵、逻辑动因与路径选择［C］//中国体育科学学会．第十二届全国体育科学大会论文摘要汇编——墙报交流（体育管理分会），2022：249-251.

［4］李想．我国马术俱乐部发展现状分析及相关策略研究［D］．天津：天津体育学院，2013.

［5］王怀栋．中国运动马产业特点及其发展的思路与对策［J］．黑龙江畜牧兽医，2015（14）：43-45.

［6］文明．世界马产业发展历程及趋势分析［J］．当代马养殖业，2019（10）：24-28.

［7］文强．我国北方运动马马场管理调查研究［D］．呼和浩特：内蒙古农业大学，2018.

［8］聂明达．我国竞技马产业发展的探讨［J］．黑龙江畜牧兽医，2012（12）：19-20.

［9］吴钟．我国马产业价值链分析及发展对策研究［J］．现代商业，2018（24）：162-163.

［10］赵宇飞，王怀栋．现代产业马匹饲养管理体系发展思路探讨［J］．中国马种业，2019，15（02）：105.

［11］姜梦．北京市马术俱乐部经营状况调查与分析［D］．北京：首都体育学院，2014.

［12］刘焕奇．马普通病学［M］．北京：中国农业大学出版社，2017.

［13］东北农业大学．兽医临床诊断［M］．北京：中国农业出版社，2003.

［14］王建华．家畜内科学［M］．北京：中国农业出版社，2004.

［15］Reuben J·Rose，David R·Hodgson. 马兽医手册［M］．汤小朋，齐长明，主译．北京：中国农业出版社，2008.

［16］东北农学院．兽医临床诊断学［M］．北京：中国农业出版社，1997.

［17］Kim A Sprayberry，N Edward Robinson. 现代马病治疗学［M］．于康震，王晓钧，主译．北京：中国农业出版社，2020.

［18］周妍．现代学徒制下《建筑工程计量与计价》新型手册式教材建设研究［J］．科技风，2022（06）：25-27.

[19] 杨二静，王勤香．现代学徒制实训课程立体化教材建设探索与实践［J］．黄河水利职业技术学院学报，2022，34（02）：73-77.

[20] 熊立贵，周婷，涂志刚，等．基于职业教育“三教”改革背景下现代学徒制人才岗位能力培养研究［J］．职业技术，2021，20（07）：1-5.

[21] 徐永杰，彭宏春．基于现代学徒制的实训类教材开发研究［J］．无锡商业职业技术学院学报，2018，18（02）：83-85，108.

[22] 刘娜，谭胜国．高职动物医学专业中国特色学徒制人才培养的探索与实施——以湖南生物机电职业技术学院动物医学专业为例［J］．湖南教育（C版），2022（04）：35-37.

[23] 桂文龙，刘俊栋，苏治国，等．高职畜牧兽医专业“1.5+1.5”人才培养模式的改革与实践［J］．安徽农业科学，2021，49（03）：279-282.

[24] 郑江平．双一流背景下高职动物医学专业建设实践与探索——以上海农林职业技术学院动物医学专业为例［J］．安徽农业科学，2019，47（19）：280-282.

[25] 汪小力，李要南，张双，等．高校马术运动类专业的实践教学现状及对策研究［J］．冰雪体育创新研究，2022（24）：122-125.

[26] 余刚，熊伟平．高校马术专业“产学研创”一体化人才培养模式研究［J］．武汉商学院学报，2021，35（03）：83-85.

[27] 郝琛琛．需求导向视域下马术专业课程体系的构建研究［D］．太原：太原理工大学，2021.

[28] 王超宇．新疆马术俱乐部运营情况的调查研究［D］．乌鲁木齐：新疆师范大学，2021.

[29] 张小宇，郭永清，文强．内蒙古“运动马驯养与管理专业”校政企合作发展之路［J］．中国马种业，2020，16（12）：13-14.

[30] 汪小力，汤珊珊，张双．应用型本科院校实践体系改革研究——以马术运动与管理专业方向为例［J］．文体用品与科技，2020（10）：123-125.

附　录

Appendix

Appendix

Appendix

Appendix

附录1

马兽医学徒岗位标准

马兽医学徒岗位标准		
20周	起止时间	年　月　日～　　年　月　日
专业知识	1. 了解马术俱乐部的组织结构、经营管理方式和企业文化。 2. 熟知马匹就诊登记方法和登记内容。 3. 熟知马匹健康状况和疾病状态表现及一般检查的主要内容。 4. 熟悉马匹系统检查的主要内容和工作程序。 5. 熟悉马匹疾病诊断的主要方法和内容。 6. 熟悉就诊马匹治疗方法的主要内容和注意事项。	学习产出目标：独立完成一匹病马的临床诊断和治疗（包括病马就诊登记内容，病马一般检查内容和方法，病马系统检查内容和方法，病马疾病诊断和综合症分析，依据兽医处方分析马匹疾病部位和性质并进行病马预后判断）。
专业技能	1. 能熟练完成就诊马匹登记。 2. 能熟练进行马匹一般检查，并判定疾病部位和性质。 3. 熟练进行马匹系统检查并收集整理系统检查结果。 4. 能规范进行马匹疾病诊断，初步建立病马疾病诊断结果。 5. 按照兽医处方规范进行病马疾病治疗。	训练产出目标：按照马兽医工作程序，完成病马登记和一般检查及系统检查，确定疾病的部位和性质，并依据病马疾病检查结果，按照规范建立诊断，结合诊断依据兽医处方调剂药品、准备器具、做好病马保定完成病马治疗。
岗位综合能力	1. 依据马匹一般检查和系统检查结果判定马匹疾病部位和性质。 2. 依据兽医建立诊断方法和系统综合征分析，确立病马初步诊断结果。 3. 按照兽医处方进行药物调剂、器械准备、马匹保定和治疗实施。	训练产出目标：独立制订一匹罹患小结肠阻塞的英纯血运动马的临床检查要点和治疗方案（包括病马登记，一般检查症状表现，系统检查症状表现，建立诊断依据和要点，制订的治疗方案要求包括5种以上的药物和3种以上的给药方法，并结合临床症状和治疗结果进行预后判断）。

续表

马兽医学徒岗位标准		
20周	起止时间	年　月　日～　年　月　日
职业素养	1. 服从兽医部负责人的工作安排；能适应马术俱乐部企业管理要求。 2. 具有良好的语言表达能力，较强的团队合作精神，具有人际和社会交往能力。 3. 能独立完成马匹的就诊登记和临床检查。 4. 熟悉马匹健康和疾病状态表现。 5. 爱护马匹，爱护公物，尊重他人，热爱劳动。 6. 能完成企业安排的其他岗位工作任务，吃苦耐劳，积极向上，乐于助人。	培养产出目标：企业师傅、马工和骑手评价良好以上。
工作任务1	马匹就诊登记	产出目标：按接诊规范和就诊登记内容接近马匹，收集马匹就诊信息并完成登记。
工作任务2	就诊马匹一般检查	产出目标：按照病马一般检查方法，收集病马疾病信息并初步判定疾病类型和患病系统。
工作任务3	就诊马匹系统检查	产出目标：依据病马系统检查方法，收集分析病马症状判定发病器官和疾病性质。
工作任务4	就诊马匹疾病诊断	产出目标：依据兽医建立诊断方法和程序，结合病马检查结果，建立疾病初步诊断。
工作任务5	就诊马匹治疗	产出目标：依据兽医处方调剂药品、准备器具、做好病马保定完成病马治疗。
企业员工规模	50人以上	
企业管理文化	遵法守信，开放合作，优质高效，做最好企业，多回报社会	
学徒岗位技术要求	能独立完成马兽医岗位工作，工作效果符合企业标准。	
学徒岗位安全要求	岗位安全生产无事故	
企业师傅资质与能力要求	1. 具有大学专科及以上畜牧兽医或兽医专业毕业证书。 2. 具备3年以上的马兽医工作经验。 3. 作为师傅，指导2～3名徒弟，完成马兽医岗位知识技能的学习。 4. 能尽职尽责全过程进行学徒学习评定。	
企业需提供食宿条件	按照企业正式员工标准提供食宿	
学生教学及管理	学徒期间在岗位技能学习、协岗、顶岗、就业见习期间推行“双导师”管理，即学校专业指导教师、企业师傅双导师分工负责，指导完成学生培养，提高职业综合能力，实现高质量对口就业。	

附录2

马兽医学徒岗位课程标准

1. 前言

1.1 课程定位

本课程是现代马产业技术专业的兽医岗位核心课程，是一门工作本位必修课程，适用于高等职业技术学院现代马产业技术专业，其主要功能是使学生掌握马匹就诊登记和一般检查，具备马匹系统检查工作能力，能进行病马疾病诊断建立，能够应用兽医常用治疗方法开展马匹疾病治疗，学生能够从事马兽医、马房管理、马匹骑乘等一线岗位。

本课程应与马普通病防治、马兽医临床诊断等课程同时开设，以强化马业企业的兽医专业岗位综合能力培养。

1.2 设计思路

马兽医是马业企业的专业性极强的不可或缺的职业岗位，是负责马术俱乐部、马场等类型行业企业马病防治工作的岗位。马兽医岗位工作经历为马产业专业学生的马匹检查、马病诊断、马病治疗等重要的工作岗位技能提供了知识、技能和经验积累，同时作为岗位核心技能，它对学生的专业知识、专业技能、职业道德等素质较其他岗位有更高的要求。因此，本课程在现代马产业技术专业课程中处于重要的地位，是一门专业核心课程。

2. 马匹调教学徒岗位课程标准内容

专业名称	现代马产业技术		
学徒岗位 课程名称	马兽医		
学徒岗位课程 工作描述	本课程是现代马产业技术专业学徒制马兽医方向的能力教学内容，该课程所对应的工作岗位是马兽医岗位。本课程内容需要学生在企业完成，因此需要能够适用于企业，又能够方便携带和适用的学习资源。通过组织行业、企业专家，对教材改革，采用活页设计工作内容，学生可以根据需要自行取用，同时完成电子版。学生可以直接通过手机客户端进行泛在性学习，教师通过学习平台布置作业，完成考核。每一个知识点采用文字结合图片、视频等，素材丰富，全面细致，涵盖每个知识点、技能点，并且分出重点、难点，可提供多种自学方法供学生使用。	学徒工 作学习 周数	10 周 ＋ 10 周
课程教学目标 与学习产出	**职业素质目标（可量化考核）** 1. 具备安全意识，树立工作中人马安全的工作意识。 2. 爱护马匹，关注马匹福利，降低治疗过程中马匹伤害。 3. 热爱岗位工作，热爱劳动，具有吃苦耐劳的精神。 4. 主动学习，及时掌握企业管理制度和岗位新知识。 5. 具有较强规则意识，能够按照企业管理要求及时完成任务。 **专业知识目标（可量化考核）** 1. 了解马术俱乐部的组织结构、企业文化和经营管理。 2. 了解马匹健康状况和疾病状态表现。 3. 熟知马匹一般检查和系统检查内容和方法。 4. 熟知马匹建立诊断和系统综合征内容。 5. 熟知马匹疾病治疗内容和方法及注意事项。 **职业能力目标（技术技能和岗位从业能力）** （一）技术技能 1. 能正确接近马匹并完成病马登记。 2. 能熟练保定马匹进行临床一般检查。 3. 能熟练进行病马系统检查。 4. 能熟练进行病马疾病诊断和综合征分析。 5. 能规范进行马匹治疗和预后判断。 （二）岗位从业能力 1. 能适应马术俱乐部企业管理环境、生活环境、岗位工作环境。 2. 服从企业管理，按照兽医部负责人的安排开展工作。 3. 热爱劳动，工作积极，敬业奉献，敢于担当。 4. 具有较强的团队精神，具有良好的人际沟通能力。 5. 具有较强的语言表达能力和逻辑分析能力。 6. 能独立完成马匹登记和接近保定。 7. 能够独立完成马匹临床检查。 8. 能够结合马匹检查结果进行疾病诊断。 9. 能够完成病马的疾病治疗任务。		

续表

学徒岗位课程实施工作场所与使用工具	工作场所：马术俱乐部兽医室、马场兽医室、马医院、马诊所 使用工具：保定架、保定绳、鼻捻棒、听诊器、体温计、心率带、笼头、胃管、注射器、穿刺针、输液器、镊子、毛剪、外科剪刀、子宫冲洗器等。			
学徒岗位课程实施岗位职业安全与规章制度	1. 学生入职前，需经岗前培训与岗位培训，考核合格后方可上岗。 2. 在工作过程中要正确接近和保定马匹，防止马匹和人员受伤。 3. 在工作前清洁整理兽医室，检查和归置保定及诊疗器械。 4. 爱护马匹，防止马匹受伤，检查和治疗中爱护马匹，熟悉其习性。 5. 诊疗过程结束后，将马匹牵引至相应马房，并及时告知马工护理事项。 6. 每次诊疗工作结束，对兽医室进行清洁打扫和消毒，清洁整理消毒诊疗器械，并按规范存放于指定位置，检查水电和门窗。			
行业企业工作学习职业行为规范	1. 服从部门主管的工作安排和企业其他工作任务安排。 2. 遵守企业各项规章制度，与企业员工和睦相处。 3. 尊重企业师傅，按照师傅要求开展学习和工作，及时完成任务。 4. 能够独立完成马匹检查和诊断所需场地、器械等条件准备。 5. 能够独立完成马匹治疗中药物调剂、药品准备、器械准备和治疗实施。 6. 在工作场所轻声细语，不惊扰马匹，影响他人，对马匹温柔关怀。 7. 热爱劳动，勤于学习，保持工作环境和个人仪表整洁规范。			
企业师傅、专业指导教师配置与教学要求	专业指导教师 1. 具有本科及以上兽医、专业毕业证书。 2. 具备3年以上的马兽医工作经验。 3. 具有3轮的马兽医课程的教学经验。 企业师傅 1. 具有大学专科及以上畜牧兽医或兽医专业毕业证书。 2. 具备3年以上的马兽医工作经验。 3. 作为师傅，指导2～3名徒弟，完成马兽医岗位知识技能的学习。 4. 能尽职尽责全过程进行学徒学习评定。			
可考取的职业资格证书、行业或企业证书	执业兽医师证 动物疫病防治员			
岗位工作学习任务（或项目）	工作学习内容	工作学习组织	学习产出考核标准	工作学习时间（周）
步入企业	1. 我国马产业发展历程和趋势 2. 马术俱乐部组织架构及工作流程 3. 马术俱乐部经营模式 4. 马术俱乐部的管理文化	1. 了解行业发展历史和行业发展前景； 2. 了解企业组织架构、规章制度； 3. 熟悉工作流程、工作组织形式、企业经营理念和文化价值观等。	1. 能够明确行业发展前景、就业状况及人才需求情况； 2. 全面学习企业各项规章制度，熟悉企业组织结构及职业精神； 3. 通过了解工作内容和程序及企业文化等，适应工作环境。	0.5周

续表

岗位工作学习任务（或项目）	工作学习内容	工作学习组织	学习产出考核标准	工作学习时间（周）
认识岗位	1. 认识马兽医业务岗位 2. 岗位工作技术要求 3. 岗位业务能力要求和培养目标 4. 制订学徒培养计划	1. 了解岗位工作内容和工作要求； 2. 熟悉工作场景和工作任务完成所需的条件、设备和器械及技术状况； 3. 了解学徒制的安排及学习方法；	1. 能够掌握岗位工作的主要任务目标和具体工作要求； 2. 熟悉企业技术和装备具体状况，熟悉工作场景，熟练取用设备、器械和准备诊疗条件； 3. 了解学徒制的教学安排和学习方法，了解学程安排和具体要求。	0.5 周
学徒工作学习任务	1. 马匹就诊登记 (1)马匹接近 (2)马匹登记 2. 就诊马匹一般检查 (1)马匹保定 (2)马匹整体状况检查 (3)马匹表被状况检查 (4)马匹眼结膜检查 (5)马匹浅表淋巴结检查 (6)马匹体温、脉搏、呼吸数测定 3. 就诊马匹系统检查 (1)马头颈部检查 (2)马胸廓部检查 (3)马脊柱及肢蹄检查 (4)马泌尿生殖系统检查 (5)马神经功能检查 4. 就诊马匹疾病诊断 (1)常见马病综合征诊断 (2)常见马病鉴别诊断 (3)就诊马匹疾病诊断建立 (4)病历撰写及处方开写 5. 就诊马匹治疗 (1)投药治疗 (2)注射治疗 (3)导胃与洗胃治疗 (4)穿刺治疗 (5)子宫冲洗 (6)输液疗法 质量要求：做到动作规范、操作熟练，工作过程井然有序，有条不紊，检查结果有记录，治疗过程有处方，保障人马安全。	1. 学生在企业可以直接通过网络平台学习操作要点和注意事项。 2. 通过观摩企业师傅的操作方法并辅助参与诊疗过程进行学习。 3. 学生在独立完成诊疗任务时，企业师傅在旁进行技术指导和操作矫正。 4. 学生完成全部学习任务后，须经学校指导教师及企业师傅共同进行评价。	1. 学生是否完成相关网络平台教学资源的学习。 2. 学生在操作过程中是否规范操作，各工作环节衔接有序，诊疗设备、器具、药品准备充分、摆放有序，符合兽医诊疗规范。 3. 学生是否完成网络学习平台作业。 4. 成绩评定 (1)考评成绩优秀，继续由企业师傅指导进行提高练习。 (2)考评成绩合格，由企业师傅指导进行基础练习。 (3)考评成绩不合格，在企业师傅的监督下重修完成本项目内容的学习。	19 周

续表

职业品质与工匠精神培养	1. 服从兽医部负责人的工作安排;能适应马术俱乐部企业管理要求。 2. 具有良好的语言表达能力,有较强的团队合作精神,具有人际和社会交往能力。 3. 能独立完成马匹的就诊登记和临床检查。 4. 熟悉马匹健康和疾病状态表现。 5. 爱护马匹,爱护公物,尊重他人,热爱劳动。 6. 能完成企业安排的其他岗位工作任务,吃苦耐劳,积极向上,乐于助人。
工作学习资源	1. 网络教学资源(文字、视频、图片、微课程材料) 2. 手机 App(文字、视频、图片、微课程材料) 3. 纸质版学徒制教材
学徒工作学习组织管理计划	1. 学生在企业通过数字化教学资源学习教材或本项内容。 2. 学生通过观摩企业师傅的操作方法,辅助诊疗过程,见习诊疗操作。 3. 学生承担具体诊疗任务,独立工作,企业师傅在旁进行指导和纠正。 4. 学生掌握本项技能后,须经学校指导教师及企业师傅共同进行评价。 5. 考取行业资格证书。
学徒考核评价方案	**岗前培训** 1. 学生在企业,由企业人力资源管理部门对学生进行企业文化、企业经营和管理等内容进行培训,学生通过学习平台的教学资源学习教材或手机端学习本项内容。 **学徒工作过程考核** 2. 学生认真观摩企业师傅的诊疗操作,辅助诊疗过程,见习诊疗操作。 3. 学生承担具体诊疗任务,独立工作,企业师傅在旁进行指导和纠正。 **学徒成果考核** 4. 学生在学徒学习阶段结束之前,需要通过学校指导教师及企业师傅共同进行评价。 **职业素养考核** 5. 学生在企业工作期间,是否能够适应企业管理、遵守规章制度、认同企业文化,完成学习及其他各项工作任务,人际关系和谐。
学徒岗位认证条件	1. 平时成绩(60%) 考评成绩优秀(85～100 分),继续由企业师傅指导进行提高练习。 考评成绩合格(60～85 分),由企业师傅指导进行基础练习。 考评成绩不合格(60 分以下),在企业师傅的监督下,重修完成本项目内容的学习。 2. 行业资格认定(40%) 通过参加农业行业技能鉴定或国家执业兽医师考试,获得行业资格证书(高级动物疫病防治员或执业兽医师资格证)

3. 其他说明

本课程教学标准适用于高等职业技术学院现代马产业技术专业。

附录3
马兽医岗位学徒师傅聘任标准与教学指导工作规范

为深化落实推动教育部《关于委托开展职业教育现代学徒制理论研究与实践探索工作的通知》(教职成司函〔2013〕250号)，新疆农业职业技术学院以对接马业企业用人需求与岗位资格标准为服务目标，丰富中国特色职业教育体系内涵。为了使现代马产业技术专业的现代学徒制改革和教学工作顺利开展，保障校企合作学徒制人才培养模式的师资力量和教学质量等，特制定本标准。

一、聘任对象

现代马产业技术专业现代学徒制企业师傅的聘请对象，主要是全国马产业产教融合共同体企业人员，要求其具备丰富的马病诊疗、马房管理、马匹繁殖、马匹调教工作经验的在职人员。

二、聘任条件

(一) 遵纪守法，符合岗位工作任务要求，2年内企业考核为合格以上的在职人员。

(二) 道德品质高尚，爱岗敬业，对学生培养工作有充分热情，政治思想素质优良。

(三) 具备丰富的岗位工作经验，善于处理工作问题，掌握行业知识和熟练的操作技能。

(四) 工作经历丰富，近3年在企业生产工作中，没有违纪、违章、违规行为，无安全事故；年度优秀职工优先聘任。

(五) 取得行业中级及以上职业技能等级证书，或具备中级以上畜牧师、兽医师，或有生产独特专长的行业能工巧匠。

(六) 接受过专业的学徒制企业师傅工作培训。

（七）具备制订、实施学徒工作任务培训方案的能力，具备良好的语言表达能力和沟通交流能力。

（八）身心健康，能连续正常工作，男性60岁以下、女性50岁以下。有特殊情况的，需另行申请审批。

三、 评聘程序

1. 由企业各部门先行推荐；

2. 获得推选的企业人员需填写《学徒师傅申报认定表》由单位和合作院校共同审核；

3. 经评审通过的学徒师傅，发放聘书，聘期为三年。聘书加盖学院和企业公章。

四、 奖励办法

1. 师傅带徒弟期间，学院和企业根据工作量核定、发放相关教学工作津贴。

2. 对于师傅带徒弟期间表现优秀的人员给予精神奖励，由单位和学院统一发文表彰，并发给获奖证书。

3. 将优秀师傅的评选获奖情况计入个人业绩考核档案，作为企业晋职晋级的考核依据。

五、 师傅教学指导工作规范

（一） 工作目标

1. 保障安全生产，保证学徒制教学工作有序开展，保障学徒制人才培养质量，降低学徒教学过程中的职业危害。

2. 企业师傅在学徒制教学中，应通过师徒传承，帮助学徒熟练掌握岗位操作技能、安全生产知识、工作质量要求，提高学徒对于劳动危害和诊疗风险的认知和应变能力。

3. 企业师傅应培养学徒爱岗敬业精神，师傅在学徒帮带过程中在工作技艺上应崇尚精益求精，引导督促学徒学习专业知识，掌握专业技能，热爱岗位工作，吃苦耐劳，勤学苦练的职业品质。

（二） 工作原则

1. 马业企业各部门对从事学徒岗位工作的学徒培养制度，师傅职责落实情况进行检查和监督。

2. 选择推荐确立企业师傅时，应选择政治思想品质好，综合业务素质高，专业技术能力强，个人业务绩效优的资深员工担任师傅。

（三） 师傅守则

1. 应树立多为企业培养技术人员，更好地为生产服务的思想，严于律己，言传身教，从政治思想、生产技术和生活等方面关心、爱护徒弟。重技能传授，言传身教，严抓专业知识学习和专业技能练习。

2. 帮助学徒端正专业思想，明确工作职责，培养学徒职业道德，把优良的工作作风，标准的工作规范，严谨的工作态度，整洁的工作环境作为学徒日常学习的重要内容，时时检查，日日督促。将优良作风、规范操作、良好操守、安全生产等职业品质浸润式传授给学徒。

3. 要有广阔的职业视野，真心对待学徒，有计划地把岗位技术知识、操作规程、安全规程、工作流程等毫无保留地传授给学徒，每周师傅应制订本周具体的“传、帮、带”学习内容及要求，周末师傅应对学徒进行考评。

4. 教会徒弟掌握马业企业安全生产技术、操作知识、安全生产制度，遵守安全操作规程，做到安全生产。

5. 企业师傅要全面关心学徒的职业道德、政治思想和专业知识、技术能力进步情况，对学徒的表现应及时表扬或批评指正，并按照具体学徒教学规范，及时做好学徒培养工作记录。

附录4

马兽医岗位学徒选拔标准与守则

一、学徒选拔的基本原则

坚持“公平、公正、公开”的原则，做到选拔条件与考核内容公开、选拔经过公开、选拔结果公开，选拔优秀学徒入场实践。

二、选拔对象、条件及人数

（一）选拔对象

拟参加新疆农业职业技术学院和全国现代马产业产教融合共同体现代马产业技术专业招生招工考试的学生。

（二）选拔条件

1. 思想端正，有良好的道德品质和文明的行为习惯；
2. 身体健康；
3. 达到招录基础分数线；
4. 热爱马兽医事业，具有合作意识和团队精神；
5. 有责任感和奉献精神，品行端正；
6. 自愿参加，入选后同意参加现代学徒制培训；
7. 毕业后（学成后），自愿在全国现代马产业产教融合共同体合作企业工作。

（三）选拔人数

根据当年计划人数确定。

三、选拔程序

单招面试（或统招填报志愿）——学院审核——企业综合考核，确定人选——签订学徒协议。

四、 学徒守则

1. 热爱祖国，拥护中国共产党，立志为社会主义事业服务，为人民服务。

2. 勤奋学习，努力掌握基本理论、专业知识与基本技能。

3. 尊敬师长、尊重职工、关心集体，开展批评与自我批评。

4. 遵守社会公德，爱护公共财物，勤俭节约，讲究卫生。

5. 要树立为马业企业服务的学习目标，努力学习技术、钻研业务的思想，尊敬师傅，虚心学习，确保按期完成学习任务。

6. 严格遵守马兽医岗位工作职责及马业企业的各项规章制度及本岗位的操作规程和工作流程。

7. 在学徒期间严禁师傅不在时独立操作，学徒可以拒绝师傅下达的违章指令。

8. 主动做好师傅的助手，虚心听从师傅的指导，负责做好诊疗设备的整理和工具的保管工作，经常向师傅和部门主管汇报本人思想及学习情况，听取他们的意见和要求，积极进取。

9. 尊重师傅、听从指挥，自觉做到勤学、勤问、勤练、勤看、认真学习、刻苦钻研，在规定时间内切实掌握本岗位的操作技能。

10. 要严格要求自己，制订学习计划，努力学习马兽医专业知识和操作技术，勤学苦练基本功，认真完成师傅交给的各项任务。